"十三五"普通高等教育本科系列教材

上 海 理 工 大 学 一 流 本 科 系 列 教 材

U0204596

低温技术基础

主　编　陈　曦

副主编　祁影霞　谭宏博

参　编　戴征舒　阚安康　芮胜军

主　审　厉彦忠　文　键

中国电力出版社

CHINA ELECTRIC POWER PRESS

内 容 提 要

本书系统地介绍了低温技术的基础知识，内容涉及低温技术相关的原理、流程和设备装置，其中包括低温降温原理、低温气体液化流程、低温空分技术、小型低温制冷机等，并系统地介绍了低温相关的热交换器、绝热技术以及真空技术等。

本书的特点是重视基础、知识点讲解清晰、内容涵盖面广，既涉及低温原理方面的知识，又涉及低温应用方面的知识，并将近年来在低温技术上的新技术、新进展在书中进行了补充介绍，使得本书内容丰富、翔实，兼具理论性与实用性。另外，本书提供了大量的低温工程及设计数据的图表供参考。

本书可以作为能源与动力工程专业（制冷与低温方向）的理论学习教材，也可以作为相关专业工程技术人员设计低温系统及低温装置的参考书。

图书在版编目（CIP）数据

低温技术基础/陈曦主编 . —北京：中国电力出版社，2018.8（2022.7 重印）
"十三五"普通高等教育本科规划教材
ISBN 978-7-5198-2171-5

Ⅰ.①低… Ⅱ.①陈… Ⅲ.①低温—技术—高等学校—教材 Ⅳ.①TB6

中国版本图书馆 CIP 数据核字（2018）第 174217 号

出版发行：中国电力出版社
地　　址：北京市东城区北京站西街 19 号（邮政编码 100005）
网　　址：http：//www.cepp.sgcc.com.cn
责任编辑：李　莉
责任校对：黄　蓓　郝军燕
装帧设计：郝晓燕
责任印制：吴　迪

印　　刷：北京雁林吉兆印刷有限公司
版　　次：2018 年 8 月第一版
印　　次：2022 年 7 月北京第三次印刷
开　　本：787 毫米×1092 毫米　16 开本
印　　张：16.5
字　　数：400 千字
定　　价：42.00 元

前　言

低温技术与国民经济和工业技术密切相关，在钢铁工业、化工气体行业、天然气工业、航空航天、大科学装置以及生物医疗等领域应用十分广泛。近年来，随着我国科技发展和工业技术的进步，低温行业发展迅速，如我国化工钢铁业已实现 10 万方低温空气分离设备的国产化。天然气工业中的液化天然气生产已接近 1000 万吨/年，2019 年液化天然气进口量超过 6000 万吨。我国自主研发的斯特林制冷机以及脉管制冷机已成功用于我国各种卫星系统，为我国的空间技术发展、国防安全做出重要贡献。我国低温技术也正在为中国散裂中子源、上海光源、北京正负电子对撞机、空间环境地面模拟装置等大科学装置的建设和运行做出贡献。

相应地，近年来我国制冷与低温工程专业的高等教育也获得了快速发展。具有学士学位授予权的高校，从 1986 年的 10 多所发展到目前的 100 多所，具有制冷与低温工程专业博士学位授予权的高校，从 1986 年的 3 所发展到目前的 30 余所。每年有大量的本科生和研究生从学校毕业投入低温行业工作，他们急需要一本内容丰富、新颖的入门级低温技术教材。

本书主要介绍低温技术领域的基础理论及循环系统，并对低温技术中涉及的低温换热器、低温绝热技术以及真空技术进行了详细介绍，总体内容安排既有理论性又具有一定工程实用性。在本书中，对低温技术领域的新发展和新技术也进行了补充介绍，为了对学生以后的学术发展提供帮助，书中提供了低温技术领域的学术组织、学术会议以及学术期刊等信息。

本书由陈曦任主编，祁影霞、谭宏博任副主编。第 1 章、第 3 章和第 5 章由上海理工大学陈曦编写，第 2 章由河南科技大学芮胜军编写，第 4 章由西安交通大学谭宏博编写，第 6 章由上海理工大学祁影霞编写，第 7 章由上海海事大学阚安康编写，第 8 章由上海理工大学戴征舒编写。

本书是上海市教委本科重点课程"低温技术基础"和上海理工大学一流本科系列教材建设项目的主要成果。在本书的编写过程中得到了许多低温技术领域的专业技术人员以及兄弟高校相关教师的指导，同时引用了许多文献资料（数据及图表等），谨向上述有关人员及文献作者表示衷心的感谢。

本书由西安交通大学厉彦忠教授、文键教授主审，两位教授对本书内容提出了许多宝贵意见，在此向他们表示诚挚的谢意。

由于作者水平有限，书中难免存在疏漏和不足之处，恳请读者予以指正。

编　者
2018.6

目　　录

第1章 概　　述

制冷是采用某种方法将物体温度降低到或维持在环境温度以下，根据温度所在的区域把制冷技术分为普冷技术和深冷技术，习惯上把普冷技术称为制冷技术，把深冷技术称为低温技术。低温学（Cryogenics）在字面上的意思是"产生冰冷"，然而，如今已作为低温的同义词来用。普冷与低温的温度分界并没有很明确的定义，美国国家标准局（NIST）的研究人员把低于－150℃（123K）的温度范围作为低温领域。这是一个合乎逻辑的分界线，因为一些所谓的"永久性"气体，例如氦、氢、氖、氮和空气的沸点都在 123K 以下，而氟利昂、硫化氢、氨等常用制冷剂沸点都在 －150℃（123K）以上。图 1-1 表示了低温的分界线和范围，在工程上常把 120K 作为制冷与低温的分界线。

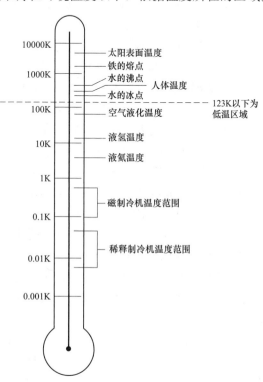

图 1-1　低温的分界线和范围

低温技术是在热力学和传热学的理论基础上发展起来的，同时低温技术的发展又拓展了热力学和传热学的低温领域，丰富了热力学和传热学的内涵。低温技术发展已有近 150 年历史，现已广泛应用于国民经济、国防建设和现代科学技术的各个方面。目前低温技术已在气体液化和分离、低温燃料（LNG 和 LH_2）、超导技术、材料处理及回收、航天技术、生物冷冻医疗等领域得到了广泛应用。随着低温技术的发展和新材料的出现，低温技术在高技术领域中发挥着越来越重要的作用。

1.1　低温技术的历史背景

同其他物理量如压力、磁场、电场等相比，温度对加工工艺和材料性能的影响更加显著。利用温度效应这种能力是人类独有的特征之一，它促进了人类文明的重大进步。由于产生较高温度的火焰并不困难，在人类的文明史上很早就开始应用高温，与此相反，由于产生低温有很大的困难，人类应用低温的时间远远落后于高温。

1.1.1　低温技术的发展

低温技术的发展可以追溯到 19 世纪 50 年代，1852 年发现了 Joule-Thomson 节流效应，

1869 年 T. Andrews 液化了二氧化碳并提出了临界温度概念,之后,低温技术有了最初的萌芽。低温界普遍认为,低温发展的起点为 1877 年法国工程师 L. P. Cailletet 和瑞士物理学家 R. Pictet 几乎同时成功的液化了被称为"永久性"气体的氧气,虽只是雾状液滴,但标志着人类第一次真正跨入了低温技术的新领域。

1883 年,波兰科学家 S. Wroblewski 和 K. Olszewski 在克拉科夫工业大学正式获得了在试管中沸腾着的液氧,过了一段时间,他们又液化了氮气。在成功地制取了液氧和液氮后,S. Wroblewski 和 K. Olszewski 分别独立工作,利用 Cailletet 膨胀技术来液化氢气。Wroblewski 在毛细管中预冷氢气至液氧温度,然后突然从 10MPa 膨胀到 0.1MPa,他于 1884 年获得雾状氢液滴,但不能得到液态的氢。

1892 年,伦敦皇家研究院的化学教授 J. Dewar 发明了能储存低温液化气体的真空夹层容器,使低温的发展跨出了巨大的一步。Dewar 发现,夹套内壁镀银的真空玻璃容器,可使储存的低温液体蒸发率减小为普通容器的 1/30,因此能长期储存低温液体,这为氢和氦的液化铺平了道路,也为低温领域的研究提供了重要的实验条件。

1895 年,德国人 C. Linde 和英国人 Hampson 采用简单节流法部分分离空气,制成了第一台能连续运转的空气液化器。1900 年,Linde 制成用氨预冷的空气液化器,第一个将空气液化技术用于工业生产,Linde 公司是低温工程行业的先导者之一。

1898 年,Dewar 用液态空气预冷氢气,然后用绝热节流使氢气成为液体,制成了第一台实验室氢液化器,获得了在真空绝热罐中平静沸腾着的 20mL 液氢,温度为 20.4K。

1902 年,法国工程师 G. Claude 首次采用活塞式膨胀机开发了实用的空气液化系统,并于同年创立了法国空气液化公司。这是低温技术发展史上的一场革命,它使气体液化技术由实验室走向工业规模,从此采用液空精馏法生产氧气和氮气的工业获得稳步发展,该技术对现代钢铁工业具有重要意义。

经过 10 年的低温研究,Onnes 于 1895 年在荷兰莱顿大学建立了低温物理实验室。Onnes 于 1908 年最先液化了氦气,这归功于他的实验技巧和精心计划。他用加热印度的独居石砂方法得到 360L 氦气,并采用液态空气和液氢预冷高压氦气,再用节流膨胀获得 60mL 液氦。1910 年 Onnes 在一次不成功的固化液氦的实验中(通过液氦容器减压)得到了 1.04K 的温度,并发现了超流氦。

1911 年,正当 Onnes 检查液氦温度下固体电阻的各种阻值时,他发现实验所用汞丝电阻突然降为零。这一发现标志着超导电性(现今许多科学装置的基础)首次被发现,Onnes 也由此获得了 1913 年的诺贝尔奖。

尽管低温技术在美国被认为是比较新的领域,但美国工业界早在 20 世纪初就开始使用液化气体。1907 年,Linde 在美国建立了第一个空气液化工厂。1916 年 Linde 公司在 Ohio 州投入使用了第一台商业供氧系统。1917 年,美国矿务局与 Linde 公司、空气产品公司、Jefferies-Norton 公司一起建了三个实验工厂,从 Texas 州的天然气中制取氦。这些氦气供第一次世界大战中的飞艇使用。Claude 公司自从 1907 年起就在法国批量产氖,但到了 1922 年美国才开始商业供氖。

1926 年美国 R. Goddard 博士首次采用液氧和汽油为推进剂的火箭试验,该技术后来被德国在"二战"期间用于 V-2 武器系统,于 1942 年成功试射 V-2 火箭,这是第一个使用低温液体推进剂的火箭,该火箭采用了液氧和酒精(75%乙醇与 25%水的混合物)。现代国防建设中的远程打击导弹以及发射卫星用的大推力火箭大都采用了低温燃料。

同一年（1926 年），William Francis Giauque 和 Peter Debye 分别提出了绝热去磁方法能达到超低温（小于 0.1K）的想法。但直到 1933 年，Berkley 大学的 Giauque 和 Macdougall，以及莱顿大学的 Dehaas、Wiersma 和 Kramers 才运用这个技术达到 0.3K 到 0.09K 的温度。

早在 1898 年，Dewar 就测试了真空粉末的热传递。1910 年，Smoluchowski 公布了绝热方法上的一个重大改善，即使用真空粉末来绝热。1937 年在美国，真空粉末绝热被首次应用在低温液体的球形储罐中。两年后，第一台使用真空粉末绝热的铁路槽车开始运输液氧。

1934 年，俄罗斯科学家 Kapitza 在英国剑桥研制了用于氦液化的透平膨胀机。

1947 年，麻省理工学院 Collins 教授开发了具有活塞膨胀机的氦液化器，由 A. Little 公司生产，使液氦在低温技术的开发和实际使用中得以广泛应用。

1952 年，美国国家标准局低温工程实验室建成，它用于提供燃料的工程数据，并为原子能委员会提供大量的液氢，促进了低温工程的发展。低温工程年会从 1954 年至 1973 年一直由国家标准局赞助。1972 年在佐治亚州理工大学举行的年会上，会议委员会投票决定年会每两年一次，与超导技术应用会议交叉举行。由于低温材料科学的快速发展，该低温工程大会（CEC）已成为与国际低温材料会议（ICMC）的联合大会（CEC/ICMC）。

早在 1956 年，液氦技术快速发展的时候，Pratt 和 Whitney 飞行器公司被授权为美国空间项目研制燃烧液氢的火箭发动机。1961 年 10 月 27 日，在肯尼迪航天中心，土星飞行器进行首次试验，土星－V 号是第一个使用液氢液氧混合推进剂的空间飞行器。

1966 年，Hall、Ford、Thompson 在曼彻斯特，Neganov、Borisov、Liburg 在莫斯科分别用 He^3/He^4 稀释制冷机成功地得到了 0.1K 以下的持续低温。

1969 年英国国际研究发展公司制成了一台 2420kW、200r/min 的超导电机。1972 年在一条船上安装了一台超导电机来驱动电力系统。

1987 年诞生的氧化物高温超导体由德国 Miller 和 Johannes Georg Bednorz 博士最先发现，随即引发了全球性的高温超导体研究热潮。中国科学家赵忠贤在该研究领域有巨大影响。

1990 年由我国朱绍伟博士等所报道的有关双向进气型脉冲管制冷机受到了全世界低温制冷机领域研究人员的普遍关注，脉冲管制冷技术已逐渐成熟，大量用于航天领域中。

1.1.2 低温技术大事记

从前面的低温发展史我们看到，低温技术已从 Linde 和 Claude 时代有趣奇怪的现象发展到如今应用于许多工程的关键领域。表 1-1 为低温技术发展大事记，图 1-2 展示了低温技术在 1850 年到 2000 年间的发展情况。低温技术的发展相继经历了以下几个时代：20 世纪 30～50 年代的空分时代，从空气中制取氧，促进了钢铁工业的发展；20 世纪 50～60 年代的液氢时代，快速兴起的航天技术需要低温燃料，使之从实验室阶段进入大规模工业使用阶段，主要用于宇宙开发和火箭发射的需要；

20 世纪 60～70 年代为液氦时代，主要用于空间技术、超导技术和基础理论研究需要；

20 世纪 70 年代以后为超导时代，强磁场，大电流超导材料和超导约瑟夫逊效应的发现，使低温技术与超导结合，形成了无可替代的强磁场新技术与极高灵敏度的电磁新器件；

21 世纪初为低温技术的完善及应用推广时代，低温设备及系统的效率、可靠性、稳定性不断提高，低温技术在工业及大科学工程中的应用上逐渐拓展。

表 1-1　　　　　　　　　　　低温技术发展大事记

年　份	重 大 事 件
1877	Cailletet 和 Pictet 液化了氧气
1879	Linde 创立了林德公司
1883	Wroblewski 和 Olszewski 在 Cracow 大学的实验室完全液化了氮气和氧气
1884	Wroblewski 获得了雾滴液氢
1892	Dewar 发明了低温液体储存的真空绝热容器
1898	Dewar 在英国皇家学院成功地制得了液氢
1902	Claude 创立了法国空气液化公司并研制成功膨胀机空气液化系统
1907	Linde 创立了第一家空气液化公司；Claude 从空气液化流程中得到了氩气
1908	Onnes 液化了氦气
1910	Linde 发明了双精馏塔空气分离系统
1911	Onnes 发现了超导电性（1913 年诺贝尔奖）
1916	美国开始生产商业化生产氩气
1917	从天然气中制取氦气在美国获得成功
1926	Giauque 和 Debye 分别独立提出绝热去磁制冷的思想
1933	采用磁制冷获得低于 1K 的低温
1934	Kapitza 设计并制造了第一台用于氦液化的膨胀机
1937	真空粉末绝热开始用于商业化低温液体储存容器
1939	第一台真空绝热铁路槽车在液氧运输中被采用
1942	V-2 武器系统点火试验（采用液氧）
1947	Collins 型低温容器研制成功
1949	第一台化学工业配套用的 300t/d 的氧气系统建成
1950	顺磁盐绝热去磁制冷获得 mK 级温度
1952	美国国家标准局（NIST）低温实验室建立
1957	液氧推进的 Atlas 火箭点火升空；超导电性基础理论（BCS 理论）创建
1958	发明高效多层低温绝热技术
1959	大型液氢厂在美国建成（服务于 NASA）
1963	Linde 公司在美国加州建成 60t/d 的液氢装置；Gifford 提出脉冲管制冷
1964	两艘 LNG 储运船开始服务
1966	He^3/He^4 稀释制冷机面世，^3He-^4He 稀释制冷获得 $10^{-3}K$ 低温
1969	2420kW 直流超导电机建成
1970	已具备 60 000～70 000m^3/h 的生产能力的液氧装置问世
1980	芬兰赫尔辛基技术大学采用两级串联的核磁矩绝热去磁方法获得 $5\times10^{-8}K$ 的低温
1985	朱棣文等实现激光冷却原子，得到 24μK 钠原子气体（1997 年诺贝尔奖）
1986	柏诺兹和缪勒发现了 35K 超导的镧钡铜氧体系，并获得 1987 年诺贝尔物理学奖
1987	我国物理所赵忠贤及美国休斯敦大学的朱经武等发现 90K 钇钡铜氧超导体
1989	西安交通大学朱绍伟等采用双向进气脉冲管制冷获得了 42K 低温
1992	中国科学院低温中心周远等采用多路旁通方案获得了 23.8K 的低温
1996	浙江大学陈国邦提出了二级小孔脉冲管制冷方案，制冷机最低温度达 3K

续表

年 份	重 大 事 件
1997	西安交通大学的氦透平膨胀机成功用于 KM6 神舟飞船地面模拟
2001	中原石油勘探局建造了国内首座生产性质的 LNG 工厂
2002	上海技术物理研究所研制的斯特林制冷机在神舟三号中成功应用
2003	我国首次发射的载人航天飞行器，将航天员杨利伟送入太空
2005	我国承建的首条液化天然气（LNG）船顺利出坞
2017	10 万方等级空分装置及空气压缩机组实现国产化

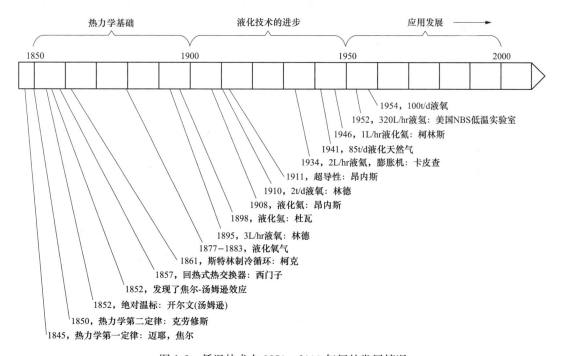

图 1-2 低温技术在 1850—2000 年间的发展情况

1.2 低温技术的应用领域

1.2.1 气体分离

气体分离是使某些混合气体通过低温下的液化与分离得到一定的产品。如分离空气可以获得氧、氮及几种稀有气体；分离焦炉气可提取生产合成氨的原料气-氮、氢混合气；分离油田及石油裂解气可获得乙烯、丙烯等多种化工原料；从天然气、合成氨尾气及核裂变物质中可提取氦气及其他稀有气体等。通过低温过程从空气和天然气中制取出来的产品：氧、氮、氩、氖、氪、氙、氦，在冶金和化学等工业部门中得到了广泛的应用，其重要性和需求量与日俱增。

低温的最初用途是为了满足焊接行业的需求而生产氧气，这种用途一直延续至今，一家典型的氧气生产厂的规模从 1910 年的 2t/d 增长到 1925 年 35t/d，20 世纪 50 年代初已经达到 100t/d，1950 年最大规模的氧气生产厂产量大约是 200t/d。1947 年美国氧气的总产量为 0.541×10^6t（4.07×10m³ 的气体），1954 年总产量已经增长到 8.3×10^5t；1947 年氮气的总产量为 1.67×10^4t，1960 年已经增长至 5.34×10^5t。将氧气或者氮气从这些工厂输送到最终用户的过程中需要用到真空绝热罐卡车和轨道车，在当时这本身就是一个比较大的行业。这些空分工厂的一部分氮气被用作炼钢和炼铝工业中的保护气体，并开始被用来制取一些化学制品，比如氨水。用于炼钢的氧气高炉是 Durrer 在 19 世纪 40 年代后期在瑞士发明并发展起来的。纯氧在这些高炉内的用途是更有效地氧化杂质，与使用空气相比提高生产效率且降低钢的含氮量。1952 年在澳大利亚建造了第一个 35t 的商用转炉，类似的高炉很快在全球得到使用，以满足快速增长的汽车工业的钢材需求。氧气的其他用途是医疗业和军工业。

20 世纪 50 年代，我国的空分设备来自苏联援建。改革开放以后，欧美和日本企业进入我国低温空分市场，气体分离设备行业所产大中型空分设备的主要应用领域以钢铁为主，约占 80%。空气分离行业近年发展较快，一年中制造的空分设备制氧能力总量从 2000 年的 15 万 m³/h 上升为 2013 年的 300 万 m³/h 左右。

1.2.2　低温液体的生产和储运

低温技术的另一种重要应用就是低温液体的生产和储运，如液化天然气（LNG）、液氧、液氮、液氢、液氦等，现以液化天然气和液氢的应用为主进行介绍。

相对煤炭和石油，天然气是比较环保的能源。1941 年，第一家大型天然气（主要成分是甲烷）液化工厂建于俄亥俄州的克利夫兰，它的产量是 75t/d（气体 1.1×10^5m³/d，液体 177m³/d），用来满足三座 2700m³ 容量的液体球形储气罐的庞大需求。当时液化天然气的工厂的效益不好，直到 1952 年一台船装的液化器在路易斯安那州投入使用，它的产量为 114t/d，但由于储存液化天然气的容器设计非常糟糕，沿密西西比河进行液化天然气船运并没有得到批准。20 世纪 50 年代末英国从路易斯安那州船运液化天然气穿越大西洋到达英国，这次成功的船运带来了液化天然气贸易的繁荣。2016 年我国 LNG 行业产量约 700 万 t，进口 LNG 量约 2600 万 t，且进口量以两位数的增长速度在不断增长。

液氢是一种低密度液化气体（密度为 0.07kg/L），由于它与所有的氧化剂都有高度的反应活性，而且燃烧生成物的分子量低，所能提供的比推力比其他任何化学燃料都高。目前，大型空间飞行器的火箭发射一次就需要数十吨液氢，为了提高氢的密度和气化潜热，以缩小储槽体积和减少储存损失，可通过低温过程将液氢制成氢浆、氢胶或氢浆凝胶来加以解决。

20 世纪 60 年代美国已具有日产数百吨液氢的生产能力。围绕安全用氢的一整套技术较为成熟，但如何制取廉价液氢，特别是从水制氢，进而液化、储存、输运和管理等仍有待深入研究。在美国有多处数千立方米的液氢储槽，液氢储运中的两相流、温度分层、水击机理等研究工作都是用氢安全的基础。如美国"土星 5 号"的液氧加注配套 3200m³ 的储槽，在输液时因水击而造成管阀严重破裂。在液氢储运过程中，空气和氧易在液氢中沉积，形成爆炸物。为了防止固氧累积过多，液氢容器在连续加注 5～10 次后，应加热升温到 100K，以便升华并排除固氧。

部分科学家预计液氢还可能成为取代汽油的无污染燃料。通过低温蒸馏的方法还可以从大量的液氢中分离出所需要的重氢——它是原子能工业的重要原料，美国的首枚氢弹实际上是一只高 6m，直径大约 2m 的大型液氘杜瓦瓶，顶部装有核裂变炸弹用来触发系统。

1.2.3 制造低温环境

低温技术应用的第三种方式是通过低温液体的气化或采用低温制冷机来制造低温环境，以满足空间技术、超导技术、低温生物医学、红外技术等需要。

1. 低温技术在武器装备中的应用

随着现代武器装备的"光电化"，对军用微型低温制冷机的需求量将不断增加。美国"战斧"式巡航导弹采用红外末端制导，采用低温节流制冷机冷却到 80K 温度。美国每辆"布雷德利"战车上就配有 8 台斯特林制冷机；F16，F17 战斗机和轰炸机的红外吊舱，都装备有微型斯特林低温制冷机作冷源。美军绝大多数坦克、重要武器、反坦克导弹火控系统都配备有夜视瞄准设备，仅美军第 4 机械化步兵师就装备了几千套夜视仪，美国的 F-117 隐形轰炸机、英国的"旋风"对地攻击机等都装备有先进的热成像装置，这些都由小型低温制冷机提供冷源。俄罗斯的苏-27 及苏-30 战斗机，都带有红外搜索与跟踪及夜视设备，俄制 S-300 地空导弹系统，也使用了快速反应 J-T 低温制冷机和斯特林低温制冷机等。

2. 低温技术在航空航天领域的应用

空间技术极大地推进了低温技术的发展。空间技术虽然投资多、技术难度大，但对探索宇宙奥秘，了解人类的起源、生存和发展都非常重要，得到的回报也巨大，所以美国、西欧、俄罗斯、日本和中国等都十分重视航天事业。我国近 10 年来在航天领域取得了重要进展，神舟系列飞船为我国争得了荣誉，中国人也第一次进入了太空，2011 年我国实现了太空飞船对接，在不久的将来我国自主研发的空间试验站将遨游于浩瀚的太空。

实施空间计划的关键之一是获得长寿命、低振动、高效率、轻质量的低温装置，因为太空是一个高真空、约 4K 的低温环境，但航天器配置的光学测量系统等温度往往高于背景温度，易干扰视场内的目标信号，影响测量效果。降低红外传感器等光学遥测系统的温度，既可减少本身热噪声也可屏蔽或排除视场外的热干扰，以提高探测精确度和灵敏度。测量生物磁和地磁的超导量子干涉仪必须在低温下操作，所以低温技术是空间技术不可缺少的条件，必须同步发展。现已在航空航天领域使用到的低温技术及设备包括空间低温传感器、超流氦制冷、辐射制冷器、金属氢化物作热压机的吸收式节流制冷器、斯特林制冷机、脉管制冷机、逆布雷顿制冷机、磁制冷和 ^{3}He-^{4}He 稀释制冷机等。

经过半个多世纪的稳步发展，空间低温制冷技术已日趋成熟。迈入 21 世纪后，人类的目光将不再停留于登月飞行或地球空间站了，而是希望能走向更远、更深的太空。美国航空航天局（NASA）早就开始了火星登陆计划，去探寻火星上的生命以及太阳系的诞生、演化史。诸如此类的宏大计划，又使得低温技术面临新的挑战。燃料储存、低温制冷、低温液化、零重力下的液体控制等各项技术不能再被单独地分割开来，被动式制冷技术和主动式制冷技术也不再"对立"。只采用被动式制冷，系统过于庞大；只采用主动式制冷，会产生振动及不稳定现象，所以今后的制冷系统应该是既有被动式制冷，又有主动式制冷，通过两者的最优化配置来实现一个长寿命、高可靠性、发射质量轻的系统。

3. 低温技术在生物医学领域的应用

在过去的几十年中，低温技术已用于医药、生物和食物的处理，将所有生物材料中的水分变为冰。快速冷冻与逐渐冷冻相比，通常能生成良好结构的小晶体而且较少破坏细胞结构。为了使保存的食品新鲜良好，一些冻干的食物，在真空脱水之前用液氮喷雾器来急速冷冻。

在人工辅助生殖医疗中，经常采用液氮保存精子和受精胚胎。

为外科手术提供组织和器官移植的低温储存库也需要使用低温技术。在低温外科手术中，人们已经使用液氮冷冻的尖端或插管来杀死或移去神经细胞、部分溃疡以及肿瘤。小心控制尖端温度和使用的时间，可用来除去健康器官附近的病害组织，而不损害健康器官。冷冻的处理过程可以马上止血，因此手术后的流血量也大大降低。

核磁共振成像（MRI）可以使CT显示不出来的病变显影，磁共振成像的最大优点是它是目前少有的对人体没有任何伤害的安全、快速、准确的临床诊断方法。MRI是利用收集磁共振现象所产生的信号而重建图像的成像技术，超导型MRI具有场强高、功耗小（磁体基本无功耗）、磁场均匀稳定和系统信噪比高等优点，MRI中的超导磁体一般需要通过低温技术冷却到液氦温度（4.2K）。

4. 低温技术在其他领域的应用

在现代移动通信行业，需要低温制冷机来冷却超导滤波器到液氮温度，在使用超导滤波器系统的移动通信小区内，手机辐射功率更低、通话质量更好、通信系统的灵敏度更高。

在材料回收领域，低温粉碎可用于废电路板的回收；废旧轮胎一般采用液氮使橡胶玻璃化粉碎，实现与金属轮毂分离；手机屏分离可以采用-150℃的低温冷冻分离机。

量子计算机的实现原理是利用量子的纠缠态进行计算，而量子纠缠态是非常容易消失的，消失的过程称为退相干。退相干和环境关系很大，包括温度场，电场磁场等，所以极低温属于一个必备条件。

现代的大科学研究装置中同样离不开低温技术，上海同步辐射光源需要超低温和高真空技术，欧洲粒子物理研究所（CERN）的大型强子对撞机（LHC）需要将磁体冷却到-271℃，国际热核聚变实验堆（ITER）中也需要大型高真空系统、大型液氮、液氦低温系统等。

1.3　低温学术组织及资源

1. 低温相关的学术组织

制冷和低温是紧密联系的，因此一般与低温相关的学术组织也由制冷学会组织和管理，例如国际制冷学会（www.iifiir.org）的Section A就主要涉及Cryology和gas processing，其中A1负责Cryophysics和cryoengineering，A2负责Liquefaction and separation of gases。同样，中国制冷学会（www.car.org.cn）每年也会组织低温技术相关的学术活动，中国制冷学会有六个专门委员会，其中第一专门委员会主要负责低温物理、低温工程以及气体液化及分离等。另外，美国国家标准局（NIST）提供可以查询低温工质热物性的网站（www.nist.gov/srd），NIST低温技术研究组（www.cryogenics.nist.gov）也提供一些低温材料性质，低温制冷机设计和研究资料。美国低温学会Cryogenic Society of America（www.cryogenicsociety.org）网站上有各种低温相关学术资源。

2. 低温相关的学术期刊

低温学术期刊有英文和中文期刊，英文期刊有Cryogenics、Cryobiology、Cell preservation Technology、International Journal of Refrigeration等。中文期刊有低温工程、低温与超导、低温与特气、真空与低温、制冷学报及深冷技术等。图1-3为低温技术相关的学术期刊。

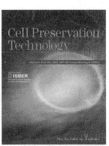

图 1-3　低温技术相关的学术期刊

3. 低温相关的学术会议

低温学术会议主要包括国际会议和国内会议，主要的低温学术会议包括：

（1）International Congress of Refrigeration（ICR），每 4 年举行一次；

（2）International Conference on Cryogenics and Refrigeration（ICCR），每 5 年举行一次；

（3）International Cryocooler Conference（ICC），每 2 年举行一次（偶数年份）；

（4）Cryogenic Engineering Conference and International Cryogenic Materials Conference（CEC/ICMC），每 2 年举行一次（奇数年份）；

（5）International Cryogenic Engineering Conference and the International Cryogenic Materials Conference（ICEC/ICMC），每 2 年举行一次（偶数年份）；

（6）International Conference on Low Temperature Physics，每 3 年举行一次；

（7）Applied Superconductivity Conference（ASC），每 2 年举行一次（偶数年份）；

（8）亚太液化天然气国际会议，每年举行一次；

（9）全国低温工程大会，每 2 年举行一次（奇数年份）；

（10）全国低温物理学术讨论会，每 3 年举行一次。

第 2 章　获得低温的方法

2.1　概　述

在地球上已知的最低温度位于南极，可测到的最低温度约为$-90℃$，人类从利用天然冷源到人工获得低温经历了漫长的时间。随着生产和科学技术的进步，获得低温的方法逐渐增多，基本可分为物理方法和化学方法，而绝大多数制冷方法属于物理方法。广义上讲，任何一种吸热过程都可以作为降温方法，以下对各种常见的降温方法进行简单介绍。

1. 相变制冷

相变是指物质集聚态的变化。在相变过程中由于物质分子重新排列和分子运动速度改变，就需要吸收或放出热量，这种热量称为相变潜热。物质集态变化过程的特性与物质的原始状态及转换条件有关，因此相变过程有不同的形态。相变制冷就是利用某些物质相变时的吸热效应，相变制冷总括起来有下列几种：

(1) 熔解：固体物质在一定的温度下转变成液体称为熔解（也称融化），1kg 这种物质在定温下熔解所需的热量称为熔解热。例如，冰融化时的吸收热为 334.9kJ/kg。

(2) 升华：当压力低于三相点压力时，物质被加热可直接由固态转变成气态，这种现象称为升华。例如：干冰制冷就是利用这种现象。

(3) 汽化：液体转化为蒸汽称为汽化，它包括两个情况，即蒸发和沸腾。蒸发是在某种温度下液体外露界面上的汽化过程，当外界压强高于饱和蒸汽压力时液体蒸发。液体沸腾时，蒸汽小部分由液体表面产生，大部分来自液体内部。此时液体内部生成许多蒸汽泡，并迅速上升突破液体表面进入气相空间中。外界压强等于饱和蒸汽压力时液体沸腾，这时的温度称为沸点。

在现代制冷技术中，主要利用制冷工质在低压下的汽化过程制取冷量。这种汽化过程通常在蒸发器中以沸腾方式进行，但习惯上称它为蒸发过程而不称作沸腾过程，就如同不把蒸发器称作沸腾器一样。在制冷技术中常见的蒸汽压缩式制冷、吸收式制冷、吸附式制冷和蒸汽喷射式制冷本质上都属于液体汽化制冷。

2. 气体膨胀制冷

气体在一定的初态（压力与温度）下通过膨胀机膨胀时，它的温度会降低。这种制冷方法常用在气体分离、气体液化技术和气体制冷机中。在小型回热式低温制冷机中，斯特林制冷机采用了气体等温膨胀制冷，逆布雷顿制冷机采用了气体绝热膨胀制冷。

3. 气体绝热节流制冷

非理想气体在转化温度以下，在一定的初态（压力与温度）时通过节流阀绝热节流，它的温度会降低，甚至还会液化。气体绝热节流是一个节流前后焓相等的过程，气体绝热膨胀是一个等熵过程。理论上讲，气体绝热节流不如气体绝热膨胀降温效果好，但是气体绝热节流具有结构简单、成本低、可靠性好，以及可直接实现液化的优点。

4. 绝热放气制冷

容器中一定量的气体通过控制阀向环境介质绝热放气（或用真空泵抽气）时，则残留在容器中的气体将要向放出的气体做推动功，消耗它本身的一部分热力学能，因而温度降低。G-M 制冷循环、SV 制冷循环和脉管制冷机就是利用这一原理工作。

5. 磁制冷

磁制冷的研究可追溯到 100 多年前。1881 年 Warburg 首先观察到金属铁在外加磁场中的热效应，20 世纪 20 年代 Debye 和 Giauque 在理论上提出了可以利用磁热效应（Magneto-Caloric Effect，MCE）进行制冷。

物质由原子构成，原子由电子和原子核构成。电子有自旋磁矩，还有轨道磁矩，这使有些物质的原子或离子带有磁矩。磁性材料的离子或原子磁矩在无外加磁场的情况下是杂乱无章的，当外加磁场后（又称磁化，Magnetization），离子或原子的磁矩会沿外磁场方向排列，使磁矩变得有序，从而减少材料的磁熵，磁性材料向外界放热；当降低或去掉磁场（又称去磁，Demagnetization）时，由于磁矩又趋于无序，磁熵增加，又要从外界吸收热量。也就是说，磁性材料磁化或去磁时，热力学状态发生了改变。因此，磁热效应就是指磁性材料在等温磁化时向外界放出热量，而绝热去磁时温度降低并从外界吸收热量。

6. 氦稀释制冷

为了获得 $(0.04\sim0.1)$K 的低温或 1mK 的超低温，常利用氦稀释制冷方法。这种方法是利用 ^{3}He-^{4}He 溶液在低温下的特性制冷，它的基本原理是当 ^{3}He 与 ^{4}He 的混合液在 0.87K 温度以下时分为两层，上层为 ^{3}He 浓溶液，下层为 ^{4}He 浓溶液，如果用某些方法提取下层 ^{4}He 溶液中所含的 ^{3}He 原子，则 ^{3}He 原子由上面的 ^{3}He 浓溶液溶解于下层溶液，并产生吸热反应而降低温度。它具有连续制冷、操作方便、稳定可靠、不用磁场就可获得毫开（mK）级低温的特点，为低温物理学研究提供了便利。现已制成能获得约 0.005K 低温的间歇式稀释制冷机，在连续制冷系统中可达到 0.01K。

7. 涡流制冷

气体涡流制冷是一种借助涡流管的作用使高速气流产生旋涡，并分离出冷、热两股气流，而利用冷气流获得冷量的方法。涡流管是一种结构极为简单的制冷装置，它由喷嘴、涡流室、分离孔板及冷、热两端管子组成。高速气流由进气导管导入喷嘴，膨胀降压后沿切线方向高速进入阿基米德螺线涡流室，形成自由涡流，经过动能交换分离成温度不等的两部分。其中心部分动能降低变为冷气流，边缘部分动能增大成为热气流，且流向涡流管的另一端。这样涡流管可以同时获得冷热两种效应，通过流量控制阀调节冷热气流比例，并相应改变气流温度，可以得到最佳制冷效应或制热效应。

涡流管具有结构简单、起动快、维护方便、工作极为可靠、一次性投资和运行费用低等优点。尽管其热效率较低，但在国外仍然得到广泛的应用。如美国 NASA 研制成功了以风洞排气为工作介质的涡流管空调系统（制冷量达 281.35kW）。我国也有采用涡流管制冷的天然气井口脱水装置，对于保证天然气输送管网的正常工作、改善井场工作和生活环境发挥重要作用。应用回热原理及喷射器降低涡流管冷气流压力，不仅可以获得更低的温度，还可以提高涡流管的经济性。根据此原理制成的涡流管冰箱能够获得 -70℃以下的低温，若采用多级涡流管还可以获得更低的温度。

8. 热电制冷

热电制冷又称温差电制冷，或半导体制冷，是利用热电效应（即帕尔贴效应）的一种制冷方法。1834 年，法国物理学家帕尔帖在铜丝的两头各接一根铋丝，再将两根铋丝分别接到直流电源的正、负极上，通电后发现一个接头变热，另一个接头变冷。这说明：当有直流电通过两种不同材料组成的电回路时，两个接点处分别发生了吸、放热效应。这个现象称为帕尔帖热电效应，它是热电制冷的依据。

如果接点处热电效应足够强，就可以产生有用的制冷作用。热电效应的大小主要取决于两种材料的热电动势。纯金属材料的导电性好，导热性也好。两种金属材料组成的电偶回路，热电动势小，热电效应很弱，制冷效果不明显（制冷效率不到 1‰）。半导体材料具有较高的热电动势，可以成功地做成小型热电制冷器。按电流载体的不同，半导体分为 N 型半导体（电子型）和 P 型半导体（空穴型）。用铜板和铜导线将 N 型半导体和 P 型半导体连接成一个回路，铜板和铜导线只起导电作用。回路由低压直流电源供电，回路中接通电流时，一个接点变热，另一个接点变冷。如果改变电流方向，则两个接点处的冷热作用互易，即原来的热接点变成冷接点，原来的冷接点变成热接点。一对 N、P 热电偶只需零点几伏特的电源电压，冷端产生的制冷量也很小，所以实际热电制冷器是由许多热电偶组成热电堆使用。

9. 激光制冷

物体的原子总是在做无规则运动，这种热运动表示了物体温度的高低，即原子运动越激烈，物体温度越高；反之，温度就越低。所以，只要降低原子运动速度，就能降低物体温度。简单地说，激光制冷的原理就是利用大量光子阻碍原子运动，使其减速，从而降低物体温度。

激光制冷技术利用的是反斯托克斯效应，可以产生反斯托克斯荧光的材料必须具有发光中心，发光中心是在某种条件下能够发射光子的原子、分子、离子和缺陷。这些发光中心吸收能量较低的光子，然后发射能量更高的荧光光子。两种光子之间的能量差来自材料的热激发，而这种能差会随着荧光的反斯托克斯发射将能量从材料带走，从而实现对材料的制冷。与传统的制冷方式相比，激光起到了提供制冷动力的作用，而散射出的反斯托克斯荧光是带走热量的载体。

10. 热声制冷

热声制冷是利用热声效应的一种制冷方法，热声效应（Thermoacoustic Effect）是可压缩流体的声振荡与固体介质之间由于热而产生的时均能量效应。声能是一种振荡形式的能量，声波在空气中传播时会产生压力和位移的波动，还会引起温度的波动。当声波所引起的压力、位移和温度波动作用到固体边界时，就会发生明显的声波能量与热能的相互转换，这就是热声效应。如果能够实现热能与声能的相互转化并与外界热源的热量交换，即可制成热声发动机或热声制冷机。

可产生热声效应的流体介质必须具备的特性是：具有可压缩性，热膨胀系数较大，普朗特数小。此外，对于要求制冷温差大、能量流密度较小的场合，流体比热容要小；对于要求制冷温差小、能量流密度较大的场合，流体比热容要大。因此，在低温制冷领域，热声制冷的适宜流体是理想气体，如空气、氦气，特别是氦气；在普通制冷温度领域，热声制冷的适宜流体为处于近临界区的液体，如液态 CO_2、碳氢化合物等。

2.2　相　变　制　冷

物质有三种集态：气态、液态、固态，物质集态的改变称为相变。物质从质密态到质稀态相变时，吸收潜热；反之，物质由质稀态向质密态相变时，放出潜热。相变制冷就是物质从质密态到质稀态的吸热效应，利用液体相变是液体蒸发制冷，利用固体相变是固体融化或升华制冷。

液体蒸发制冷以流体作制冷剂，通过一定的机械设备构成制冷循环，可以对被冷却对象连续制冷，是制冷技术中最主要的制冷方法。固体相变制冷则是以一定数量的固体物质作为制冷剂，作用于被冷却对象，实现冷却降温。一旦固体全部相变，冷却过程即告终止。

在低温技术中主要使用相变制冷方法：液体汽化制冷、固体升华制冷和液体抽气制冷。

2.2.1　液体汽化制冷

在氦液化装置中，常用液氮、液氢预冷氦气；在宇宙飞行器中，为了使舱内仪器、设备正常工作，常使用液体汽化低温恒温系统（有的采用固体升华低温恒温系统）；在各种低温恒温器中均采用这一方法，使低温恒温对象保持在低温状态。例如：为了达到 0.5K 的低温，可利用 ^{3}He 减压汽化制冷的方法；低温外科手术刀利用液氮汽化冷却刀头。这种制冷方法简单有效。

由热力学知，纯工质液体的沸点和汽化潜热与压力有关，压力越低，液体的沸点越低，汽化潜热越大，所以制冷量越大。为了增加制冷量，常使液体在减压下汽化。

$$q_0 = r_s = h'' - h' = T(s'' - s') \tag{2-1}$$

式中　　q_0——单位制冷量，kJ/kg；

$\quad\quad r_s$——汽化潜热，kJ/kg；

$\quad h''$、h'——汽相和液相的焓，kJ/kg；

$\quad s''$、s'——汽相和液相的熵，kJ/(kg·K)；

$\quad\quad T$——蒸发温度，K。

2.2.2　固体升华制冷

近代科学研究中，为了冷却红外探测器、γ 射线探测器、机载红外设备等，固体制冷剂向高真空空间升华的制冷系统得到了发展，其工作温度取决于所选择的制冷剂、制冷系统中所保持的压力和热负荷。如果改变蒸汽流量，进而改变系统中的背压，就可以保持一个特定的温度。制冷系统的工作寿命取决于制冷剂用量和热负荷，目前这种制冷系统连续工作时间可达一年左右。固体制冷系统与液体制冷系统比较具有下列一些优点：

（1）升华潜热较高；

（2）储存密度较大；

（3）固体制冷剂具有较低的制冷温度，可提高红外探测器的灵敏度。

表 2-1 列举了一些固体制冷剂的工作温度范围、升华潜热和密度。温度范围的上限值是三相点温度，下限是在压力 13.33kPa 下的平衡温度，升华潜热及密度均为对应于最低（下限）温度时的值。

表 2-1　　　　　　　　　一些固体制冷剂的工作温度范围、升华潜热和密度

固体制冷剂	工作温度范围（K）	升华潜热（kJ/kg）	密度（kg/m³）
氢	13.9～8.3	51.1	900
氖	24.5～13.5	105.4	1490
氮	63.1～43.4	152.0	940
一氧化碳[①]	68.1～45.5	295.0	1030
氩	83.8～47.8	205.3	1710
甲烷	90.7～59.8	494.2	520
二氧化碳	216.6～125	566.4	1700
氨	195.4～150	1837.5	800

① 升华潜热及密度为 62K 以下的数据，在 62K 时一氧化碳发生 α 型到 β 型的相变。

2.2.3　液体抽气冷却

利用液体抽气冷却方法，不仅可以使液体降温，而且可以使液体固化，以生产固氮、固氢及其他固态低温工质。

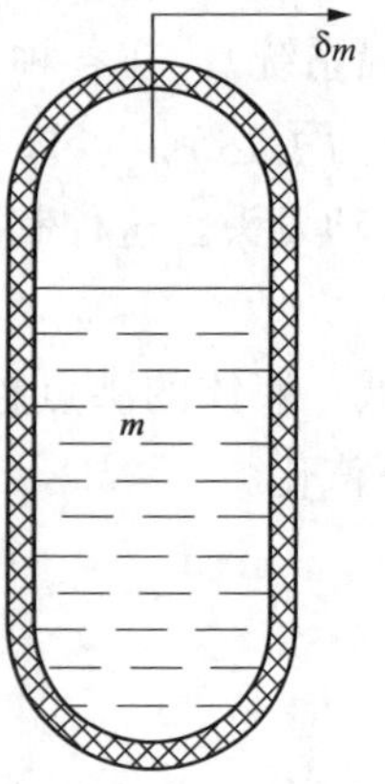

图 2-1 为抽气冷却过程，图中表示一理想绝热容器，内装质量为 m 的液体。现假定在微元时间 δt 内从容器中抽取 δm 蒸汽，残留液体的温度可降低 δT，则根据系统能量平衡式可得

$$mc_s\delta T = r_s\delta m \tag{2-2}$$

式中　c_s——饱和液体的比热容，kJ/(kg·K)；

　　　r_s——汽化潜热，kJ/kg。

变换式（2-2）可得

$$\frac{\delta m}{m} = \frac{c_s}{r_s}\delta T \tag{2-3}$$

图 2-1　抽气冷却过程

在有限时间内，从容器中抽出的蒸汽量为 $\sum\delta m$，它使残留液体的温度降低 $\sum\delta T(℃)$，利用上式可得

$$\sum_{n=1}^{\infty}\frac{\delta m}{m} = \sum_{n=1}^{\infty}\frac{c_s}{r_s}\delta T \tag{2-4}$$

已知 c_s、r_s 和 T 的关系式后，就可按式（2-4）积分求解液体的降温程度。对于大多数低温工质，可以假设 c_s、r_s 和 T 的关系为线性关系或常数，其误差不大于 5%。

图 2-2 表示一些低温工质抽气降温后的温度与抽气量的关系。理论值与实验值比较，其误差不大于 5%。图中点 1 为低温工质在大气压力下的饱和温度，点 2 为初次出现结晶的状态（三相点），点 3 为液体全部固化的状态。例如：液氮降温到三相点（点 2）时 m_f/m_i =0.95，必须抽出相当于 5% 液体量的蒸汽；液氮完全固化时（点 3），m_f/m_i=0.8，必须抽出相当于 20% 液体量的蒸汽。

当液体温度一旦达到三相点时，就会首次出现结晶。由于冷区在气-液相界面上，所以在液体表面上最先出现结晶，然后再逐步扩展。这一过程的能量平衡式为

$$(m_2' - m_2'')\cdot x\cdot r_f = r_{Tr}\cdot m_2'' \tag{2-5}$$

式中　m_2'——生成首批结晶前在三相点温度下的液体质量，kg；

　　　m_2''——抽取蒸汽质量，kg；

x——固相百分含量；

r_f，r_{Tr}——在三相点温度下的溶解热及汽化热，kJ/kg。

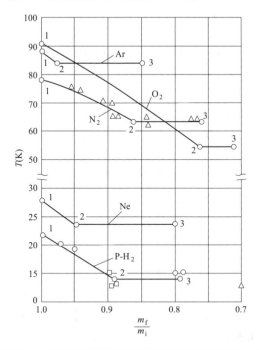

图 2-2　低温工质降温后温度与抽气量的关系曲线

m_f—抽气终了时容器中的液体量；m_i—抽气前容器中的液体量

利用式（2-5）可以求出当液体冻结前的温度为 T_{Tr} 及生成的固相分量为 x 时必须抽取的蒸汽量 m_2''，利用这一冷却方法还可以得到液-固两相低温工质。

2.3　气体绝热节流制冷

在气体液化装置及低温制冷机中，主要采用三种制冷方法：压缩气体绝热节流制冷、等熵膨胀制冷和绝热放气制冷。

2.3.1　实际气体节流

1. 节流过程的热力特征

由流体力学知，当气体在管道（容器）中遇到缩口和调节阀门（如气体液化装置中的节流阀，如图 2-3 所示）时，局部阻力使其压力显著下降，这种现象称为节流。工程中由于气体经过阀门时流速大、时间短，来不及与外界进行热量交换，可近似地作为绝热过程处理，称为绝热节流。节流时存在局部阻力损失，所以节流过程是一个不可逆过程。节流后熵必定增加，引起有效能损失。根据稳定流动能量方程式，气体在绝热节流时，节流前后的焓值不变，这是节流过程的主要特征。

理想气体的焓值只是温度的函数，因此理想气体节流前后温度不变，即 $dh = c_p dT$。

实际气体的焓值是温度和压力的函数，所以实际气体节流前后的温度一般要发生变化，

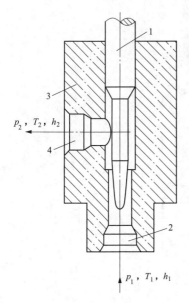

图 2-3　节流阀示意

1—阀芯；2—高压腔；

3—阀体；4—低压腔

这一现象称为焦耳-汤姆逊效应（简称 J-T 效应），即 $\mathrm{d}h = c_p\mathrm{d}T + \left[v - T\left(\dfrac{\partial v}{\partial T}\right)_p\right]\mathrm{d}p$。

2. 微分节流效应与积分节流效应

气体节流时温度的变化与压力的降低成比例，因此可表示为

$$\alpha_\mathrm{h} = \left(\frac{\partial T}{\partial p}\right)_\mathrm{h} \tag{2-6}$$

式中　α_h——微分节流效应，即气体在节流时单位压力降所产生的温度变化。

几种气体在常温常压下（273K，98kPa）的微分节流效应列于表 2-2 中。

当压力降为一定数值 Δp 时，节流所产生的温度变化为积分节流效应，可按式（2-7）计算：

$$\Delta T_\mathrm{h} = T_2 - T_1 = \int_{p_1}^{p_2} \alpha_\mathrm{h}\mathrm{d}p = \alpha_\mathrm{hm}(p_2 - p_1) \tag{2-7}$$

积分节流效应是节流过程中所产生的温差变化，只要知道 α_h 与压力 p 的函数关系，或知道在某一压力范围内微分节流效应的平均值 α_hm，即可按式（2-7）计算积分节流效应。

表 2-2　　　　　　几种气体在常温常压下（273K，98kPa）的微分节流效应

气体名称	α_h		气体名称	α_h	
	$(10^{-3}\mathrm{K/kPa})$	$(℃/\mathrm{atm})$		$(10^{-3}\mathrm{K/kPa})$	$(℃/\mathrm{atm})$
空气	+2.75	+0.27	二氧化碳	+13.26	+1.30
氧	+3.16	+0.31	氢	−3.06	−0.3
氮	+2.65	+0.26	氦	−6.08	−0.596

根据热力学关系 $\mathrm{d}u = T\mathrm{d}s - p\mathrm{d}v$，$\mathrm{d}h = T\mathrm{d}s + v\mathrm{d}p$，如果取热力系统的温度 T、压力 p 为独立变量，则 $s = s(T, p)$

$$\mathrm{d}s = \left(\frac{\partial s}{\partial T}\right)_p \mathrm{d}T + \left(\frac{\partial s}{\partial p}\right)_T \mathrm{d}p$$

根据麦克斯韦关系

$$\left(\frac{\partial s}{\partial p}\right)_T = -\left(\frac{\partial v}{\partial T}\right)_p$$

$$\left(\frac{\partial s}{\partial T}\right)_p = \frac{\left(\dfrac{\partial h}{\partial T}\right)_p}{\left(\dfrac{\partial h}{\partial s}\right)_p} = \frac{c_p}{T}$$

$$\mathrm{d}s = \frac{c_p}{T}\mathrm{d}T - \left(\frac{\partial v}{\partial T}\right)_p \mathrm{d}p$$

$$\mathrm{d}h = c_p\mathrm{d}T + \left[v - T\left(\frac{\partial v}{\partial T}\right)_p\right]\mathrm{d}p$$

$$\alpha_{\mathrm{h}} = \left(\frac{\partial T}{\partial p}\right)_{\mathrm{h}} = \frac{1}{c_p}\left[T\left(\frac{\partial v}{\partial T}\right)_p - v\right] \tag{2-8}$$

按照气体状态方程求出 $\left(\dfrac{\partial v}{\partial T}\right)_p$，代入上式即可得出 α_{h} 的表达式。例如：对于理想气体，$\left(\dfrac{\partial v}{\partial T}\right)_p = \dfrac{v}{T}$，故理想气体的 $\alpha_{\mathrm{h}} = 0$。

α_{h} 的表达式也可以通过实验建立，例如对于空气和氧，在 $p < 1.5 \times 10^4\,\mathrm{kPa}$ 时，得到的经验公式如下：

$$\alpha_{\mathrm{h}} = (a_0 - b_0 p)\left(\frac{273}{T}\right)^2 \tag{2-9}$$

式中　a_0，b_0——实验常数〔对于空气：$a_0 = 2.73 \times 10^{-3}\,\mathrm{K/kPa}$；$b_0 = 8.95 \times 10^{-8}\,\mathrm{K/(kPa)^2}$；氧：$a_0 = 3.19 \times 10^{-3}\,\mathrm{K/kPa}$，$b_0 = 8.84 \times 10^{-8}\,\mathrm{K/(kPa)^2}$〕。

T、p 的单位分别为 K 和 kPa。

3. 节流过程的物理实质

由表 2-2 中的数值可以看出，在常温常压下，有些气体的 α_{h} 为正值，节流时温度降低；有些气体的 α_{h} 为负值，节流时温度反而升高。α_{h} 是正值还是负值并不取决于气体的种类，而是取决于节流前气体的状态。这种情况可以由式（2-8）分析：

(1) 当 $T\left(\dfrac{\partial v}{\partial T}\right)_p > v$ 时，$\alpha_{\mathrm{h}} > 0$，节流时温度降低；

(2) 当 $T\left(\dfrac{\partial v}{\partial T}\right)_p = v$ 时，$\alpha_{\mathrm{h}} = 0$，节流时温度不变；

(3) 当 $T\left(\dfrac{\partial v}{\partial T}\right)_p < v$ 时，$\alpha_{\mathrm{h}} < 0$，节流时温度升高。

那么气体节流时为什么会有这三种情况呢？这需要用气体在节流过程中的能量转化关系解释。根据焓的定义式 $h = u + pv$，因节流前后气体的焓值不变，故其能量关系式可表示为

$$\mathrm{d}u = -\mathrm{d}(pv)$$

即节流前后热力学能的变化等于 (pv) 值的落差。气体的热力学能包括内动能（即分子运动动能）和内位能两部分，而内动能的大小只与气体的温度有关。因此，气体节流后温度是降低、升高或是不变，取决于节流后气体的内动能是减少、增大或是不变。内动能的变化只有在分析了内位能与 pv 的变化关系后才能确定。

用 u_{k} 表示气体的内动能，u_{p} 表示气体的内位能，则上式可以改写成

$$\mathrm{d}u = \mathrm{d}u_{\mathrm{k}} + \mathrm{d}u_{\mathrm{p}} = -\mathrm{d}(pv)$$

即

$$\mathrm{d}u_{\mathrm{k}} = -\mathrm{d}u_{\mathrm{p}} - \mathrm{d}(pv) \tag{2-10}$$

气体节流时压力降低，比体积增大，其内位能总是增大的，即 $\mathrm{d}u_{\mathrm{p}} > 0$；但 (pv) 值却变化无常，可能变大、不变或者减少（依节流时气体的状态参数而定），即 $\mathrm{d}(pv)$ 值可能大于、等于或小于零。分析式（2-10）可知：

(1) 当 $\mathrm{d}(pv) \geqslant 0$ 时，$\mathrm{d}u_{\mathrm{k}} < 0$，气体节流时温度降低；

(2) 当 $\mathrm{d}(pv) < 0$ 时，如果 $\mathrm{d}(pv)$ 的绝对值小于 $\mathrm{d}u_p$，气体节流时温度仍然降低；

(3) 当 $\mathrm{d}(pv) < 0$ 时，如果 $\mathrm{d}(pv)$ 的绝对值大于 $\mathrm{d}u_p$，气体节流时温度反而升高。

由式（2-10）还可以看出，当 $du_p = -d(pv)$ 时，即内位能的增量正好等于（pv）值的落差时，$du_k = 0$，气体的内动能保持不变，节流时其温度也保持不变，这个温度称为转化温度。

2.3.2　转化温度与转化曲线

由以上分析可知，实际气体节流时有转化温度存在。转化温度的计算公式和变化关系可通过范德瓦尔方程分析。

根据范德瓦尔方程

$$p = \frac{RT}{v-b} - \frac{a}{v^2}$$

$$\left(\frac{\partial v}{\partial T}\right)_p = -\frac{1}{\left(\frac{\partial T}{\partial p}\right)_v \left(\frac{\partial p}{\partial v}\right)_T} = -\frac{\left(\frac{\partial p}{\partial T}\right)_v}{\left(\frac{\partial p}{\partial v}\right)_T} = -\frac{\dfrac{R}{v-b}}{-\dfrac{RT}{(v-b)^2} - \left(-\dfrac{2a}{v^3}\right)} = \frac{Rv^3(v-b)}{RTv^3 - 2a(v-b)^2}$$

代入式（2-8）整理后得

$$\alpha_h = \left(\frac{\partial T}{\partial p}\right)_h = \frac{1}{c_p}\left[\frac{TRv^3(v-b)}{RTv^3 - 2a(v-b)^2} - v\right] = \frac{1}{c_p} \times \frac{2a(1-b/v)^2 - RbT}{RT - 2a/v(1-b/v)^2} \quad (2\text{-}11)$$

当 $\alpha_h = \left(\dfrac{\partial T}{\partial p}\right)_h = 0$ 时，节流前后温度不变（$dT = 0$），此时气体的温度即为转化温度 T_{inv}，令式（2-11）的分子等于零，可得

$$2a\left(1 - \frac{b}{v}\right)^2 - RbT_{inv} = 0$$

故

$$T_{inv} = \frac{2a}{Rb}\left(1 - \frac{b}{v}\right)^2 \quad (2\text{-}12)$$

将式（2-12）与范德瓦尔方程 $p = \dfrac{RT}{v-b} - \dfrac{a}{v^2}$ 联立求解方程组，消去 v 得

$$\left(\frac{b^2 p}{a} + \frac{3RbT_{inv}}{2a} + 1\right)^2 - \frac{8RbT_{inv}}{a} = 0$$

将此式展开，是一个 T_{inv} 的二次方程，求解可得

$$T_{inv} = \frac{2a}{9Rb}\left(2 \pm \sqrt{1 - \frac{3b^2}{a}p}\right)^2 \quad (2\text{-}13)$$

式（2-13）表示转化温度与压力的函数关系，它在 $T\text{-}p$ 图上为一连续曲线，称为转化曲线。通过式（2-13）可以对转化温度的特性分析如下：

（1）当 $1 - \dfrac{3b^2 p}{a} < 0$，上式没有实数根，即不存在转化温度。如果以范德瓦尔方程中的常数 $a = \dfrac{27R^2 T_{cr}^2}{64p_{cr}}$ 及 $b = \dfrac{RT_{cr}}{8p_{cr}}$ 代入，可得 $p > 9p_{cr}$。在这种情况下节流后不可能产生冷效应。

（2）当 $1 - \dfrac{3b^2 p}{a} = 0$ 时，即 $p = 9p_{cr}$ 时，只有一个转化温度，这个压力即是产生冷效应的最大压力，称为最大转化压力，如图 2-4 所示。

（3）当 $1 - \dfrac{3b^2 p}{a} > 0$ 时，即 $p < 9p_{cr}$ 时，对应于每一个压力均有两个转换温度，分别称

为上转化温度 T'_{inv}（随压力升高而降低）和下转化温度 T''_{inv}（随压力升高而升高）。

图 2-4 所示为氮的转化曲线，虚线是按式（2-13）计算的结果，实线是用实验方法得到的结果，二者的差别是由于范德瓦尔方程在定量上不够准确而引起。

由图 2-4 及以上的分析可知，当 $p \leqslant 9p_{\text{cr}}$ 时：

（1）在转化曲线上，$\alpha_{\text{h}} = 0$；

（2）在转化曲线外，$\alpha_{\text{h}} < 0$，节流后产生热效应；

（3）在转化曲线以内，即当 $T'_{\text{inv}} > T > T''_{\text{inv}}$ 时，$\alpha_{\text{h}} > 0$，节流后产生冷效应。

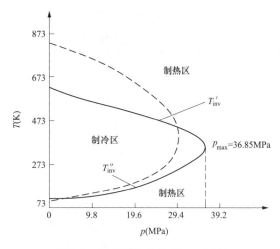

图 2-4　氮的转化曲线 $T_{\text{inv}} = f(P)$

转化曲线将 T-p 图分成了制冷区和制热区两个区域。因此在选择气体参数时，节流前的压力不得超过最大转化压力，节流前的温度必须在上、下转化温度之间。

式（2-13）也可用对比参数表示：

$$T_{\text{rinv}} = \frac{2a}{9RbT_{\text{cr}}}\left(2 \pm \sqrt{1 - \frac{3b^2}{a}p_r p_{\text{cr}}}\right)^2$$

再将临界温度和临界压力用范德瓦尔常数代入：

$$T_{\text{cr}} = \frac{8a}{27Rb}, \ p_{\text{cr}} = \frac{a}{27b^2}$$

整理后即可得到对比转化温度：

$$T_{\text{rinv}} = \frac{3}{4}\left(2 \pm \sqrt{1 - \frac{1}{9}p_r}\right)^2 \tag{2-14}$$

分析式（2-14）不难得出最大对比转化压力 $p_{\text{rmax}} = 9$。

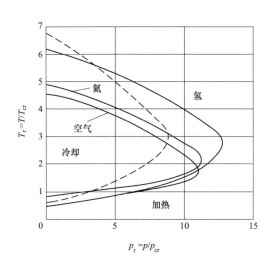

图 2-5　空气、N_2 和 H_2 的转化曲线

当节流前气体的压力较低时，式（2-14）中 p_r 一项可以忽略，于是得出两个转化温度的数值为

$$T'_{\text{rinv}} = \frac{27}{4} = 6.75, \ T''_{\text{rinv}} = \frac{3}{4} = 0.75$$

图 2-5 示出以对比参数 T_r 和 p_r 为坐标的空气、N_2 和 H_2 的转化曲线，其中虚线是按式（2-14）计算的结果。

表 2-3 为气体在低压下的转化温度及其与临界温度的比值。表 2-3 的比值与按式（2-14）计算的结果（$T_{\text{rinv}} = 6.75$）是有差别的，这是因为范德瓦尔方程不够准确而引起。大多数气体，如空气、氧、氮和一氧化碳等，转化温度较高，故从室温节流时总是产生冷效应。氢及

氦的转化温度比室温低很多，故必须用预冷的方法使其降温到上转化温度以下，节流后才能产生冷效应。故转化曲线的研究对气体制冷及液化具有重要作用。

表 2-3　　　　　　　　　　　气体在低压下的转化温度及其与临界温度的比值

气体	$T'_{inv}(K)$	$T_{cr}(K)$	T'_{inv}/T_{cr}	气体	$T'_{inv}(K)$	$T_{cr}(K)$	T'_{inv}/T_{cr}
空气	650	132.55	4.90	氦-4	～46	5.20	8.85
氧	771	154.77	4.98	氖	1079	209.40	5.15
氮	604	126.25	4.78	氙	1476	289.75	5.10
氩	765	150.86	5.07	一氧化碳	644	132.92	4.85
氖	230	44.40	5.18	二氧化碳	1275	304.3	4.19
氢	204	32.98	6.19	甲烷	953	190.7	5.00
氦-3	～39	3.35	11.64	重氢	209～220	38.3	5.46～5.75

2.3.3　积分节流效应的计算及等温节流效应

积分节流效应为节流过程前后的温差，可以按照式（2-7）计算。只需将式（2-9）或式（2-11）代入式（2-7）即可求解。式（2-11）比较复杂，而且也未必准确，因此常按式（2-9）计算。式（2-9）中的压力和温度均为瞬时值，代入式（2-7）后需按解微分方程的方法求解，因而比较困难。

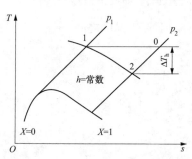

图 2-6　用 T-s 图解法确定
积分节流效应

在简便计算中，特别是当节流压力范围不太大时，可按式（2-9）求出平均微分节流效应 α_{hm} 再乘以节流过程的压力差，即可求得积分节流效应 $\Delta T_h = \alpha_{hm} \Delta p$。

积分节流效应还可以用 T-s 图求解，其方法如图 2-6 所示。从节流前的状态点 1（p_1，T_1）画等焓线，与节流后压力 p_2 等压线交于点 2，则这两点之间的温差（$T_1 - T_2$）即为要求的积分节流效应。用图解法比较简便，但精确度较差，特别是在低压区。用 T-s 图时因等焓线与等温线接近平行，误差会更大。因此，在低压区最好用计算法。

例 2-1　空气由 $p_1 = 5000$kPa，$T_1 = 300$K 节流到 $p_2 = 100$kPa，试求其温降。

解：按经验公式（2-9）计算，由式（2-6）及式（2-9）得

$$dT = (a_0 - b_0 p)\left(\frac{273}{T}\right)^2 dp$$

$$T^2 dT = 273^2 (a_0 - b_0 p) dp$$

经积分整理得

$$\Delta T_h = \sqrt[3]{T_1^3 - 273^2 \left[3a_0(p_1 - p_2) - \frac{3}{2}b_0(p_1^2 - p_2^2)\right]} - T_1$$

将给定条件及 a_0、b_0 的数值代入即可求得

$$\Delta T_h = -10.52\text{K}$$

还可用简便的方法，即按 α_{hm} 计算。开始节流时

$$\alpha_{h1} = (a_0 - b_0 p_1)\left(\frac{273}{T_1}\right)^2$$

$$= (2.73 \times 10^{-3} - 8.95 \times 10^{-8} \times 5000) \times \left(\frac{273}{300}\right)^2$$

$$= 1.89 \times 10^{-3}\,\mathrm{K/kPa}$$

估计温差为 10K，则 T_2 为 290K，因此在节流结束时

$$\alpha_{\mathrm{h2}} = (a_0 - b_0 p_2)\left(\frac{273}{T_2}\right)^2$$

$$= (2.73 \times 10^{-3} - 8.95 \times 10^{-8} \times 100) \times \left(\frac{273}{290}\right)^2$$

$$= 2.41 \times 10^{-3}\,\mathrm{K/kPa}$$

故

$$\alpha_{\mathrm{hm}} = \frac{1}{2}(a_{\mathrm{h1}} + a_{\mathrm{h2}}) = \frac{1}{2}(1.89 + 2.41) \times 10^{-3} = 2.15 \times 10^{-3}\,\mathrm{K/kPa}$$

$$\Delta T_{\mathrm{h}} = \alpha_{\mathrm{hm}}(p_2 - p_1) = 2.15 \times 10^{-3} \times (100 - 5000) = -10.54\,\mathrm{K}$$

通过两种方法计算的结果基本相同，但用后一种方法需要在计算之前对 T_2 做出估计；如果计算的结果与估计值相差较大时，需要另行估计，直到估计值与计算结果基本相等为止。

如图 2-6 所示，如果将气体由起始状态 0（p_2，T_1）等温压缩到状态 1（p_1，T_1），再令其节流到状态 2（p_2，T_2），则气体的温度由 T_1 降到 T_2。如果令节流后的气体在等压下吸热，则可以恢复到原来状态 0（p_2，T_1），所吸收的热量（或称制冷量）为

$$q_{\mathrm{0h}} = c_p(T_1 - T_2) = h_0 - h_2 = h_0 - h_1 = -\Delta h_{\mathrm{T}} \tag{2-15}$$

制冷量在数值上等于压缩前后气体的焓差，这一焓差常用 $-\Delta h_{\mathrm{T}}$ 表示，称为等温节流效应，应用等温节流效应计算气体制冷机和液化装置的制冷量很方便。

节流后的气体恢复到起始状态时能吸收热量，说明它具有制冷能力。气体经等温压缩和节流膨胀之后为什么具有制冷能力呢？这是因为气体经等温压缩后焓值降低，即在压缩过程中不但将压缩功转化成的热量传给了环境介质，且将焓差（$h_0 - h_1$）也以热量的方式传给环境介质，所以气体的制冷能力是在等温压缩时获得的，但通过节流才能表现出来。故等温节流效应是这两个过程的综合。

2.4　气体等熵膨胀制冷

2.4.1　气体等熵膨胀制冷原理

气体等熵膨胀通常通过膨胀机实现。气体等熵膨胀时，压力的微小变化所引起的温度变化称为微分等熵效应，以 α_s 表示

$$\alpha_s = \left(\frac{\partial T}{\partial p}\right)_s \tag{2-16}$$

根据上节的推导，气体焓值变化的关系式为

$$\mathrm{d}h = c_p \mathrm{d}T - \left[T\left(\frac{\partial v}{\partial T}\right)_p - v\right]\mathrm{d}p$$

按照热力学关系，系统与外界交换的热量为

$$\delta q = \mathrm{d}h - v\mathrm{d}p = c_p \mathrm{d}T - T\left(\frac{\partial v}{\partial T}\right)_p \mathrm{d}p$$

熵的变化等于可逆过程中系统与外界交换的热量与热力学温度的比值

$$ds = \frac{\delta q}{T} = c_p \frac{dT}{T} - \left(\frac{\partial v}{\partial T} \right)_p dp$$

对于等熵过程，$ds = 0$，因而根据上式可求得

$$\alpha_s = \left(\frac{\partial T}{\partial p} \right)_s = \frac{1}{c_p} T \left(\frac{\partial v}{\partial T} \right)_p \qquad (2\text{-}17)$$

由上式可知，对于气体总是 $\left(\frac{\partial v}{\partial T} \right)_p > 0$，$\alpha_s$ 为正值。因此气体等熵膨胀时温度总是降低，产生制冷效应。气体温度降低的原因可以这样解释：在膨胀过程中有外功输出，膨胀后气体的内位能增大，这都要消耗一定量的能量。这些能量要用内动能来补偿，故气体温度必然降低。

绝热过程是状态变化的任何一段微元过程中工质与外界都不发生热量交换的过程，即过程中每一瞬间都有 $\delta q = 0$，整个过程与外界交换的热量为零 $q = 0$。对于理想气体绝热过程 $pv^\kappa = \mathrm{const}$，$\kappa$ 为绝热过程方程式的指数，称等熵指数 $\kappa = \frac{c_p}{c_V} = \frac{c_V + R}{c_V} = 1 + \frac{R}{c_V}$。

根据理想气体状态方程 $pv = RT$，可得膨胀前后温度的关系式

$$\frac{T_2}{T_1} = \left(\frac{p_2}{p_1} \right)^{\frac{\kappa-1}{\kappa}} \qquad (2\text{-}18)$$

由此可求得膨胀过程的温差

$$\Delta T_s = T_2 - T_1 = T_1 \left[\left(\frac{p_2}{p_1} \right)^{\frac{\kappa-1}{\kappa}} - 1 \right] \qquad (2\text{-}19)$$

或者根据理想气体状态方程可得 $\left(\frac{\partial v}{\partial T} \right)_p = \frac{R}{p}$，代入式（2-17）得 $\alpha_s = \frac{T}{c_p} \times \frac{R}{p}$，与式（2-16）联立，积分后可得膨胀前后温度的关系式（2-19）。

实际气体膨胀过程的温差可通过热力学图查得，最方便的是用 T-s 图。同样，如果令膨胀后的气体复热到等温压缩前的状态 0（p_2，T_1），则制取的冷量（即吸热量）为

$$q_{0s} = h_0 - h_2 = (h_0 - h_1) + (h_1 - h_2) = -\Delta h_T + w_e \qquad (2\text{-}20)$$

制冷量为等温压缩过程焓与膨胀功 w_e 之和。因此气体在等温压缩过程中获得的制冷能力——等温节流效应，不论经过节流或是等熵膨胀，一旦温度降低就能表现出来。

最后，分析式（2-19）可以看出，等熵膨胀过程的温差，不但随着膨胀比（膨胀比指膨胀端入口压力和出口压力的比值）的增大而增大，而且在 p_1 及 p_2 给定的情况下，还随初温 T_1 的提高而增大。因此，为了增大等熵膨胀的温度降和单位制冷量，可以采用提高初温和增大膨胀压力比 p_1/p_2 的方法。

2.4.2　膨胀机内气体膨胀过程的有效能分析

当气体在膨胀机内膨胀时，由于摩擦、跑冷等原因，使膨胀过程成为不可逆过程，产生有效能损失。等熵膨胀过程的温差如图 2-7 所示，对该系统进行热力学分析，膨胀过程的热力系统图如图 2-8 所示。取膨胀机为热力系统，工质进入膨胀机的状态为 1（e_{x1}，h_1），离开膨胀机的状为 2（e_{x2}，h_2），膨胀机输出的功为 w_e。由于冷量损失进入系统热量的有效能为 e_{xq}，由于不可逆引起的有效能损失为 d。则系统的有效能平衡为

$$d = (e_{x1} + e_{xq}) - (e_{x2} + w_e) = (e_{x1} - e_{x2}) + (e_{xq} - w_e)$$

当膨胀过程为绝热膨胀时，$e_{xq} = 0$，则

$$d = (e_{x1} - e_{x2}) - w_e \qquad (2\text{-}21)$$

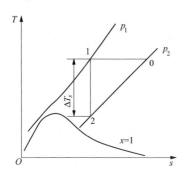

图 2-7 等熵膨胀过程的温差

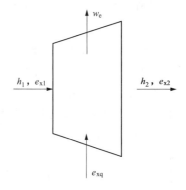

图 2-8 膨胀过程的热力系统图

因为

$$w_e = h_1 - h_2$$

$$e_{x1} = (h_1 - h_0) - T_0(s_1 - s_0)$$

$$e_{x2} = (h_2 - h_0) - T_0(s_2 - s_0)$$

代入式（2-21），得

$$d = T_0(s_2 - s_1) \tag{2-22}$$

气体通过膨胀机膨胀时，由于压力降而引起的㶲减 Δe_p 为消耗的㶲，而收益的㶲为由于温度降引起的㶲增 Δe_T 与膨胀功 w_e 之和，故其有效能效率为

$$\eta_e = \frac{\Delta e_T + w_e}{\Delta e_p} \tag{2-23}$$

膨胀机效率可用绝热效率表示，它为实际焓降与理论焓降之比，即

$$\eta_e = \frac{\Delta h_{pr}}{\Delta h_{id}} \tag{2-24}$$

2.4.3 节流与等熵膨胀的比较

比较式（2-17）与式（2-8）可以看出

$$\alpha_s - \alpha_h = \frac{v}{c_p} \tag{2-25}$$

因为 v 和 c_p 始终为正值，故 $\alpha_s > \alpha_h$，即气体的微分等熵效应总是大于微分节流效应。因而对于同样的初参数和膨胀压力范围，等熵膨胀的温降比节流膨胀的温降要大很多，如图 2-9 中的 ΔT_s 及 ΔT_h 所示。

同样，比较式（2-20）及式（2-15）可知，当初参数及膨胀压力范围相同时

$$q_{0s} - q_{0h} = w_e$$

说明等熵膨胀过程的制冷量比节流过程大，其差值等于膨胀机的膨胀功。两个过程的单位制冷量，在图 2-9 分别用面积 03ac 及面积 02bc 表示。

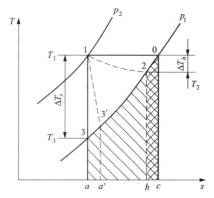

图 2-9 节流及等熵膨胀的温降及制冷量

因此，对于气体的绝热膨胀，从温度效应及制冷量两方面分析，等熵膨胀优于节流等焓膨胀。除此之外，等熵膨胀还可以回收膨胀功，因而可提高循环的经济性。

以上仅对节流等焓膨胀和等熵膨胀两种过程在理论方面进行比较，在实用方面还有如下一些不同因素：

（1）节流过程用节流阀，结构比较简单，也便于调节；等熵膨胀则需要膨胀机，结构复杂，且活塞式膨胀机还有带油的问题。

（2）在膨胀机中不可能实现等熵膨胀过程，实际得到的温度效应及制冷量比理论值小，如图 2-9 中的 1—3′所示，使等熵膨胀的优点有所减弱。

（3）节流阀可以在气液两相区工作，即节流阀出口可以有很大的带液量；但带液的两相膨胀机（其带液量尚不能很大）技术还不是很成熟。

（4）初温越低，节流与等熵膨胀的差别越小，此时应用节流比较有利。

综上所述，节流等焓膨胀和等熵膨胀两种过程在低温装置中都有应用，其选择依具体条件而定。

2.5　绝 热 放 气 制 冷

绝热放气的基本原理是当容器中存在一定量的气体，通过控制阀向环境介质绝热放气（或用真空泵抽气）时，残留在容器中的气体向放出的气体做推动功，消耗其本身的一部分热力学能，因而温度降低。为了进行热力学分析，假定放气缓慢，热力系统在每一瞬间都处于平衡状态，即认为是准静态过程。因此过程特性可由以下微分方程描述：

$$h \, \mathrm{d}m = \mathrm{d}U = m \, \mathrm{d}u + u \, \mathrm{d}m$$

根据热力学关系式

$$c_p T \mathrm{d}m = m c_V \mathrm{d}T + c_V T \mathrm{d}m$$

$$\frac{\mathrm{d}m}{m} = \frac{c_V}{c_p - c_V} \cdot \frac{\mathrm{d}T}{T} = \frac{1}{\kappa - 1} \cdot \frac{\mathrm{d}T}{T}$$

对上式积分可得放气前后质量与温度的关系

$$\frac{m_2}{m_1} = \left(\frac{T_2}{T_1}\right)^{\frac{1}{\kappa-1}}$$

再将理想气体状态方程 $pV = mRT$ 带入上式，简化后可得

$$m_2 = m_1 \left(\frac{p_2}{p_1}\right)^{\frac{1}{\kappa}}$$

由以上两式可得放气前后温度与压力的关系

$$T_2 = T_1 \left(\frac{p_2}{p_1}\right)^{\frac{\kappa-1}{\kappa}} \tag{2-26}$$

$$\Delta T = T_2 - T_1 = T_1 \left[\left(\frac{p_2}{p_1}\right)^{\frac{\kappa-1}{\kappa}} - 1\right]$$

式（2-26）与有外功输出的等熵膨胀过程相同，但实际上绝热放气是不可逆过程，而等熵膨胀是可逆过程。

对绝热放气过程可作如下分析。如图 2-10 所示，设有一个容器，内部充满高压气体，状态参数为 p_1，T_1。设有一活塞将气体分成两部分，右侧部分在放气过程中全部放出，左

侧部分在放气结束后将占据整个容器，且压力降低到
p_2，温度降低到 T_2。如果放气过程进行得很慢，活塞左
侧的气体始终处于平衡状态，将按等熵过程膨胀，初终
两态的压力和温度将符合上式所表示的关系。在这种情
况下，活塞左侧气体所做的功按其本身压力计算，因而
所做的外功越大，温降也越大。

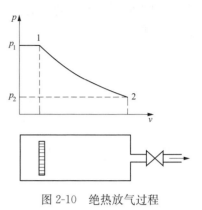

图 2-10　绝热放气过程

　　但是，这种理想情况实际上不可能达到，它只是理
论上可以设想的极限情况。现在再考虑另一种极限情况，
设想在阀门打开后活塞右侧的气体立即从 p_1 降到 p_2，
因而活塞左侧的气体膨胀时只针对一个恒定不变的压力
p_2 做功，1kg 气体所做的功为

$$w = p_2(v_2 - v_1)$$

因此气体热力学能的变化为

$$\Delta u = u_2 - u_1 = -w = -p_2(v_2 - v_1) \tag{2-27}$$

若为理想气体，则 $u_2 - u_1 = c_V(T_2 - T_1)$，$pv = RT$ 及 $c_V = \dfrac{R}{\kappa - 1}$，将这些关系式代入上式，
并化简后得

$$\frac{T_2}{T_1} = \frac{\kappa - 1}{\kappa} \cdot \frac{p_2}{p_1} + \frac{1}{\kappa} \tag{2-28}$$

则绝热放气的温降为

$$\Delta T = T_2 - T_1 = -\frac{\kappa - 1}{\kappa} T_1 \left(1 - \frac{p_2}{p_1}\right) \tag{2-29}$$

将 $u_1 = h_1 - p_1 v_1$，$u_2 = h_2 - p_2 v_2$ 代入式（2-27）得气体的焓降为

$$-\Delta h = h_1 - h_2 = p_1 v_1 \left(1 - \frac{p_2}{p_1}\right) = RT_1 \left(1 - \frac{p_2}{p_1}\right) \tag{2-30}$$

设放气前容器内的气体质量为 $m_1 = \dfrac{p_1 V}{RT_1}$，放气后容器内残存的气体质量为 $m_2 = \dfrac{p_2 V}{RT_2}$，则
可求得

$$\frac{m_2}{m_1} = \frac{p_2}{p_1} \times \frac{T_1}{T_2} = \frac{p_2}{p_1} \times \frac{1}{\dfrac{\kappa - 1}{\kappa} \times \dfrac{p_2}{p_1} + \dfrac{1}{\kappa}} = \frac{1}{1 + \dfrac{1}{\kappa}\left(\dfrac{p_1}{p_2} - 1\right)} \tag{2-31}$$

则

$$\Delta m = m_1 - m_2 = \frac{p_1 V}{RT_1} - \frac{p_2 V}{RT_2}$$

将式（2-28）代入上式，化简后得

$$\Delta m = \frac{V}{\kappa RT_2}(p_1 - p_2) \tag{2-32}$$

　　在这一极限情况下活塞左侧气体所做功最小，因而按式（2-28）计算的温差必然是最小
温差，而按式（2-26）计算的温差必然是最大温差。

　　上述两种情况的温度与压力变化关系如图 2-11 所示，实际放气过程总是介于上述两种

极限情况之间，因而它的温度比也在图 2-11 的两条曲线之间。过程进行得越慢，越接近等熵膨胀过程。

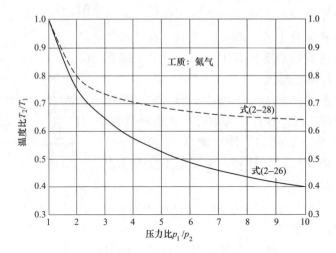

图 2-11　放气过程中温度与压力变化关系

通过上述两种极限情况分析，可以得出下列两点结论：

（1）由式（2-26）及式（2-28）可以看出，气体的等熵指数 κ 越大，则温度比 T_2/T_1（当 p_1/p_2 一定时）就越小，因此用单原子气体可以得到比较好的降温效果；

（2）由图 2-11 可以看出，随着放气压力比 p_1/p_2 的增大，温度比 T_2/T_1 减小得越来越缓慢，因此从经济性考虑，单级放气压力比不宜过大，一般为 3～5。

例 2-2　当空气的初温及初压为 $T_1=300\mathrm{K}$ 及 $p_1=2\times10^4\mathrm{kPa}$，终压为 $p_2=5\times10^2\mathrm{kPa}$ 时，求在下列三种情况下空气的温降：（1）等焓节流膨胀；（2）膨胀机内等熵膨胀；（3）绝热放气。

解：（1）查空气的 $T\text{-}s$ 图，等焓节流时空气的温降为 33K 即终温为 267K（－6℃）。

（2）查空气的 $T\text{-}s$ 图，当空气在膨胀机内等熵膨胀时，其温降为 200K，即膨胀机的排气温度为 100K（即－173℃）。若膨胀机的绝热效率为 $\eta_s=0.7$，则实际温降为 140K，排气温度为 $T_2=160\mathrm{K}$（即－113℃）。

（3）利用式（2-29）可以求出空气绝热放气时的最小温降为

$$-\Delta T=\frac{\kappa-1}{\kappa}T_1\left(1-\frac{p_2}{p_1}\right)=\frac{1.4-1}{1.4}\times300\times\left(1-\frac{5\times10^2}{2\times10^4}\right)=83.57\mathrm{K}$$

即空气的终温为 216.43K（－56.57℃）。

根据此例可以看出，在相同条件下气体绝热放气的温降比绝热节流的温降大很多，但比膨胀机内等熵膨胀的温降小。无论气体最初参数取为何值，绝热放气和膨胀机内等熵膨胀一样，使气体温度降低；而绝热节流则不同，仅当气体初温低于上转化温度时才可以降温。

按绝热放气原理工作的制冷机虽然热效率不高，降温效果不如膨胀机，但由于其结构简单、运转可靠等优点，在小型低温制冷机中有很大的应用价值。G-M 制冷机就是采用此原理制冷，该制冷机已在低温工程中得到广泛应用。

第3章　气体液化循环

3.1　低温工质的性质

3.1.1　低温工质的种类及其热力性质

在低温技术中用于进行制冷循环或液化循环的工质通称为低温工质。凡标准沸点低于120K的单质或化合物以及它们的混合物原则上均可称为低温工质。低温技术中最常见的工质有空气、氧、氮、氩、甲烷等。表 3-1 列举了常用低温工质的基本热物理性质。氪虽然标准沸点高于120K，因其和空气分离有密切关系，故一并收入。

低温工质在常温、常压下均为气态。它们都具有低的临界温度，较难液化。在常温及一般低温下，当压力不高时（和常压相比），低温工质所处的状态离两相区较远，比体积较大，因而可近似地当作理想气体。低温技术研究和应用中最常用的液态低温工质，有液氮、液氧、液氢、液氦等。

3.1.2　空气及其组成气体的性质

1. 空气

空气是一种多组分混合气体，其主要组分是氧、氮、氩、二氧化碳，还有微量的稀有气体（氖、氦、氪、氙）、甲烷及其他碳氢化合物、氢、臭氧等。此外，空气中还有含量少而不定的水蒸气及灰尘等。

在地球表面，干燥空气的组成列于表 3-2 中。若不考虑水蒸气、二氧化碳和各种碳氢化合物，则地面至 100km 高度的空气平均组成保持恒定值。在 25km 高空臭氧的含量有所增加。在更高的高空，空气的组成随高度而变，且与太阳活动有关。

常温下的空气是无色无味的气体，液态空气则是一种易流动的浅黄色液体。一般当空气被液化时二氧化碳已经清除掉，因而液态空气的摩尔组成是 20.95％氧，78.12％氮和0.93％氩，其他组分含量甚微，可以略而不计。

空气作为混合气体，在定压下冷凝时温度连续降低，如在标准大气压（101.3kPa）下，空气在 81.7K（露点）开始冷凝，温度降低到 78.9K（泡点）时全部转变为饱和液体。这是由于高沸点组分（氧、氩）开始冷凝较多，而低沸点组分（氮）到过程终了才较多地冷凝。液态空气作为混合液，在定压蒸发时蒸发温度也是连续变化的。随着蒸发过程的进行，因低沸点组分氮较多地蒸发，混合液组成发生变化，致使液体的高组分氧含量相应地增加，所以沸点也就相应提高。

液态空气具有较低的沸点和凝固温度（约为 60.15K），可以用作冷却剂。通过减压（抽真空）的方法，还可以将其沸点温度降低到 65K 左右。但是这种操作是危险的，因为蒸发会使剩余液体中氧的浓度增加，在减压用的真空泵中易引起爆炸。

2. 氮和氧

氮是一种无色无味的气体，比空气稍轻，难溶于水。因氮的化学性质不活泼，通常情况下很难与其他元素直接化合，故可用作保护气体；但在高温下，氮能够同氢、氧及某些金属

表 3-1　常用低温工质的基本热物理性质

项　目	符号	单位	甲烷 CH₄	氧 O₂	氩 Ar	空气	氮 N₂	氖 Ne	氢 H₂	氦⁴He	氦³He	氪 Kr	氙 Xe
分子量	M	—	16.04	32.00	38.944	28.966	28.016	20.183	2.016	4.003	3.016	83.80	131.30
气体常数	R	kJ/(kg·K)	0.518 3	0.259 8	0.208 1	0.287 0	0.296 8	0.411 9	4.124 1	2.077 0	2.780 0	0.099 2	0.063 3
标准沸点	T_b	K	111.7	90.188	87.29	78.9/81.7	77.36	27.108	20.39 (n) 20.28 (e)	4.224	3.191	119.8	165.05
熔点* (近似)	T_m	K	90.7	54.4	83.85	—	63.2	24.6	13.96	—	—	115.95	161.35
临界温度	T_{cr}	K	191.06	154.78	150.72	132.55	126.26	44.45	33.24 (n) 32.9 (e)	5.2014	3.324	208.4	288.75
临界压力	p_{cr}	MPa	4.64	5.107	4.864	3.769	3.398	2.721	1.297 (n) 1.287 (e)	0.2275	0.1165	5.51	5.88
三相点温度	T_{tr}	K	90.66	54.361	83.81	—	63.15	24.56	13.95 (n) 13.81 (e)	—	—	115.76	161.37
三相点压力	p_{tr}	kPa	11.667 6	0.152	68.92	—	12.535 7	43.307 5	7.20 (n) 7.04 (e)	—	—	73.6	81.6
固体密度 (近似)	ρ_S	kg/m³	500	1400	1624	—	947	1400	86.7	190	143	2900	3540
饱和液体密度	ρ_L	kg/m³	424.5	1142	1400	≈873	808	1204	≈70.8	125	60	2413	3057
饱和蒸气密度	ρ_V	kg/m³	1.8	4.8	5.7	4.48	4.16	≈4.8	1.34	≈15.5	≈22	8.95 (120K)	—
密度 (在 273.15K, 101.3kPa 时)	ρ_S	kg/m³	0.716 7	1.428 6	1.785	1.292 8	1.250 6	0.900 4	0.089 9	0.178 5	0.134 5	3.745	5.85
气化热	γ_V	kJ/kg	508.54	212.76	163.02	205.5	199	85.7	447	20.8	8.5	107.5	96.2
熔化热 (近似)	γ_m	kJ/kg	58.6	13.95	28.55	—	25.8	16.62	58.7	5.7	—	18.55	17.62

注　氢 H₂ 一栏中: (n) 表示正常氢, (e) 表示平衡氢。

表 3-2　　　　　　　　　　　　　　　干燥空气的组成

组分	体积（%）	质量（%）
氮 N_2	78.084	75.52
氧 O_2	20.95	23.15
氩 Ar	0.93	1.282
二氧化碳 CO_2	0.03	0.046
氖 Ne	$18×10^{-4}$	$12.5×10^{-4}$
氦 He	$5.24×10^{-4}$	$0.72×10^{-4}$
乙炔及其他烃类	$2.03×10^{-4}$	$1.28×10^{-4}$
甲烷 CH_4	$1.5×10^{-4}$	$0.8×10^{-4}$
氪 Kr	$1.14×10^{-4}$	$3.3×10^{-4}$
氢 H_2	$0.5×10^{-4}$	$0.035×10^{-4}$
一氧化氮 N_2O	$0.5×10^{-4}$	$0.8×10^{-4}$
氙 Xe	$0.08×10^{-4}$	$0.36×10^{-4}$
臭氧 O_3	$0.04×10^{-4}$	$0.05×10^{-4}$
氡 Rn	$6×10^{-18}$	$7×10^{-17}$
总计	99.999 9	99.999 9

发生化学反应。氮无毒，又不能磁化，其沸点比空气低，所以液氮是低温研究中最常用的安全冷却剂，但需当心窒息。液氮也用于氢、氦液化装置中，作为预冷。液氮应小心储存，避免同碳氢化合物长时间接触，以防止碳氢化合物过量溶于其中而引起爆炸。

液氮的蒸发温度为 77.36K。在标准大气压下，液氮冷却到 63.2K 时转变成无色透明的结晶体。液氮的沸点和凝固点之间的温差小于 15K，因而在用真空泵减压时容易使其固化。固态氮的密度比液氮大，所以沉降在底部。在大约 35.6K 时，固态氮产生同素异形转变，并伴随比热容的增大，转化热约为 8.2kJ/kg。

氧是一种无色无味的气体，标准状态下的密度是 $1.430kg/m^3$，比空气略重。氧较难溶于水。氧的化学性质非常活泼，它能与很多物质（单质和化合物）发生化学反应，同时放出热量；反应剧烈时还会燃烧发光。

在标准大气压下，氧在 90.188K 时变为易于流动的淡蓝色液体；在 54.4K 时凝固成淡蓝色的固体结晶。液氧和固态氧的淡蓝色是含有少量的氧聚合物 O_4 而引起的。氧的沸点比氮大约高 13K，可是它的凝固点却比氮低约 9K。固态氧的密度大，因此在液氧中下沉。在 43.80K 和 23.89K 时，固态氧发生同素异形转变，并伴随有转化热。在 40.80K 时转化热超过溶化热，约为 23.2kJ/kg；在 23.89K 时转化热只有 2.93kJ/kg。

氧与其他大多数气体的显著不同在于具有强的顺磁性，某些气态的氧化物（如一氧化氮）也有顺磁性。利用氧的这一特性可制作氧磁性分析仪，根据磁化率的变化可以测出抗磁性气体混合物中所含微量氧的浓度。

由于氧的化学活性很强，是一种强氧化剂，所以氧同碳氢化合物混合是很危险的，液氧中存在碳氢化合物结晶体多次引起过严重的爆炸事故。因此，液氧必须严格避免同各种油脂、润滑油、炭、木材、沥青、纺织物品接触。

3. 氩、氖、氪和氙

(1) 空气中含有氩、氖、氮、氪、氙等稀有气体。氩是一种无色无味的气体；不燃烧，也不助燃；化学性质很稳定，一般状态下不生成化合物，没有毒性。氩在空气中的容积百分率为 0.93%，是含量最多的惰性元素。无论按容积成分或是质量成分计算，氩在空气中都是第三大组分。目前，氩主要从空气中分离或从合成氨尾气中提取。氩用作保护气或用作灯泡工业；液氩和固氩可用作冷却剂。氩的标准沸点为 87.29K，介于氧、氮之间。液氩是一种无色透明的液体，其密度比液氧大。在标准大气压下，氩在 83.85K 时变成固态。固态氩密度大，沉于液氩下面。氩气的热物性质具有如下特点：熔点和沸点温差不大，为 3.44K。

(2) 空气中氖气的含量很少，目前仍只能从空气分离中提取氖。氖气是一种无色无味的气体，化学性质不活泼，无毒性。由于氖气具有很低的沸点（标准沸点 T_b＝27.108K）和较高的密度，且没有危险性，所以是一种理想的低温工质，可用于透平机械。

液氖是无色透明的液体，三相点温度（24.56K）只比标准沸点低 2.5K，所以在液氖上部抽出蒸气时很容易使其变为固态。液氖作为低温冷却剂一般用于（25～40）K 的温度区间。固态氖密度大，在液氖中下沉。

(3) 氪是一种无色无味的惰性气体，分子量大，密度大，在标准状态下氪的密度是氮的 3 倍。此外，氪的导热率很低。氪的标准沸点是 119.8K，比氧高约 30K，液氪为无色透明，其密度达到 2413kg/m³；固态氪的熔点为 115.95K。氪不但可从空气中分离提取，还可以从合成氨尾气及原子反应堆核裂变气中回收。

(4) 氙气是空气中含量最少的稀有气体，体积含量约为 0.88ppm，氙是一种化学性质不活泼的无毒气体。在 5 种稀有气体中，氙的分子量最大、沸点最高、密度最大且热导率最小。液氙无色透明，标准沸点为 165.05K，密度高达 3057kg/m³，是水的 3 倍。与氪一样，氙从空气、合成氨尾气、原子反应堆核裂变气中提取。

3.1.3　氢气的性质

1. 氢的构成及热物理性质

氢具有三种同位素：原子量为 1 的氕（符号 H）；原子量为 2 的氘（符号 D）和原子量为 3 的氚（符号 T）。氕（也称氢）和氘（也称重氢）是稳定的同位素；氚是一种放射性的同位素，半衰期为 12.26 年。氚放出 β 射线后转变为 ³He。氚是极稀有的，在 10^{18} 个氢原子中只含有 0.4～67 个氚原子，所以自然氢中几乎全部是氕（H）和氘（D），它们的含量比约为 6400：1，由于氢的来源不同比值也略有变化。不论用哪种方式得到的氢，其中氕的含量高达 99.987%，氘（D）的含量范围为 0.013%～0.016%。事实上，因为氢是双原子气体，所以绝大多数的氘原子都是和氕原子结合在一起形成氘化氢（HD）。分子状态的氘——D_2 在自然氢中几乎不存在。因此，普通的氢实际上是 H_2 和 HD 的混合物，HD 在混合物里的含量为 0.026%～0.032%。

通常情况下，氢是无色、无味的气体，极难溶于水。氢是所有气体中最轻的，标准状态下的密度为 0.089 9kg/m³，只有空气密度的 1/14.38。在所有的气体中，氢的比热容最大、导热率最高、黏度最低。氢分子的运动速度超过任何其他分子，所以氢具有最高的扩散能力；不仅能穿过极小的空隙，甚至能透过一些金属，如从 240℃ 开始便可渗透钯（Pd）。

氢是一种易燃易爆物质。氢气在氧或空气中燃烧时产生几乎无色的火焰（若氢中不含杂质），其传播速度很快，达 2.7m/s；着火能很低，为 0.2mJ。在大气压力及 293K 时氢与空气混合物的燃烧浓度范围是 $4\%\sim75\%$（以体积计）；当混合物中氧的浓度为 $18\%\sim65\%$ 时特别容易引起爆炸。因此进行液氢操作时需特别小心，要对液氢纯度进行严格的控制与检测。

氢的转化温度比室温低得多，其最高转化温度约为 204K。因此，必须把氢预冷到该温度以下节流才能产生温降。氢不仅在低温技术中可以用作工质，或者液化之后作为低温冷却剂，而且氢还是比较理想的清洁能源。在火箭技术中氢被用作为推进剂，同时利用氢为原料还可以生产重氢，以满足核动力的需要。

2. 氢的正仲态转化

由双原子构成的氢分子 H_2 内，由于两个氢原子核自旋方向的不同，存在着正、仲两种状态。正氢（$o\text{-}H_2$）的原子核自旋方向相同，仲氢（$p\text{-}H_2$）的原子核自旋方向相反。正仲态的平衡组成与温度有关。表 3-3 列出了不同温度下平衡状态的氢（称为平衡氢，用符号 $e\text{-}H_2$ 表示）中仲氢的浓度。

表 3-3　　　　　　　　　　　不同温度下平衡状态的氢中仲氢的浓度

温度（K）	20.39	30	40	70	120	200	250	300
在平衡氢中的仲氢（%）	99.8	97.02	88.73	55.88	32.96	25.97	26.26	25.07

在通常温度时，平衡氢是含 75% 正氢和 25% 仲氢的混合物，称为正常氢（或标准氢），用符号 $n\text{-}H_2$ 表示。高于常温时，正-仲态的平衡组成不变；低于常温时，正-仲态的平衡组成将发生变化。温度降低，仲氢所占的百分率增加。如在液氢的标准沸点时，氢的平衡组成为 0.02% 正氢和 99.8% 仲氢（实际应用中则可按全部为仲氢处理）。

在一定条件下，正氢可以变为仲氢，这就是通常所说的正-仲态转化。在气态时，正-仲态转化只能在有催化剂的情况下发生；液态氢在没有催化剂的情况下也会自发地发生正-仲态转化，但转化速率很慢。譬如液化的正常氢最初具有原来的气态氢的组成，但是仲氢的百分率将随时间而增大，可按下式近似计算：

$$x_{p\text{-}H_2} \approx (0.25 + 0.085\,5\tau)/(1 + 0.085\,5\tau) \tag{3-1}$$

式中　τ——时间，h。

若时间为 100h，$x_{p\text{-}H_2}$ 将增大到 59.5%。

氢的正-仲态转化是放热反应，转化过程中放出的热量和转化时的温度有关。不同温度下正-仲氢的转化热见表 3-4。由表 3-4 可知，氢的正-仲转化热随温度升高而迅速减小。在低温（$T<60K$）时，转化热实际上几乎保持恒定，约等于 1417kJ/kmol。

表 3-4　　　　　　　　　　　不同温度下正-仲氢的转化热

温度（K）	转化热（kJ/kmol）	温度（K）	转化热（kJ/kmol）
10	1417.85	60	1413.53
20	1417.86	80	1382.33
20.93	1417.85	100	1295.56
30	1417.85	150	867.38
40	1417.79	200	440.45
50	1417.06	300	74.148

正常氢转化成相同温度下的平衡氢时的转化热见表 3-5。由表 3-5 可见：液态正常氢转化时放出的热量超过气化潜热（447kJ/kg）。由于这一原因，即使在一个理想的绝热容器中，储存的液态正常氢也会由于正仲态转化而发生气化。在起始的 24h 内约 18％的液氢要蒸发损失掉，100h 后损失将超过 40％。为了减少液氢在储存中的蒸发损失，通常是在液氢生产过程中采用固态催化剂来加速正仲态转化。最常用的固态催化剂有活性炭、金属氧化物、氢氧化铁、镍、铬或锰等。

表 3-5   正常氢转化成相同温度下的平衡氢时的转化热

温度（K）	转化热（kJ/kg）	温度（K）	转化热（kJ/kg）
15	527	100	88.3
20.39	525	125	37.5
30	506	150	15.1
50	364	175	5.7
60	285	200	2.06
70	216	250	0.23
75	185	—	—

如果使液态仲氢蒸发和加热，甚至当温度超过 300K 时，它仍将长时间地保持仲氢态。欲使仲氢重新变回到平衡组成，在存在催化剂（可用镍、钨、铂等）的情况下，要将其加热到 1000K。在标准状态下，正常氢的沸点是 20.39K，平衡氢的沸点是 20.28K，前者的凝固点为 13.9K，后者为 13.81K。

由于氢是以正、仲两种状态共存，故氢的物性要视其正、仲态的组成而定。正氢和仲氢的许多物理性质稍有不同，如密度、气化热、熔解热、液态的导热率及声速。然而，这些差别是较小的，工程计算中可以忽略不计。但在 80～250K 温度区间内，仲氢的比热容及导热率分别超过正氢约 20％。

3.1.4 氦的性质

氦（He）是由原子量为 4.003 的 ^{4}He 和原子量为 3.016 的 ^{3}He 两种稳定同位素组成。两种同位素的化学性质都不活泼。

氦在空气中的含量只有 5.24ppm。天然气中的氦含量要丰富得多，美国有的天然气中氦的最高含量可达 8％，但多数天然气中氦含量都在 1％以下。目前世界上氦生产量的 94％是从天然气中提取的。从天然气中提取的氦，其中 ^{3}He 的含量约占 $1/10^7$；从空气中提取的氦，其中 ^{3}He 的含量也只占 $1/10^6$。因此，通常情况下的氦是 ^{4}He。

氦是一种无色、无味的气体，化学性质极其稳定，一般情况下不与任何元素化合。氦具有很低的临界温度，是自然界中最难液化的气体；氦的转化温度也很低，^{4}He 的最高转化温度约 46K，^{3}He 约为 39K。在所有的气体中，氦的沸点最低，^{4}He 的标准沸点是 4.224K，^{3}He 是 3.191K。在具有高比热容、高导热率及低密度方面，氦气仅次于氢。由于氦的这些热物性，加上它不活泼的惰性，所以氦是一种极好的低温制冷剂。

在我们所知的气体中，唯有氦气（^{4}He 和 ^{3}He）在压力低于 2500kPa，温度降低到接近绝对零度时仍保持液态，这种异常现象同它具有大的零点能有关。例如 ^{4}He 的零点能超过其蒸发潜热的 2 倍。

普通的液氦（^{4}He）是一种容易流动的无色液体，表面张力极小，它的折射率（1.02）和气体差不多，因此氦液面不易看见。液氦的气化潜热比其他液化气体小得多，在标准大气压下^{4}He 的气化潜热为 20.8kJ/kg，^{3}He 为 8.5kJ/kg。因此，仅利用液氦气化的冷量是很不经济的。由于液氦极易气化，故对储存容器的绝热性要求极高。

氦的两种同位素的相平衡特性是不相同的，它们的相图如图 3-1 和图 3-2 所示。两图中的虚线（即 $\beta = 0$ 的线）将体积膨胀温度系数 β 分隔成正值（$\beta > 0$）和负值（$\beta < 0$）两个区域，在 $\beta > 0$ 的区域液氦加热时体积膨胀，$\beta < 0$ 的区域加热时体积收缩。

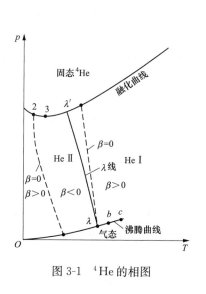

图 3-1　^{4}He 的相图　　　　　　图 3-2　^{3}He 的相图

由图 3-1 可见，^{4}He 相图在形式上与已知的其他的物质在许多方面都不相同。首先，如前面提到的，温度接近绝对零度，液态^{4}He 在其本身的蒸汽压力下也不凝固。^{4}He 没有升华平衡曲线，其固态和气态之间隔着很宽的液态区，这意味着在任何情况下固态和气态都不能共处于平衡状态，所以^{4}He 没有三相点。另一独特的特性是^{4}He 存在两个性质显著不同的液体：液氦Ⅰ（HeⅠ）和液氦Ⅱ（HeⅡ）。将两个液相分开的过渡曲线称为 λ 线。在 λ 线右边，氦是像任何液体一样的正常状态（有黏性），称为 HeⅠ；在 λ 线左边，氦是一种性质独特的具有超流动性的液体，称为 HeⅡ。λ 线与沸腾曲线的交点称为 λ 点，其温度为 2.171K，压力为 5.036kPa。当压力增大时，λ 点向温度降低的方向移动，形成了 λ 线。λ 线与熔化曲线相交于 λ' 点，该点温度为 1.763K，压力为 3013.4kPa。这样，^{4}He 相图的液态区被 λ 线分成 HeⅠ和 HeⅡ两个区域。从 HeⅠ变化到 HeⅡ称为 λ 转变（或 λ 相变）。

由图 3-2 可见，^{3}He 的相图与^{4}He 的相图基本上相似。它的液相可一直延伸到绝对零度，压力低于 2.93×10^3 kPa 时，无论怎样冷却^{3}He 都不会凝固。^{3}He 不存在三相点，^{3}He 在大约 0.003K 时存在 λ 相变。^{3}He 的熔解曲线具有反常的特性，当温度低于 0.32 K 时，^{3}He 的固-液相平衡系统的温度随压力增加而降低，其熔解曲线的斜率变为负值。根据熔解曲线的这一特异形状，构成了^{3}He 绝热凝固制冷的基础。同^{4}He 相比，^{3}He 沸点低、蒸汽压高，在 0.003K 以上温度不显示超流动性，在同样条件下减压，^{3}He 液体能获得更低温度（约 0.2K）。

HeⅡ具有其他液体所没有的特性，即超流性。HeⅡ可看作是具有正常黏度的正常流体和黏度为零的超流体的混合物。正常流体与超流体的比例决定于温度，如图 3-3 所示。图中 ρ_n 是正常流体的密度，ρ_s 是超流体的密度，ρ 是 He Ⅱ 的密度。在 λ 点上，全部流体都是正常的，$\rho_n/\rho = 1$；而在 0K 时，全部流体都是超流体，$\rho_s/\rho = 1$。超流体实际上没有黏度，所以 He Ⅱ 的总黏度随温度降低而减少。超流体可以无阻碍地通过极细的狭缝和小孔，并在和任何固体表面接触时形成一层薄膜（其厚度约为 2×10^{-5} mm），此液膜能够相当快地蠕动到整个固体表面。He Ⅱ 这种蠕动薄膜现象造成用抽真空方法难于使液氦（^{4}He）达到很低的压力，负压气化 ^{4}He 所能获得的温度极限不低于 0.5K。此外，He Ⅱ 还具有喷泉效应（或称热-机械效应）、传递热波（即第二声波）以及在 He Ⅱ 和固体表面间存在着额外的界面热阻（卡皮查热阻）等异常特性。

除了黏度、密度之外，超流体氦在比热容、导热系数等方面都发生突变。在饱和蒸气压下，液氦的比热容在 2.182K 时上升到一个最大的尖值，约为 12.6kJ/（kg·K），而在偏离 2.182K 的微小温度间隔内，比热容会突然迅速下降，如图 3-4 所示。由图可见，饱和液氦的比热容曲线很像希腊字母"λ"的形状，这就是 λ 点、λ 线以及 λ 转变的由来。

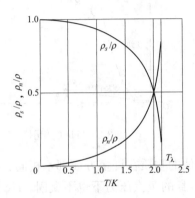

图 3-3　He Ⅱ 中正常流体和超流体密度比值与
　　　　温度的关系（$\rho_s/\rho + \rho_n/\rho = 1$）

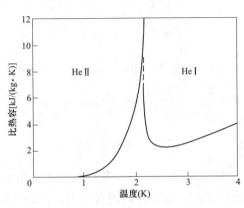

图 3-4　饱和液氦的比热容

He Ⅱ 的导热系数非常之高，有文献说比 He Ⅰ 高出 10^6 倍。实际上 He Ⅱ 的导热系数无法准确测出，其数值无法用数字表示，通常表示为温度梯度的函数。因为 He Ⅱ 传热的特殊性，通常认为 He Ⅱ 内部不存在温差。氦Ⅱ优良的导热性能可以通过一个现象说明：在 He Ⅱ 中不会发生核态沸腾现象。从固体加热表面上所提供的热量立刻就被 He Ⅱ 传导出去，所有热量由液氦表面的气化所带走，固体加热表面没有过热度，无法建立起沸腾传热的温差。

3.2　气体液化循环基础

低温工质的临界温度一般低于环境温度，由于气态物质的温度低于临界温度以下才能液化。要使这些气体液化，必须采用人工制冷的方法。

气体液化循环由一系列必要的热力过程组成，其作用在于使气态工质冷却到所需的低温，并补偿系统的冷损，以获得液化气体（或称低温液体）。这不同于以制取冷量为目的的制冷循环。在制冷循环中制冷工质进行的是闭式循环过程；而对液化循环来说，气态低温工质在循环过程中既起制冷剂的作用，同时本身被液化，并部分或全部地作为液态产品从低温液化装置中输出，以应用于需要低温液体的场合（如在低温试验中作为冷却剂的液氮和液氩）、用来进行气体分离过程（如液态空气分离为氧、氮等）以及获得低温燃料（如液化天然气、液氢等）。显然，气体液化循环是开式循环过程。

气体液化循环的类型较多，且随气体种类而有所不同。

3.2.1　气体液化的理论最小功

任何气体液化循环都是利用低温工质进行循环的状态变化过程，通过低温工质将气体在低温液化时释放的热量转移到环境介质中去。根据热力学第二定律，这是一个熵减过程，不能自发进行。这一非自发过程必须消耗一定的能量（机械能或热能）。

气体液化的理论循环是指由可逆过程组成的循环，在循环的各个过程中没有任何不可逆损失。在理论循环中气体液化所消耗的功最小，称为气体液化的理论最小功。

可采用不同的方法进行气体液化的理论循环。如图 3-5 所示，气体从与环境介质相同的初始状态点 1（p_1，T_1）转变成相同压力下的液体状态点 0（p_1，T_0），可以按下述方式进行：先在压缩机中将气体等温压缩到所需的高压 p_2，即从点 1 沿 1—2 线到达点 2（p_2，T_2）所示状态；然后，在膨胀机中等熵膨胀到初压 p_1，并对外做功，即气体从点 2 沿 2—0 线到达点 0（p_1，T_0）所示状态而全部液化。此后，液体在需要低温的过程中吸热气化并恢复到初始状态，如图3-5中的 0—3—1 过程，使气体恢复原状。不过这一过程不是在液化装置中进行。

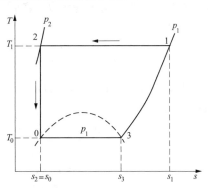

图 3-5　气体液化理论循环（Ⅰ）

循环所耗的功等于压缩功与膨胀功的差值。在理论循环中压缩和膨胀过程都是可逆的，其中 1—2 等温压缩过程消耗的压缩功（等温压缩耗功最小）：

$$w_{\mathrm{co}} = T_1(s_2 - s_1) - (h_2 - h_1)$$

其中的 s_1，s_2 为点 1 和点 2 的比熵，h_1，h_2 为点 1 和点 2 的比焓值。

2—0 绝热膨胀过程所做的膨胀功（绝热膨胀功最大）：

$$w_{\mathrm{e}} = -(h_0 - h_2)$$

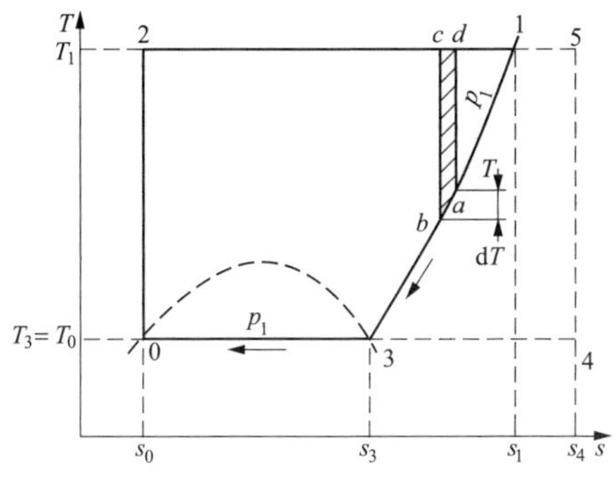

因此在该理论循环中，气体液化过程所消耗的功最小，即理论最小功为

$$w_{\min} = -w_{\mathrm{co}} - w_{\mathrm{e}}$$

将等温压缩功 w_{co} 及绝热膨胀功 w_{e} 计算公式代入上式可得

$$w_{\min} = T_1(s_1 - s_0) - (h_1 - h_0) \qquad (3\text{-}2)$$

还可采用在压力不变（p_1 =定值）的条件下使气体液化，如图 3-6 所示。首先，在 p_1 压力下将气体从 T_1（点 1）冷却到 T_3（点 3），这个冷却过程可以利用无穷多个逆卡诺循环来实现，其吸热温度在气体液化的初温 T_1 与终温 T_3 范围内变化；放热温度等于初温 T_1。

图 3-6　气体液化理论循环（Ⅱ）

在图 3-6 中，为了使气体的某个中间状态（点 a）的温度降低 $\mathrm{d}T$（达到状态点 b），可

以利用微元逆卡诺循环 $abcd$ 来实现。在这一微元循环中，从被液化气体吸取的热量即制冷量为

$$\mathrm{d}q_0 = c_p \mathrm{d}T$$

消耗的功为

$$\mathrm{d}w = \mathrm{d}q_0 \frac{T_1 - T}{T} = c_p \left(\frac{T_1}{T} - 1 \right) \mathrm{d}T$$

将气体从 T_1 冷却到 T_3 所消耗的总功为

$$w_{1-3} = \int_{T_3}^{T_1} c_p \left(\frac{T_1}{T} - 1 \right) \mathrm{d}T = T_1(s_1 - s_3) - (h_1 - h_3) \tag{3-3}$$

随后，为了使冷却至饱和温度 $T_3(T_3 = T_0)$ 的气体（点 3）全部液化（至点 0），需要利用在恒温热源 T_1 与冷源 T_0 之间进行的逆卡诺循环来吸收气体的凝结潜热 r，则循环消耗的功为

$$w_{3-0} = r\frac{T_1 - T_0}{T_0} = r\left(\frac{T_1}{T_0} - 1\right) = T_1(s_3 - s_0) - (h_3 - h_0) \tag{3-4}$$

因此，在 p_1 压力下将气体液化所需的理论最小功应等于冷却过程 1—3 和冷凝过程 3—0 消耗的功之和。

$$\begin{aligned} w_{\min} &= w_{1-3} + w_{3-0} \\ &= T_1(s_1 - s_3) - (h_1 - h_3) + T_1(s_3 - s_0) - (h_3 - h_0) \\ &= T_1(s_1 - s_0) - (h_1 - h_0) \end{aligned}$$

上述方程与式（3-2）是相同的。在图 3-5 及 3-6 中理论最小功用面积 1—2—0—3—1 表示。

式（3-2）表明，气体液化的理论最小功仅与气体的性质及初、终状态有关。对不同气体，液化所需的理论最小功不同。表 3-6 列出了一些气体液化所需的理论最小功 $w_{\min}$。

表 3-6   一些气体液化所需的理论最小功 $w_{\min}$

气体	$h_1 - h_0$	理论最小功 $w_{\min}$			$\dfrac{w_{\min}}{w_c}$
	kJ/kg	kJ/kg	kWh/kg	kWh/L	
空气	427.7	741.7	0.206	0.18	0.62
氧	407.1	638.4	0.177	0.201	0.672
氮	433.1	769.6	0.213	0.172	0.616
氩	273.6	478.5	0.132	0.184	—
氢	3980	11 900	3.31	0.235	0.218
氦	1562	6850	1.9	0.237	0.062 5
氖	371.2	1331	0.37	0.445	0.357
甲烷	915	1110	0.307	0.13	0.715

注　1. 空气、氧、氮、氩等气体的初状态参数为 $p_1 = 101.3\mathrm{kPa}$，$T_1 = 303\mathrm{K}$。

　　2. w_c 为逆卡诺循环所消耗的功。

若采用工作于 T_0 和 T_1 之间的逆卡诺循环 5—2—0—4—5 将 l 状态的气体液化（见图 3-6），那么将在 T_0 温度下从气体中取出全部热量 $q_0 = h_1 - h_0$。由于气体的放热过程 1-3 同逆卡诺循环的吸热过程 3-4 之间存在一定的温差，将引起热交换过程的不可逆损失，因此使

气体液化的逆卡诺循环 5-2-0-4-5 是具有温差的不可逆循环，其所耗的功大于理论最小功。该逆卡诺循环所消耗的功为

$$w_c = (T_1 - T_0)(s_4 - s_0)$$

在图 3-6 上，w_c 可用面积 5-2-0-4-5 表示。

该逆卡诺循环所消耗的功与理论最小功之差为

$$w_c - w_{min} = (T_1 - T_0)(s_4 - s_0) - T_1(s_1 - s_0) + (h_1 - h_0)$$

对于逆卡诺循环，制冷量等于气体的放热量，有

$$T_0(s_4 - s_0) = q_0 = h_1 - h_0$$

因此可得

$$w_c - w_{min} = T_1(s_4 - s_1) = T_1 \Delta s \tag{3-5}$$

式中　T_1——环境介质的温度；

　　　Δs——传热温差所造成的不可逆损失引起的系统熵增；

　　　$T_1 \Delta s$——由于逆卡诺循环的冷却气体过程不可逆性所导致的附加功。

这一结论称为斯托多拉原理。在低温技术中，斯托多拉原理广泛地应用于循环能量损失的分析，它不仅对具有外部不可逆的循环是正确的，对于具有内部不可逆的循环同样也是正确的，亦即任何不可逆过程所引起的系统的熵增将导致循环多消耗附加功，且附加功 Δw 可按式（3-5）计算。

表 3-6 还给出气体液化的理论最小功 w_{min} 与逆卡诺循环功耗 w_c 的比值。从表 3-6 可看出，气体的标准沸点越低则这个比值越小。

从以上分析知，对于气体的液化，完全由可逆过程组成的循环，所消耗的功才是理论最小功。实际上，由于组成液化循环的各过程总是存在不可逆性（如节流过程、有温差的热交换过程、与周围介质温差引起的冷损等），因此，任何一种理论循环都是不可能实现的。实际采用的气体液化循环所消耗的功，总是大于理论最小功。然而，理论循环在作为实际液化循环不可逆程度的比较标准和确定最小功耗的理论极限值方面具有其理论意义。

3. 2. 2　气体液化循环的性能指标

在比较或分析气体液化循环时，除理论最小功和附加功之外，通常还采用某些表示实际循环经济性的系数，如单位能耗 w_0、制冷系数 ε、循环效率 η_{cy}、烟效率 η_e 等。

（1）单位能耗 w_0，单位能耗表示获得 1kg 液化气体需要消耗的功。

$$w_0 = \frac{w}{Z} \tag{3-6}$$

式中　w——加工 1kg 气体所消耗的循环功，kJ/kg；

　　　Z——液化系数，表示加工 1kg 气体所获得的液体量。

（2）制冷系数 ε，制冷系数为液化气体复热时的单位制冷量 q_0 与所消耗单位功 w 之比，即

$$\varepsilon = \frac{q_0}{w} \tag{3-7}$$

每加工 1kg 气体得到的液化气体量为 Z kg，故单位制冷量可表示为

$$q_0 = Z(h_1 - h_0) \tag{3-8}$$

故

$$\varepsilon = \frac{Z(h_1 - h_0)}{w} \tag{3-9}$$

（3）循环效率（或称热力完善度）η_{cy}，循环效率为实际循环的效率同理论循环效率之比。低温技术中广泛应用循环效率来度量实际循环的不可逆性和作为评价有关损失的方法。循环效率定义为实际循环的制冷系数（ε_{pr}）与理论循环的制冷系数（ε_{th}）之比，即

$$\eta_{cy} = \frac{\varepsilon_{pr}}{\varepsilon_{th}} \tag{3-10}$$

显然，η_{cy} 总是小于 1。η_{cy} 值越接近于 1，说明实际循环的不可逆性越小，经济性越好。

循环效率可以用不同方式表示。由于式（3-10）中实际循环与理论循环制冷量相等，循环效率表示为理论循环所需最小功 w_{min} 与实际循环所消耗功 w_{pr} 之比，此时式（3-10）写成：

$$\eta_{cy} = (q_0/w_{pr})/(q_0/w_{min}) = \frac{w_{min}}{w_{pr}} \tag{3-11}$$

3.3　空气节流液化循环

空气、氧、氮的热力性质相近，它们的液化循环类型亦相似，目前，只有在少数特殊的场合才会使用事先制备或储存气态的氧、氮进行液化，绝大多数情况下液氧、液氮的来源都是取自空气液化分离设备，即先使空气液化，然后根据氧、氮沸点不同将其进行精馏分离，再从分馏塔中分别得到液氧和液氮。本节主要讨论空气的液化循环。

空气、氧和氮的液化循环有四种基本类型：节流液化循环、带膨胀机的液化循环、利用气体制冷机的液化循环以及复叠式液化循环。前两种液化循环在目前应用最为普遍。本节主要从热力学的观点对这两种循环进行分析。

节流液化循环是低温技术中最常用的循环之一。由于节流循环的装置结构简单，且运转可靠，这就在一定程度上抵消了节流膨胀过程不可逆损失大所带来的缺点。

3.3.1　一次节流液化循环

一次节流液化循环是最早在工业上采用的气体液化循环。1895 年德国林德和英国汉普逊分别独立地提出了一次节流液化循环，因此文献上也常称之为简单林德（或汉普逊）循环。一次节流液化循环的流程图及 $T\text{-}s$ 图如图 3-7 所示。书中先讨论没有外部不可逆损失的理论循环，然后再推及实际循环。

1. 理论循环

如图 3-7 所示，常温 T、常压 p_1 下空气（点 $1'$），经压缩机压缩至高压 p_2，并经中间冷却器等压冷却至常温 T（点 2）。这里，将实际循环中的压缩过程与冷却过程合并为一个等温压缩过程，在 $T\text{-}s$ 图上简单地用等温线 $1'$—2 表示。此后，高压空气在热交换器内被节流后的返流空气（点 5）冷却至温度 T_3（点 3），这是一个等压冷却过程，在 $T\text{-}s$ 图上用等压线 2—3 表示。然后高压空气经节流阀节流膨胀至常压 p_1（点 4），温度降低到 p_1 压力下的饱和温度，同时有部分空气液化，在 $T\text{-}s$ 图上节流过程用等焓线 3—4 表示。节流后产生的液体空气（点 0）自气液分离器 V 导出作为产品；未液化的空气（点 5）从气液分离器 V

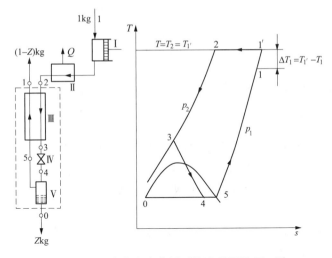

图 3-7　一次节流液化循环的流程图及 T-s 图

Ⅰ—压缩机；Ⅱ—中间冷却器；Ⅲ—热交换器；

Ⅳ—节流阀；Ⅴ—气液分离器

引出，返回流经热交换器Ⅲ以冷却节流前的高压空气。在理想情况下经热交换器Ⅲ后点 5 的空气被加热到常温 T（点 $1'$），其复热过程在 T-s 图上用等压线 5—$1'$ 表示。至此完成了一个空气液化循环。

　　如前所述，必须将高压空气预冷到一定的低温，节流后才能产生液体。因此，循环开始时需要有一个逐渐冷却的过程，称之为起动过程。图 3-8 表示了一次节流液化循环逐渐冷却过程的 T-s 图。空气由状态 $1'$ 等温压缩到状态 2，2—$4'$ 为第一次节流膨胀，结果使空气的温度降低 Δt_1。节流后的冷空气返回流入热交换器以冷却高压空气，自身复热到初始状态 $1'$。高压空气被冷却到状态 $3'$（T_3'），其温降为 $\Delta t_1'$。第二次节流膨胀从点 $3'$ 沿 $3'$—$4''$ 等焓线进行，节流后达到更低的温度 T_4''，此时低压空气的温降为（$\Delta t_1' + \Delta t_2$），当它经过热交换器复热到初态 $1'$ 时，可使新进入的高压空气被冷却到更低的温度 T_3''（状态 $3''$），其温降为 $\Delta t_2'$。接着是从点 $3''$ 沿 $3''$—$4'''$ 进行的节流膨胀。这种逐渐冷却过程继续进

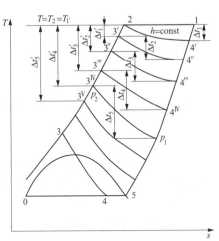

图 3-8　一次节流液化循环逐渐
冷却过程的 T-s 图

行，直到高压空气冷却到某一温度 T_3（状态 3），使节流后的状态进入湿蒸气区域；若此时两股空气流的换热已达到稳定工况，则起动过程结束，空气液化装置开始进入稳定运转状态。

　　现讨论一次节流理论循环的液化气量。设压缩 1kg 空气时生产 Z kg 的液体空气（Z 称为液化系数或液化率），则相应返流空气量为（$1-Z$）kg。取热交换器、节流阀与气液分离器为研究的热力系统，根据系统的热量平衡式

$$1 \times h_2 = Z h_0 + (1 - Z) h_{1'} \tag{3-12}$$

可得

$$Z = \frac{h_{1'} - h_2}{h_{1'} - h_0} \tag{3-13}$$

因为 $h_{1'} - h_2$ 是温度为 T 的高压空气由 p_2 节流到 p_1 时的等温节流效应 $-\Delta h_T$，所以

$$Z = \frac{-\Delta h_T}{h_{1'} - h_0} \tag{3-14}$$

循环的单位制冷量即 Z kg 液空恢复到初态温度 $T_{1'}$ 时吸收的热量：

$$q_0 = Z(h_{1'} - h_0) = h_{1'} - h_2 = -\Delta h_T \tag{3-15}$$

式（3-15）表明，一次节流液化循环的理论制冷量在数值上等于高压空气的等温节流效应。

由式（3-14）可见，当 $-\Delta h_T$ 为最大值时 Z 最大。在温度一定时，$-\Delta h_T$ 是压力 p 的函数，所以欲使 $-\Delta h_T$ 为最大值，则需

$$\left[\frac{\partial (\Delta h_T)}{\partial p} \right]_T = 0 \tag{3-16}$$

Δh_T 可用热力学微分关系式表示。因为

$$dh = c_p dT - \left[T \left(\frac{\partial v}{\partial T} \right)_p - v \right] dp$$

对于等温过程

$$dh_T = -\left[T \left(\frac{\partial v}{\partial T} \right)_p - v \right] dp$$

积分后得

$$\Delta h_T = \int_{p_1}^{p_2} \left[T \left(\frac{\partial v}{\partial T} \right)_p - v \right] dp \tag{3-17}$$

因此，式（3-16）成立的条件必须是

$$T \left(\frac{\partial v}{\partial T} \right)_p - v = 0 \tag{3-18}$$

式（3-18）为转化曲线方程，即微分节流效应 α_h 应等于零。由此可见，对应 $-\Delta h_T$ 及 Z 最大值的气体压力必通过等温线 T 和转化曲线的交点。对于空气，若 $T = 303\text{K}$、$p_1 = 98\text{kPa}$，则 $p_2 \approx 43 \times 10^3 \text{kPa}$ 时，Z 最大。实际采用的压力 p_2 约为 $(20 \sim 22) \times 10^3 \text{kPa}$，因为压力过高会导致设备费用大大增加，而装置的制冷量增加相对比较小。

2. 实际循环

实际的一次节流液化循环同理论循环相比存在许多不可逆损失，主要有：①压缩机中压缩过程的不可逆损失；②热交换器中不完全热交换的损失，即返流气体只能复热到 T_1（见图 3-9）；③环境介质传热给低温设备引起的冷量损失，也称跑冷损失。这些损失的存在，导致循环的液化系数减小，效率降低。下面是考虑这些损失的条件下进行循环的分析和计算。

设不完全热交换损失为 q_2（kJ/kg 加工空气），它由温差 $\Delta T = T_{1'} - T_1$ 确定（见图 3-7）。通常假定返流空气在 $T_{1'}$ 与 T_1 之间的比热容是定值，则 $q_2 = c_{p_1}(1 - Z_{pr})(T_{1'} - T)$。设跑冷损失为 q_3，其值与装置的容量、绝热情况及环境温度有关。至于压缩机的不可逆损失，一般由压缩机的效率予以考虑。

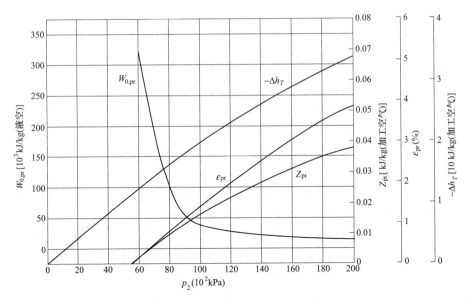

图 3-9 一次节流液化循环的特性

取图 3-7 中点画线包围的部分为热力系统，加工空气量为 1kg，热平衡方程式为

$$h_2 + q_3 = h_0 Z_{pr} + (1 - Z_{pr}) h_1$$

而

$$h_1 = h_{1'} - c_{p_1}(T_{1'} - T_1) = h_{1'} - \frac{q_2}{1 - Z_{pr}}$$

由此可得实际液化系数

$$Z_{pr} = \frac{h_{1'} - h_2 - (q_2 + q_3)}{h_{1'} - h_0} = \frac{-\Delta h_T - \sum q}{h_{1'} - h_0} \tag{3-19}$$

循环的实际单位制冷量

$$q_{0, pr} = Z_{pr}(h_{1'} - h_0) = -\Delta h_T - \sum q \tag{3-20}$$

从式 (3-19)、式 (3-20) 可见，实际循环的液化系数及制冷量的大小取决于 $-\Delta h_T$ 同 $\sum q$ 的差值；若实际循环的等温节流效应 $-\Delta h_T$ 不能补偿全部冷损 $\sum q$ 时，则不可能获得液化气体。

若压缩机的等温效率用 η_T 表示，则对 1kg 气体的实际压缩功为

$$w_{pr} = \frac{w_T}{\eta_T} = \frac{RT \ln(p_2/p_1)}{\eta_T} \tag{3-21}$$

式中　w_T ——等温压缩功。

实际单位能耗

$$w_{0, pr} = \frac{w_{pr}}{Z_p} = \frac{(h_{1'} - h_0) RT \ln(p_2/p_1)}{\eta_T(-\Delta h_T - \sum q)} \tag{3-22}$$

循环实际制冷系数

$$\varepsilon_{pr} = \frac{q_{0, pr}}{w_{pr}} = \frac{\eta_T(-\Delta h_T - \sum q)}{RT \ln(p_2/p_1)} \tag{3-23}$$

循环效率

$$\eta_{cy} = \frac{\varepsilon_{pr}}{\varepsilon_{th}}$$

式中，理论液化循环的制冷系数为（如图 3-7 所示状态）

$$\varepsilon_{th} = \frac{q_0}{w_{min}} = \frac{h_{1'} - h_0}{T(s_{1'} - s_0) - (h_{1'} - h_0)} \qquad (3-24)$$

所以

$$\eta_{cy} = \varepsilon_{pr} \frac{T(s_{1'} - s_0) - (h_{1'} - h_0)}{h_{1'} - h_0} \qquad (3-25)$$

实际循环的性能指标与循环的主要参数如高压（p_2），初压（p_1）、热交换器热端温度（T）有密切关系，现分别进行讨论如下。

（1）高压 p_2 对循环性能的影响。若初压及进热交换器的高压空气的温度不变，则高压压力的变化直接影响循环的性能指标。图 3-9 示出当 $T = 303K$，$p_1 = 98kPa$，$\sum q = 11.5kJ/kg$（加工空气），$\eta_T = 0.59$ 时，各个性能指标随 p_2 的变化曲线。

由图 3-9 可见：①随 p_2 的增高，$-\Delta h_T$、Z_{pr} 及 ε_{pr} 均增大；显而易见，η_{cy} 也增加；②单位能耗 $w_{0,pr}$ 随 p_2 的增高而不断减少；③只有当高压达到一定数值时，才能得到液化气体。如图 3-9 所示，只有 p_2 超过 5.6MPa 时，$Z_{pr} > 0$，这时液空积累才有可能。另外，随着 p_2 增加，带来压缩机及系统笨重且成本的快速增加。

（2）初压 p_1 对循环性能的影响。当 p_2 及 T 给定时，初压 p_1 的变化将使 q_0，ε 等性能指标随之变化。表 3-7 列出空气在 $p_2 = 19.6 \times 10^3 kPa$、$T = 293K$ 及不同 p_1 时一次节流液化循环的特性，其中 $\varepsilon = -\Delta h_T / w_T$ 代表一次节流理论循环的理论制冷系数。由表 3-7 可看出：随 p_1 增加，$-\Delta h_T$ 减小幅度小于功耗的减少幅度，故 ε 增大。相应地循环效率 η_{cy} 增加，单位能耗降低。提高初压 p_1 能够改善循环的经济性。

表 3-7 　　　不同初压 p_1 时一次节流液化循环的 ε（$T = 293K$，$p_2 = 19.6 \times 10^3 kPa$）

p_1(kPa)	98	4.9×10^3	9.8×10^3
$-\Delta h_T$(kJ/kg)	37.5	26.9	15.9
w_T(kJ/kg)	445.5	116.6	58.3
$\varepsilon = -\Delta h_T / w_T$	0.084 2	0.231	0.273

空气在 $T = 288K$ 时，ε-p_1-p_2 之间关系的更详细分析数据如图 3-10 所示。对应于每个 p_1 值，都有一个相应的最大理论制冷系数 ε_{max} 及 p_2 值，ε_{max} 点的轨迹如图中曲线 AB 所示。此外，当 p_2 一定时，p_1 越高则 ε 越大，因此最佳的 p_1 值应尽可能高甚至接近 p_2，这样 ε 也将达到最佳值。因此，适当地提高 p_1 以减少循环压力范围可以提高理论制冷系数，但 p_1 的提高受获得低温液体温度和压力限制。

（3）热交换器热端温度 T 和 $-\Delta h_T$ 的关系。降低高压空气进热交换器的温度 T 对增加等温节流效应 $-\Delta h_T$ 有明显的作用。图 3-11 表示了空气在 $p_1 = 1 \times 10^2 kPa$、$p_2 = 200 \times 10^2 kPa$，热交换器热端温度 T 与 $-\Delta h_T$ 关系。

综上所述可得下列结论：

1）对于一次节流液化循环，为改善循环的性能指标，可提高 p_2，一般 $p_2 \approx (20 \sim 22) \times 10^3 \mathrm{kPa}$；

2）在保证所需循环制冷量及液化温度的条件下，适当提高初压 p_1，从而减小节流压力范围；

3）可采取措施降低高压空气进热交换器时的温度，以提高液化系数。

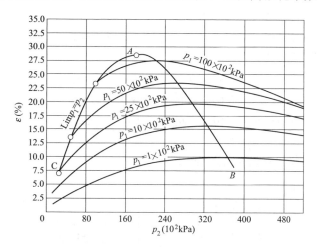

图 3-10　节流循环的 ε-p_1-p_2 关系图

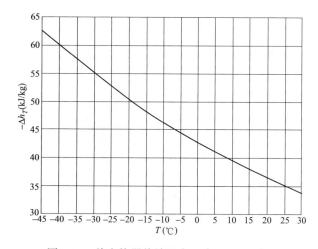

图 3-11　热交换器热端温度 T 与 $-\Delta h_T$ 关系

3.3.2　有预冷的一次节流液化循环

根据前述结论可知，降低热交换器热端高压空气的温度可以提高循环的经济性。为此，除利用节流后的低压返流空气降温外，还可采用外部冷源预冷的方式，以降低热交换器热端高压空气的温度。对于空气节流液化循环，一般采用氨或氟利昂制冷机组进行预冷，可将进热交换器的高压空气温度降至（$-50 \sim -40$）℃。采用该措施组成的节流液化循环称为有预冷的节流液化循环。

图 3-12 为有预冷的一次节流液化循环的系统图及 T-s 图。设加工 1 kg 空气时生产 Z_{pr} kg 的液空，制冷蒸发器供给的冷量为 q_{0c}。将装置分成 $ABCD$ 与 $CDEF$ 两个热力系统，其跑冷

损失分别为 q_3^{I} 与 q_3^{II}；热交换器 I 和 II 的不完全热交换损失为 q_2^{I} 与 q_2^{II}，则有

$$q_2^{\mathrm{I}} = (1-Z_{\mathrm{pr}})(h_{1'}-h_1)$$

$$q_2^{\mathrm{II}} = (1-Z_{\mathrm{pr}})(h_{8'}-h_8)$$

由 *ABCD* 系统的能量平衡得

$$h_2 + (1-Z_{\mathrm{pr}})h_8 + q_3^{\mathrm{I}} = h_4 + (1-Z_{\mathrm{pr}})h_1 + q_{0c} \tag{3-26}$$

将 h_1 与 q_2^{I} 的关系式代入上式可得

$$(1-Z_{\mathrm{pr}})h_8 - h_4 = (1-Z_{\mathrm{pr}})h_{1'} - q_2^{\mathrm{I}} + q_{0c} - h_2 + q_3^{\mathrm{I}} \tag{3-27}$$

由 *CDEF* 系统的能量平衡得

$$(1-Z_{\mathrm{pr}})h_8 + Z_{\mathrm{pr}}h_0 = h_4 + q_3^{\mathrm{II}} \tag{3-28}$$

联解式（3-26）、式（3-27）求得循环的实际液化系数

$$Z_{\mathrm{pr}} = \frac{(h_{1'}-h_2)+q_{0c}-(q_2^{\mathrm{I}}+q_3^{\mathrm{I}}+q_3^{\mathrm{II}})}{h_{1'}-h_0} = \frac{-\Delta h_T + q_{0c} - (q_2^{\mathrm{I}}+q_3)}{h_{1'}-h_0} \tag{3-29}$$

式中，$q_3^{\mathrm{I}} + q_3^{\mathrm{II}} = q_3$ 为整个系统的跑冷损失。

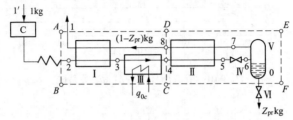

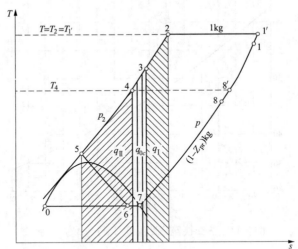

图 3-12　有预冷的一次节流液化循环的系统图与 *T-s* 图
C—压缩机；I—预热交换器；II—主热交换器；III—制冷设备的蒸发器；
IV—节流阀；V—气液分离器；VI—阀门

当然，简单一点，Z_{pr} 也可以由 *ABFE* 系统的能量平衡式求得。

将 q_2^{II} 代入式（3-28）可得循环的实际液化系数的另一种表达形式：

$$Z_{\mathrm{pr}} = \frac{(h_{8'}-h_4)-(q_2^{\mathrm{II}}+q_3^{\mathrm{II}})}{h_{8'}-h_0} = \frac{-\Delta h_{T_4} - (q_2^{\mathrm{II}}+q_3^{\mathrm{II}})}{h_{8'}-h_0} \tag{3-30}$$

其中，$-\Delta h_{T_4}$ 是在 T_4 温度下空气从 p_2 到 p_1 的等温节流效应。

循环的实际单位制冷量

$$q_{0,\,pr}=Z_{pr}(h_{1'}-h_0)=-\Delta h_T+q_{0c}-(q_2^{II}+q_3) \tag{3-31}$$

将式（3-30）、式（3-31）同式（3-19）、式（3-20）比较可知：在 p_1、p_2 与 T 相同的情况下，有预冷的一次节流液化循环的实际制冷量及液化系数比没有预冷的一次节流液化循环大，制冷量增大的值即为预冷设备输入的冷量 q_{0c}。液化系数的增大是由于在较低温度（T_4）下的等温节流效应增加了，即 $-\Delta h_{T_4}>-\Delta h_T$，同时分母的 $(h_{8'}-h_0)<(h_{1'}-h_0)$，而冷损 $q_2^{II}+q_3^{II}$ 一般都是比较小的。由此可见，q_{0c} 作为一种附加冷量，借助主热交换器及节流阀转化到更低的温度水平，增加了循环制冷量和液化系数。而 q_{0c} 是在较高的温度（$-40\text{℃}\sim-50\text{℃}$）下产生的冷量，它所需的能量消耗比起在液化温度下产生相同冷量的能耗要小得多，因此采用预冷提高了循环的经济性。

制冷设备供给的冷量可以将不完全热交换损失 q_2^{II} 代入式（3-27）求得：

$$\begin{aligned}q_{0c}&=(h_{8'}-h_4)-(h_{1'}-h_2)+Z_{pr}(h_{1'}-h_{8'})+(q_2^I-q_2^{II})+q_3^I\\&=(-\Delta h_{T_4})-(-\Delta h_T)+Z_{pr}(h_{1'}-h_{8'})+(q_2^I-q_2^{II})+q_3^I\end{aligned} \tag{3-32}$$

有预冷的一次节流液化循环的能耗为空气压缩机能耗 $w_{A,pr}$ 和制冷机能耗 $w_{R,pr}$ 之和，即

$$w_{pr}=w_{A,\,pr}+w_{R,\,pr} \tag{3-33}$$

式中 $w_{A,pr}$ 由式（3-22）给出，$w_{R,pr}$ 可从下式求得：

$$w_{R,\,pr}=\frac{q_{0c}}{\varepsilon_{0c}} \tag{3-34}$$

式中 ε_{0c} 为单位功耗获得的预冷冷量（kJ/kJ），即预冷系统的制冷循环制冷系数。以氨为工质的制冷机，预冷温度 $T_4=288\text{K}$ 时，$\varepsilon_{0c}=3$。生产 1kg 液空的单位能耗为

$$w_{0,\,pr}=(w_{A,\,pr}+w_{R,\,pr})/Z_{pr}=\frac{RT\ln(p_2/p_1)}{\eta_T Z_{pr}}+\frac{q_{0c}}{\varepsilon_{0c}Z_{pr}} \tag{3-35}$$

图 3-13 表示了当 $T=303\text{K}$、$p_1=98\text{kPa}$、总跑冷损失 $\sum q=11.5\text{kJ/kg}$（加工空气），预冷温度为 288K，压缩机等温效率 $\eta_T=0.59$ 时，不同高压下有预冷的一次节流液化循环的特性曲线。比较图 3-9 和图 3-13 可以看出，在相同情况下，采用预冷后循环的实际液化系数 Z_{pr}、制冷系数 ε_{pr} 增大，而单位能耗 $w_{0,pr}$ 降低，相应地循环效率 η_{cy} 增加。随着预冷机的效率提高，有预冷的一次节流液化循环更有价值。

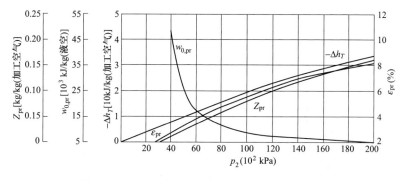

图 3-13　有预冷的一次节流液化循环的特性曲线

预冷之所以能够获得较高的循环效率，主要是因为减少了热交换器内高、低压空气之间

的温差，使换热过程的不可逆性减少，同时还降低了高压空气节流前的温度，从而提高了循环的效率。图 3-14 所示为有预冷和没有预冷时一次节流液化循环热交换器中高、低压空气的温差变化示意。图的纵坐标代表热交换器任一截面上两股气流传递的热量，横坐标代表气流的温度。根据热平衡方程可作出热交换器各截面传遍的热量与温度的关系曲线。图中 $\overline{71}$ 线为低压空气吸收的热量与温度的关系曲线；$\overline{25'}$ 线表示没有预冷时高压空气放出的热量与温度的关系曲线；$\overline{71}$ 与 $\overline{25'}$ 之间与横坐标平行的线段即为某截面上高、低压空气的温差。有预冷时，高压空气在预冷器中冷却到 T_3 后进入制冷设备的蒸发器，温度进一步降至 T_4。$\overline{45}$ 线与 $\overline{78}$ 线之间与横坐标平行的线段，即为主热交换器内高、低压空气的温差。显然，其温差的减小，进而减少了不可逆损失。与此同时，还降低了高压空气节流前的温度即 $T_5 < T_5'$，因而使液化系数增加。

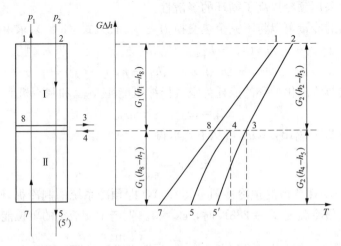

图 3-14　有预冷和没有预冷时一次节流液化循环热交换器中高、低压空气的温差变化示意
图中 G_1 为 1 点处流体的流量，kg/kg（加工空气）；G_2 为 2 点处流体的流量，kg/kg（加工空气）

下面通过实际例题对没有预冷和有预冷的一次节流液化循环的性能指标进行比较。

例 3-1　求空气一次节流液化循环（图 3-7）的 Z_{pr}、$q_{0,pr}$、$w_{0,pr}$、ε_{pr}、η_{cy}。若压缩的空气温度为环境温度 $T = T_{1'} = 303K$，$p_1 = 101kPa$，$p_2 = 20 \times 10^3 kPa$，$\eta_T = 0.6$；热交换器热端温差 $\Delta T_h = 5K$，单位加工空气的跑冷损失为 $q_3 = 6.5kJ/kg$。

解：查空气的 T-s 图得到有关特性点的参数值：$h_{1'} = 303kJ/kg$，$h_2 = 272kJ/kg$，$h_0 = -127kJ/kg$，$s_{1'} = 6.87kJ/(kg \cdot K)$，$s_0 = 2.98kJ/(kg \cdot K)$。

（1）热交换器不完全热交换损失为
$$q_2 = c_{p1}(1 - Z_{pr})\Delta T_1 = 1.007 \times (1 - Z_{pr}) \times 5 = 5.035 \times (1 - Z_{pr})$$
式中，c_{p1} 为空气的比定压热容，查得 $c_{p1} = 1.007kJ/(kg \cdot K)$

实际循环的液化系数由式（3-19）求得：
$$Z_{pr} = \frac{h_{1'} - h_2 - (q_2 + q_3)}{h_{1'} - h_0} = \frac{(303 - 270) - 5.035(1 - Z_{pr}) - 6.5}{303 + 127}$$

以上等式可求解得单位加工空气的液化量：
$$Z_{pr} = 0.050\ 5kg/kg$$

（2）实际循环的单位加工空气的制冷量为

$$q_{pr} = Z_{pr}(h_{1'} - h_0) = 0.0505 \times (303 + 127) = 21.7 \text{kJ/kg}$$

（3）实际单位加工空气压缩功为

$$w_{pr} = \frac{RT\ln(p_2/p_1)}{\eta_T} = \frac{0.287 \times 303 \times \ln(20 \times 10^3/100)}{0.6} = 768 \text{kJ/kg}$$

实际单位液空能耗由式（3-22）求得

$$w_{0,pr} = \frac{w_{pr}}{Z_{pr}} = \frac{768}{0.0505} = 15208 \text{kJ/kg}$$

（4）实际循环的制冷系数由式（3-23）求得

$$\varepsilon_{pr} = \frac{q_{0,pr}}{w_{pr}} = \frac{21.7}{768} = 0.02826$$

（5）循环效率由式（3-25）求得

$$\eta_{cy} = \varepsilon_{pr} \frac{T(s_{1'} - s_0) - (h_{1'} - h_0)}{h_{1'} - h_0} = 0.02826 \frac{303(6.87 - 2.98) - (303 + 127)}{303 + 127} = 0.0492$$

例 3-2　确定有预冷的一次节流空气液化循环（图 3-12）的 Z_{pr}、$q_{0,pr}$、$w_{0,pr}$、ε_{pr}、η_{cy}。氨预冷温度 $T_4 = 288 \text{K}$，$\Delta T = T_{1'} - T_1 = 10 \text{K}$，$\Delta T_{II} = T_{8'} - T_8 = 5 \text{K}$，$q_3^I = 3 \text{kJ/kg}$（加工空气），$q_3^{II} = 3.5 \text{kJ/kg}$（加工空气），其他参数与例 3-1 相同。

解：查空气 T-s 图得到有关特性点的参数值：$h_{8'} = 230 \text{kJ/kg}$，$h_4 = 165 \text{kJ/kg}$

（1）实际循环的液化系数可按（3-31）求得。

其中，$q_2^{II} = (1 - Z_{pr})c_{p1}\Delta T_{II} = (1 - Z_{pr}) \times 1.007 \times 5 = 5.035 \times (1 - Z_{pr})$

故

$$Z_{pr} = \frac{(230 - 165) - 5.035(1 - Z_{pr}) - 3.5}{230 + 127}$$

解得单位加工空气的液化量为 $Z_{pr} = 0.16 \text{kg/kg}$

故，单位加工空气在热交换器 II 中的不完全换热损失为 $q_2^{II} = 4.23 \text{kJ/kg}$

（2）实际循环的单位加工空气制冷量按式（3-30）求得：

$$q_{0,pr} = Z_{pr}(h_{1'} - h_0) = 0.16(303 + 127) = 68.8 \text{kJ/kg}$$

（3）实际单位耗能为

$$w_{0,pr} = \frac{w_{A,pr} + w_{R,pr}}{Z_{pr}}$$

式中，单位加工空气的压缩机实际功耗 $w_{A,pr}$ 与例 3-1 相同，即

$$w_{A,pr} = 768 \text{kJ/kg}$$

氨制冷机的单位功耗 $w_{R,pr} = \dfrac{q_{0c}}{\varepsilon_{0c}}$

氨制冷机提供的制冷量 q_{0c} 由式（3-32）求得。

其中，$q_2^I = (1 - Z_{pr})c_{p1}\Delta T = (1 - 0.16) \times 1.007 \times 10 = 8.46 \text{kJ/kg}$

故

$$\begin{aligned}
q_{0c} &= (h_8' - h_4) - (h_1' - h_2) + Z_{pr}(h_1' - h_8') + (q_2^I - q_2^{II}) + q_3^I \\
&= (230 - 165) - (303 - 270) + 0.16(303 - 230) + (8.46 - 4.23) + 3 \\
&= 50.91 \text{kJ/kg}
\end{aligned}$$

对于氨制冷机，当预冷温度为 288K 时，推荐 $\varepsilon_{0c} = 3$

所以
$$w_{R, pr} = \frac{q_{0c}}{\varepsilon_{0c}} = \frac{50.91}{3} = 16.97 \text{kJ/kg}$$

则生产单位液空的能耗为
$$w_{0, pr} = \frac{w_{A, pr} + w_{R, pr}}{Z_{pr}} = \frac{768 + 16.97}{0.16} = 4906 \text{kJ/kg}$$

（4）实际制冷系数
$$\varepsilon_{pr} = \frac{q_{0, pr}}{w_{A, pr} + w_{R, pr}} = \frac{68.8}{768 + 16.97} = 0.087 \, 65$$

（5）循环效率可按式（3-25）求得：
$$\eta_{cy} = \varepsilon_{pr} \frac{T(s_{1'} - s_0) - (h_{1'} - h_0)}{h_1' - h_0} = 0.087 \, 65 \times \frac{303(6.87 - 2.98) - [303 - (-127)]}{303 - (-127)}$$
$$= 0.152 \, 6$$

显然其循环效率比无预冷的循环提高非常明显。

3.3.3　二次节流液化循环

根据前面的讨论可知，对于一次节流液化循环，适当提高循环的低压压力可以提高循环的制冷系数。为此，可考虑具有两台串联压缩机的液化循环，在循环中使高压空气节流到某一中间压力（p_i）后，分成两部分，一部分通过热交换器回收其冷量后再回到高压压缩机入口（这部分气体称为循环气体），这就提高了高压压缩机的进气压力，减少了功耗；另一部分气体从中压再次节流到低压并获得液体。这种具有部分循环气体的液化循环称为二次节流液化循环。

二次节流液化循环系统图及 T-s 图示于图 3-15 中。经低压压缩机将 D_2 kg 空气从 p_1 等温压缩到中间压力 p_i，在点 2′ 它同 D_1 kg 的循环空气合并成 1kg 干空气，然后进入高压压缩机，被等温压缩到 p_2（点 3），经热交换器 I 冷却到 T_4（点 4），再节流到中压 p_i（点 5）并流入容器 III。在容器 III 中，全部空气分成 D_1 和 D_2 两部分（相应各为点 6 和点 7）：压力

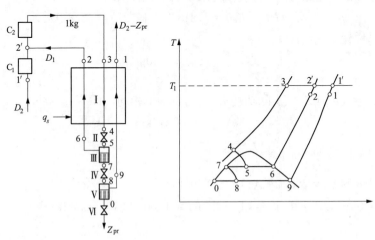

图 3-15　二次节流液化循环系统图与 T-s 图

C₁—低压压缩机；C₂—高压压缩机；

I—热交换器；II、IV—节流阀；III—容器；V—气液分离器；VI—阀门

为 p_i 的 D_1 kg 冷空气返流通过热交换器 I，复热后（点 2）进高压压缩机；另一部分 D_2 kg 则再次节流至低压 p_1 并流入容器 V（点 8），这时获得 Z kg 低压液空，剩余的（D_2-Z）kg 低压冷空气（点 9）返流经热交换器 I 后复热到 T_1（点 1）。若 $p_i<p_{cr}$，第一次节流膨胀即可在容器 III 中获得气液混合物，如图 3-15 中 T-s 图表示的过程。在此情况下，第二次节流的是 D_2 kg 中压液空。若 $p_i>p_{cr}$，则 p_i 等压线将在临界压力线以上，不经过两相区，因此第一次节流不可能产生液空。进行第二节流的是 D_2 kg 中压冷空气。二次节流液化循环的特性可用与一次节流液化循环类似的方法进行分析和计算。

在高压压力给定时，二次节流循环的单位能耗随 D_2 及 p_i 而变。图 3-16 示出当 $p_1=98$kPa，$p_2=19.6\times10^3$kPa，总跑冷损失 $\sum q=9.7$kJ/kg 时二次节流空气液化循环的单位能耗与 D_2、p_i 的关系。图中实线表示没有预冷的情况。从图 3-16 可见，最佳的中间压力 p_i 为（3～5）$\times10^3$kPa；D_2 值减小，则能耗降低，在 $D_2=0.2$kg/kg（加工空气）时接近于允许的最小值，液态空气产量会过低。

二次节流液化循环也可采用外部冷源进行中间预冷，来进一步改善循环的热力性能。图 3-16 中的虚线表示有预冷的二次节流循环的 $w_{0,pr}$ 与 D_2、p_i 的关系曲线，预冷温度为 233K。二次节流液化循环流程较复杂，设备较多，故应用上受到一定的限制。一般用于制取液态产品的小型设备，也可用于分离其他混合气体的装置。

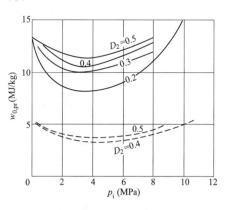

图 3-16　二次节流空气液化循环单位
能耗与 D_2、p_i 的关系

3.4　带膨胀机的空气液化循环

在绝热条件下，压缩气体进入膨胀机膨胀并对外做的功，可获得大的温降及冷量。采用气体输出外功绝热膨胀的循环，目前在气体液化和分离设备中应用尤为广泛。

3.4.1　克劳特液化循环

1. 工作过程及性能指标的计算

1902 年法国的克劳特（Claude）首先实现了带有活塞式膨胀机的空气液化循环，其流程图及 T-s 图如图 3-17 所示。

1kg 温度 T_1，压力 p_1（点 $1'$）的空气，经压缩机 C 等温压缩到 p_2（点 2），并经热交换器 I 冷却至 T_3（点 3）后分成两部分：一部分 V_e kg 的空气进入膨胀机 E 膨胀到 p_1（点 4），温度降低并做外功，膨胀后气体与返流气汇合进入热交换器 II、I，用以预冷正流高压空气；另一部分 $V_{th}=(1-V_e)$kg 的空气经热交换器 II、III 冷至温度 T_5（点 5）后，经节流阀 IV 节流到 p_1（点 6），获得 Z_{pr} kg 液体，其余（$V_{th}-Z_{pr}$）kg 饱和蒸汽返流经各热交换器冷却高压空气。

设系统的跑冷损失为 q_3，不完全热交换损失为 q_2。由图中 $ABCD$ 热力系统的热平衡方程式得

$$h_2+V_eh_4+q_3=Z_{pr}h_0+V_eh_3+(1-Z_{pr})h_1$$

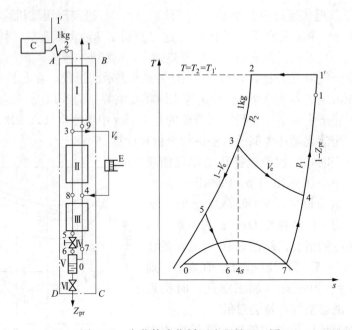

图 3-17　克劳特液化循环流程及 $T\text{-}s$ 图

C—压缩机；E—膨胀机；Ⅰ、Ⅱ、Ⅲ—热交换器；Ⅳ—节流阀；Ⅴ—气液分离器；Ⅵ—阀门

因为

$$q_2 = (1 - Z_{\mathrm{pr}})(h_{1'} - h_1)$$

所以

$$h_2 + V_e h_4 + q_3 = Z_{\mathrm{pr}} h_0 + V_e h_3 + (1 - Z_{\mathrm{pr}}) h_{1'} - q_2$$

从而可求得实际液化系数

$$Z_{\mathrm{pr}} = \frac{(h_{1'} - h_2) + V_e(h_3 - h_4) - (q_2 + q_3)}{h_{1'} - h_0}$$

$$= \frac{-\Delta h_{T2} + V_e(h_3 - h_4) - \sum q}{h_{1'} - h_0} \tag{3-36}$$

循环的单位制冷量

$$q_{0,\ \mathrm{pr}} = Z_{\mathrm{pr}}(h_{1'} - h_0) = -\Delta h_{T2} + V_e(h_3 - h_4) - \sum q \tag{3-37}$$

在理想情况下，气体在膨胀机中的膨胀过程是等熵过程，如图中 $\overline{34_s}$ 线所示；气体在膨胀机中流动时存在多种能量损失；外界的热量也不可避免地要传入，实际膨胀过程是有熵增的过程，如图 3-17 中的 $\overline{34}$ 线所示。

衡量气体在膨胀机中实际膨胀过程偏离等熵膨胀过程的尺度，称为膨胀机绝热效率（η_s），它可用膨胀机中膨胀气体实际焓降与等熵膨胀焓降之比来表示，即

$$\eta_s = \frac{h_3 - h_4}{h_3 - h_{4s}} = \frac{h_3 - h_4}{\Delta h_s} \tag{3-38}$$

因此式（3-36）、式（3-37）也可写成

$$Z_{\mathrm{pr}} = \frac{-\Delta h_{T2} + V_e \Delta h_s \eta_s - \sum q}{h_{1'} - h_0} \tag{3-39}$$

$$q_{0,\,pr} = -\Delta h_{T_2} + V_e \Delta h_s \eta_s - \sum q \tag{3-40}$$

将式（3-39）、式（3-40）与式（3-19）、式（3-20）比较可以看出，克劳特循环比一次节流液化循环的实际液化系数和单位制冷量大。在克劳特循环中，制冷量主要由膨胀机产生，其次为等温节流效应。

克劳特循环消耗的功应为压缩机消耗的功与膨胀机回收的功之差，即

$$w_{pr} = \frac{RT}{\eta_T} \ln(p_2/p_1) - V_e \Delta h_s \eta_s \eta_m \tag{3-41}$$

式中　η_m——膨胀机的机械效率。

由式（3-39）及式（3-41）即可求出制取 1kg 液空所需的单位能耗。分析以上各式可知，高压压力 p_2、进入膨胀机的气量 V_e 以及进入膨胀机的高压空气温度 T_3 不仅影响循环的性能指标 Z_{pr}、$q_{0,pr}$、w_{pr} 等，还将影响系统中热交换器的工况，下面分别进行讨论。

2. 循环性能指标与主要参数的关系

当 p_2 与 T_3 不变时，增大膨胀量 V_e，膨胀机产冷量随之增大，循环制冷量及液化系数相应增加。但 V_e 过分增大，去节流阀的气量太少，会导致冷量过剩，使热交换器 II 偏离正常工况。

当 V_e 与 T_3 一定时，提高高压压力 p_2，等温节流效应和膨胀机的单位制冷量均增大，液化系数增加。但过分提高 p_2，会造成冷量过剩，冷损增大，因冷量浪费而使能耗增大。

当 p_2 与 V_e 一定时，提高膨胀前温度 T_3，膨胀机的焓降即单位制冷量增大，膨胀后气体的温度 T_4 也同时提高，而节流部分的高压空气出热交换器 II 的温度（T_8）和 T_4 有关，若 T_3 太高，膨胀机产生的较多冷量不能全部传给高压空气，导致冷损增大，甚至破坏热交换器 II 的正常工作。

在上述讨论中，都假定两个参数不变，而分析某一参数对循环性能的影响。但是在实际过程中三个参数之间是相互制约的关系，因此在确定循环系数时几个因素要同时加以考虑，才能得到最佳值。

图 3-18 示出制取 1kg 液空时，克劳特空气液化循环的 p_2、V_{th} 及 $w_{0,pr}$ 的关系曲线。曲线是在热交换器 I、II 热端温差为 10K，跑冷损失 $q_3 = 8.37$kJ/kg 加工空气，压缩机等温效率 $\eta_T = 0.6$，膨胀机绝热效率 $\eta_s = 0.7$，膨胀机的机械效率 $\eta_m = 0.7$，膨胀后压力 $p_1 = 98$kPa 的情况下作出的。从图 3-18 可以看出，在克劳特空气液化循环中，p_2 较高和节流量 V_{th} 值较小时单位能耗较低。

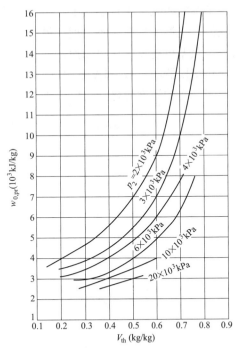

图 3-18　克劳特空气液化循环的 p_2、V_{th} 及 $w_{0,pr}$ 的关系曲线

热交换器 I、II 热端温差为 10K，跑冷损失 $q_3 = 8.37$kJ/kg（加工空气），压缩机等温效率 $\eta_T = 0.6$，膨胀机绝热效率 $\eta_s = 0.7$，膨胀机的机械效率 $\eta_m = 0.7$，膨胀后压力 $p_1 = 98$kPa

　　图 3-19 示出克劳特空气液化循环中最佳膨胀机进气温度 T_3 和节流量 V_{th} 与高压压力 p_2 的关系曲线。作图条件与图 3-18 相同。

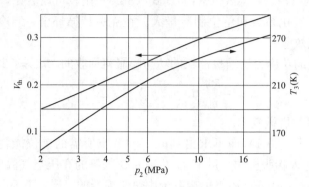

图 3-19　最佳膨胀机进气温度 T_3 和节流量 V_{th} 与高压压力 p_2 的关系曲线
热交换器 I、II 热端温差为 10K，跑冷损失 $q_3 = 8.37 \text{kJ/kg}$（加工空气），压缩机等温效率 $\eta_T = 0.6$，
膨胀机绝热效率 $\eta_s = 0.7$，膨胀机的机械效率 $\eta_m = 0.7$，膨胀后压力 $p_1 = 98 \text{kPa}$

3. 克劳特液化循环中热交换器的温度工况

　　选择克劳特液化循环参数时，不仅需要考虑循环的能量平衡，还需要满足热交换器正常换热工况的要求。正常换热工况是指在热交换器任一截面上热气体与冷气体之间的温差必须为正值，且温差分布比较合理，最小温差不低于某一定值（通常为 3～5K）。冷、热气体间的最小温差可能发生在热交换器的不同截面上，这取决于循环的流程和气体的热力性质。

　　热交换器的热量-温度图（$G\Delta h$-T 图）如图 3-20 所示，该图可以反映出气流沿热交换器不同截面的温度变化，也可以表示各截面上冷、热气流之间的温差。

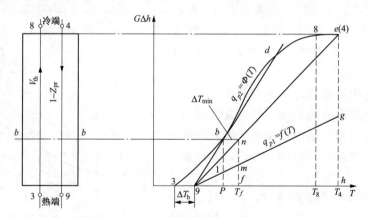

图 3-20　热交换器的 $G\Delta h$-T 图
G—流量，kg/kg（加工空气）；Δh—对应的流体焓差，kJ/kg

　　现在讨论影响热交换器温度工况的因素。图 3-20 中为克劳特循环的第 II 热交换器。p_2 压力的正流空气量为 $V_{th} \text{kg/kg}$（单位加工空气），进、出口温度为 T_3、T_8，在热交换器某一段正流空气的平均比热容为 c_{p2}；p_1 压力下的返流空气为 $(1-Z_{pr}) \text{kg/kg}$（单位加工空气），进、出口温度为 T_4、T_9，某一段反流气的平均比热容为 c_{p1}。若不考虑跑冷损失，在热交换器任一截面 b—b 一侧的热平衡方程式为

$$c_{p2}V_{th}(T_3 - T_{bp2}) = c_{p1}(1 - Z_{pr})(T_9 - T_{bp1}) \tag{3-42}$$

式中　T_{bp1}、T_{bp2}——b—b 截面上返流与正流空气的温度。

令

$$\beta = \frac{1 - Z_{pr}}{V_{th}} \; ; \; r_c = \frac{c_{p1}}{c_{p2}}$$

式（3-42）可转化为

$$T_3 - T_{bp2} = \beta r_c(T_9 - T_{bp1})$$

因而

$$T_{bp2} - T_{bp1} = T_3 - \beta r_c(T_9 - T_{bp1}) - T_{bp1} = (T_3 - T_9) + (1 - \beta r_c)(T_9 - T_{bp1})$$

$$\tag{3-43}$$

从式（3-43）中可以看出，热交换器任一截面的温差（$T_{bp2} - T_{bp1}$）与热端温差（$T_3 - T_9$），若从冷端列热平衡方程式则与冷端温差（$T_8 - T_4$）、气流流量比 β 及气流平均比热容比 r_c 有关，亦即和循环参数的选择有关。对于克劳特液化循环，由于部分加工空气 V_e 进入膨胀机，因而在气体分流后的热交换器Ⅱ中，正流空气流量减少，返流气与正流气流量比 β 值增大，可能出现正流空气过冷，使冷、热气流之间的温差减小。若循环参数选择不当，在 $G\Delta h$-T 图上就会出现某个局部温差小于设计所允许的最小温差，甚至出现"零温差"或"负温差"的现象。"负温差"在实际的热交换器中是不存在的，这只是表明热交换器的温度工况被破坏，已经不能正常的进行工作。因此在进行克劳特液化循环参数选择时，必须校核热交换器的温度工况。

热交换器中气流流量比的选择，实际上就是克劳特液化循环膨胀量的选择，是有一定范围的。下面讨论热交换器中流量比与气流间温差的关系。

如图 3-20 所示，在 $G\Delta h$-T 图上，以热交换器热端的焓值为基准，作为各为 1kg 的低压气体和高压气体换热量随温度而变的曲线 $q_{p1} = f(T)$ 和 $q_{p2} = \Phi(T)$。因为低压气体的比热容几乎不随温度变化，所以 $q_{p1} = f(T)$ 接近于一条直线；高压气体的比热容随温度变化，故 $q_{p2} = \Phi(T)$ 是一条曲线。图中 3、8、9 等点状态与图 3-17 上的相应位置相对应。T_3 和 T_9 间的距离就是热交换器热端温差 ΔT_h。在点 9 作 $q_{p2} = \Phi(T)$ 曲线的切线 $\overline{9d}$ 切点为 b。自点 b 做横坐标的垂线，与 $q_{p1} = f(T)$ 线交于 l。线段 $\overline{bP}$ 表示 1kg 高压气体从 T_3 冷却到 T_b 放出的热量；线段 $\overline{lP}$ 则表示 b—b 截面出现零温差时从 T_b 加热到 T_9 所吸收的热量。热交换器不计跑冷损失时，由 b—b 截面至热端一段的热平衡方程为

$$V_{th}\,\overline{bP} = (1 - Z_{pr})\,\overline{lP}$$

因此

$$\beta = \frac{1 - Z_{pr}}{V_{th}} = \frac{\overline{bP}}{\overline{lP}}$$

设计热交换器时，通常规定局部温差不低于允许的最小温差 ΔT_{min}。为此，由切点 b 向右做平行横坐标的线段，取 $bn = \Delta T_{min}$，得点 n；从点 n 引垂线 nf，则从热交换器 b—b 截面至热端一段高压气体放出的热量为 $V_{th}\overline{nf}$，低压气体吸收的热量为 $(1 - Z_{pr})\overline{mf}$，不计冷损时，则

$$\overline{nf}V_{th} = (1 - Z_{pr})\overline{mf}$$

所以

$$\beta = \frac{\overline{nf}}{\overline{mf}}$$

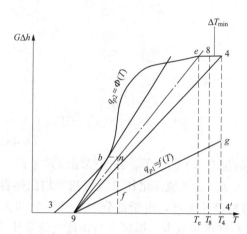

图 3-21 热交换器的 $G\Delta h$-T 图 ($T_e > T_8$)

连接点 9 与点 n，其延长线与过 $q_{p2} = \Phi(T)$ 曲线上的点 8 的水平线交于点 e，点 e 的温度即为 T_4。直线 $\overline{9e}$ 就表示热交换器中保证最小温差为 ΔT_{min} 时低压气体的 $q_{p1} = f(T)$ 线。$\overline{9e}$ 线与 $q_{p2} = \Phi(T)$ 曲线之间的水平线段即为热交换器各截面上的温差。

例如 $\overline{9n}$ 的延长线与 $q_{p2} = \Phi(T)$ 曲线的交点 e 在点 8 的左边，如图 3-21 所示。这时 $T_e > T_8$，即在冷端出现负温差。由此可见，热交换器的最小温差在冷端。在这种情况下求得 β 值，需从点 8 向右作平行于横坐标的线段。取 $\overline{84} = \Delta T_{min}$ 得点 4；过点 4 作垂线与 $q_{p1} = f(T)$ 直线交于点

g，则 $\beta = \overline{44'}/\overline{g4'}$。此时热交换器各截面的温差为 $\overline{94}$ 线与 $q_{p2} = \Phi(T)$ 曲线间水平线的距离。

用上述方法在 $G\Delta h$-T 图上图解求得 β 值，则有

$$Z_{pr} = 1 - \beta V_{th} = 1 - \beta(1 - V_e) \tag{3-44}$$

将上式代入式（3-39），经整理可得

$$V_e = \frac{\beta(h_{1'} - h_0) - (h_2 - h_0) - \sum q}{\beta(h_{1'} - h_0) - \Delta h_s \eta_s} \tag{3-45}$$

将求出的 V_e 再代入式（3-44），得到 Z_{pr}。

或者，将 $V_{th} = (1 - Z_{pr})/\beta$ 代入式（3-39），即可得

$$Z_{pr} = \frac{\beta(h_{1'} - h_0) + (\beta - 1)\Delta h_s \eta_s - \beta \sum q}{\beta(h_{1'} - h_0) - \Delta h_s \eta_s} \tag{3-46}$$

然后由 β 值求出 Z_{pr}，再求 V_e。

应指出，实际计算克劳特液化循环还要复杂一些，因为必需先确定最佳的膨胀前温度。为此需要绘制液化系数 Z_{pr} 和单位能耗 $w_{0,pr}$ 与不同膨胀前温度的特性曲线，根据这个曲线可以确定最佳膨胀前温度。

为了从式（3-39）和式（3-44）确定 Z_{pr} 及 V_{th}，需由 $G\Delta h$-T 图求出 β 值。现在采用克劳特循环的空气液化装置一般不设置第Ⅲ热交换器，其 $G\Delta h$-T 图如图 3-22 所示。$q_{p1} = f(T)$ 为 1kg 低压空气曲线；$q_{p2} = \Phi(T)$ 为 1kg 高压空气曲线。点 a 表示膨胀前空气状态（已知温度 T_a）。假设出热交换器Ⅱ的低压返流空气温度为 T_b（点 b），则在热交换器Ⅱ中 1kg 返流空气传出的冷量是 $q_0 = \overline{cd}$。为了使高压空气冷却到接近于返流空气的温度（通常取温差 5K），必须使低压返流空气量与高压空气量的比值等于 $\overline{de}/\overline{cd}$，即 $\beta = \overline{de}/\overline{cd}$ 或 $\beta = (1 - Z_{pr})/V_{th}$。求出 β 值后，就可从式（3-44）及式（3-45）算出 V_{th}（或 V_e）和 Z_{pr} 值。

由于返流空气离开热交换器Ⅱ的温度 T_b 未知，因此不得不先假定返流空气量等于全部

空气量进行上述初步计算。这样求出的 V_{th} 和 Z_{pr} 是第一次近似值。知道 Z_{pr} 后就能比较准确地确定 $q_{p1} = f(T)$ 直线的位置，重新求得 V_{th} 和 Z_{pr} 值，所得的值已有足够的准确度，不必进行第二次校正，详见例 3-3。

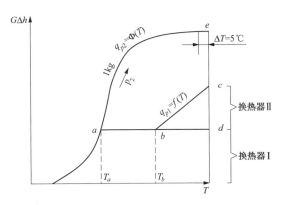

图 3-22　确定克劳特循环的节流空气量

克劳特空气液化循环应用于中、小型空分装置，一般压力范围为 $(1.5\sim4.0)\times10^3\,kPa$，采用活塞式或透平膨胀机，如国产 KFS-300 型、KFS-860 型、KF2-1800 型空分装置等。带有预冷的克劳特循环可使制冷量增大，单位能耗降低，由于冷量充足可以获得更多液态产品，一般用于生产液氧、液氮的装置。

例 3-3　试计算克劳特空气液化循环的实际液化系数及单位能耗，已知条件：高压压力 $p_2 = 6000\,kPa$；膨胀后的空气为干饱和蒸汽，压力 $p' = 600\,kPa$；低压压力 $p_1 = 100\,kPa$；环境温度 $T = 303\,K$，热交换器 I 热端温差 $\Delta T_h = 5\,K$；膨胀机绝热效率 $\eta_s = 0.65$，机械效率 $\eta_m = 0.8$；压缩机等温效率 $\eta_T = 0.6$；跑冷损失和不完全热交换损失之和 $\sum q = 11.5\,kJ/kg$（加工空气）。

解： 首先确定膨胀机前空气的温度 (T_3)。

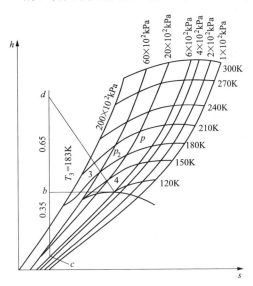

图 3-23　空气的 $h\text{-}s$ 图

为此，在空气的 $h\text{-}s$ 图上（如图 3-23 所示），从 $p' = 600\,kPa$ 的等压线与干饱和蒸汽线交点 4 引水平线，任意截取线段 $\overline{4b}$，过点 b 作 $\overline{4b}$ 的垂线，取线段 $\overline{bd}$ 使其符合 $\overline{bd}/\overline{bc} = \eta_s/(1-\eta_s) = 0.65/0.35$ 的关系。$\overline{4d}$ 线与 $p_2 = 6000\,kPa$ 的等压线交于 3 点，点 3 即为膨胀前的状态。由图求出膨胀前空气温度 $T_3 = 183\,K$。

在 $G\Delta h\text{-}T$ 图上作 $p_2 = 6000\,kPa$、1kg 空气的 $q_{p2} = \Phi(T)$ 曲线和 $p_1 = 100\,kPa$、1kg 空气的 $q_{p1} = f(T)$ 曲线，确定带膨胀机的中压循环节流空气量如图 3-24 所示。$q_{p1} = f(T)$ 线的冷端温度为返流压力下空气的饱和温度，等于 81.8K。

先按照保证高压空气与返流低压气体之间进行正常换热的条件确定通过热交换器的节流量 V_{th}。为此从 $T_3 = 183\,K$ 的点 a 作水平线 $\overline{am}$，显然线段比 $\overline{mn}/\overline{mk} = V_{th}/(1-Z_{pr})$。从图 3-24 求得 $\overline{mn}/\overline{mk} = 0.263$，即 $1 - Z_{pr} = V_{th}/0.263$；$Z_{pr} = 1 - 3.8V_{th}$。查空气的 $T\text{-}s$ 图求出膨胀机的实际焓降 $\eta_s\Delta h_s = h_3 - h_4 = 54.5\,kJ/kg$，$T = 303\,K$ 时的等温节流效应 $-\Delta h_T = h_{1'} - h_2 = 12\,kJ/kg$。

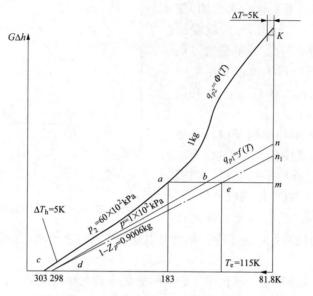

图 3-24 确定带膨胀机的中压循环节流空气量

按式（3-39）
$$Z_{pr} = \frac{-\Delta h_{T2} + V_e \Delta h_s \eta_s - \sum q}{h_{1'} - h_0}$$

可得
$$Z_{pr} = 1 - 3.8 V_{th} = \frac{12 + (1 - V_{th}) \times 54.5 - 11.5}{303 + 127}$$

其中，液空焓值 $h_0 = -127 \text{kJ/kg}$。

由上式解得，$V_{th} = 0.237 \text{kg/kg}$（加工空气），代入 V_{th} 可得：

$$Z_{pr} = 1 - 3.8 V_{th} = 1 - 3.8 \times 0.237 = 0.099\,44 \text{kg/kg（加工空气）}。$$

因为对于 1kg 的高压空气来说，实际的低压返流量是 $(1 - Z_{pr}) = 1 - 0.099\,4 = 0.900\,6 \text{kg}$，此低压返流线应该位于以 1kg 低压气体为基准的原始线 $q_{p1} = f(T)$ 的下面，所以对上面所求得的 Z_{pr} 值必须进行修正。为此，在图 3-24 上另作 $(1 - Z_{pr}) = 0.900\,6 \text{kg}$ 的 $q_{p1} = f(T)$ 直线，即 $\overline{ed}$。点 e 温度 $T_e = 115 \text{K}$；从点 e 作 $\overline{en_1}$ 平行于 $\overline{bn}$，修正后的流量比为

$$\beta = \frac{1 - Z_{pr}}{V_{th}} = \frac{\overline{km}}{\overline{n_1 m}} \approx 4.8$$

将以上数值代入式（3-39）
$$Z_{pr} = \frac{-\Delta h_{T2} + V_e \Delta h_s \eta_s - \sum q}{h_{1'} - h_0}$$

得
$$1 - 4.8 V_{th} = \frac{12 + (1 - V_{th}) \times 54.5 - 11.5}{303 + 127}$$

解得，$V_{th} = 0.187 \text{kg/kg}$（加工空气），因此有

$$Z_{pr} = 1 - 4.8 V_{th} = 1 - 4.8 \times 0.187 = 0.102\,4 \text{kg/kg}$$

所得 Z_{pr}，与第一次的相差约 3%，不需再次修正。

制取 1kg 液空的能耗为

$$w_{0,pr} = \frac{w_{pr}}{Z_{pr}} = \frac{RT \ln(p_2/p_1)}{\eta_T Z_{pr}} - \frac{(1 - V_{th}) \eta_s \Delta h_s \eta_m}{Z_{pr}}$$

$$= \frac{0.287 \times 303 \times \ln \frac{6000}{100}}{0.6 \times 0.102\,4} - \frac{1 - 0.187 \times 54.5 \times 0.8}{0.102\,4}$$

$$= 5449 \text{kJ/kg}$$

3.4.2　海兰德液化循环

从克劳特循环知，提高循环压力 p_2 可降低单位能耗；提高膨胀前温度，可增加绝热焓降和绝热效率。因此德国人海兰德在 1906 年提出了带高压膨胀机的气体液化循环即海兰德循环，实质上它是克劳特循环的一种特殊情况（如图 3-25 所示）。

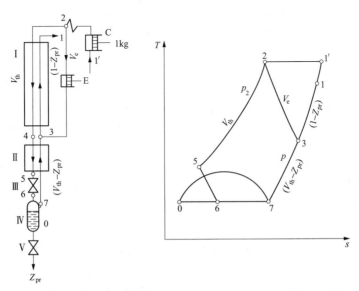

图 3-25　海兰德液化循环流程及 $T\text{-}s$ 图
C—压缩机；E—膨胀机；Ⅰ、Ⅱ—热交换器；Ⅲ—节流阀；Ⅳ—气液分离器；Ⅴ—放液阀

在海兰德循环中，空气压缩机 C 中被压缩至 $(16 \sim 20) \times 10^3 \text{kPa}$ 的较高压力，且一部分高压空气（V_e）不经预冷而直接进入膨胀机 E；另一部分（$V_{th} = 1 - V_e$）进入热交换器Ⅰ、Ⅱ冷却后节流产生液体。

海兰德循环的液化系数 Z_{pr} 单位制冷量 $q_{0,pr}$ 和功耗的计算公式与克劳特循环相似，见公式（3-39）～式(3-41)。确定海兰德循环最佳参数的方法亦和克劳特循环相类似。所不同的是海兰德循环进膨胀机空气的温度是室温，已经确定，故只需对高压压力 p_2 和膨胀量 V_e 进行热平衡和热交换器温差校核计算，即可确定最佳参数。

为了增加循环的液化系数，并使单位能耗降低，也可采用预冷，使进入膨胀机的气体温度降低。如液化空气时，预冷至 $2 \sim 4 \degree C$ 为宜。

海兰德循环通常用于生产液态产品的小型装置，如国产 11-800、11-80 型空分装置。

3.4.3　卡皮查液化循环

1937 年苏联的卡皮查实现了带有高效率透平膨胀机的低压液化循环，即卡皮查液化循环，其流程图及 $T\text{-}s$ 图见图 3-26。

空气在透平压缩机 C 中等温压缩到 $500 \sim 600 \text{kPa}$，经热交换器Ⅰ冷却到 T_3（点 3）后分为两部分，大部分空气进入透平膨胀机 TE 膨胀到 100kPa，温度降到 T_4（点 4），而后进

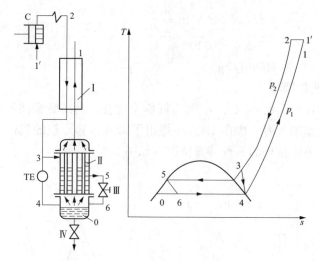

图 3-26　卡皮查液化循环流程图与 $T\text{-}s$ 图

C—压缩机；TE—膨胀机；Ⅰ—热交换器；Ⅱ—冷凝器；Ⅲ—节流阀；Ⅳ—放液阀

入冷凝器Ⅱ的管内并输出冷量，使由膨胀机 TE 前引入冷凝器Ⅱ管间的小部分压力为 $500\sim 600\mathrm{kPa}$ 的空气液化（点 5）。少部分空气经节流阀Ⅲ节流至 $100\mathrm{kPa}$，节流后产生的液体作为产品放出，其余饱和蒸汽同膨胀机 TE 出来的冷空气混合，经冷凝器Ⅱ和热交换器Ⅰ回收冷量后排出。

　　卡皮查循环亦是克劳特循环的一种特殊情况。其液化系数、单位制冷量和功耗的计算式与克劳特循环相似，参见式（3-39）～式（3-41）。卡皮查循环采用的压力较低，其等温节流效应与膨胀机绝热焓降均较小，循环的液化系数较低，一般不超过 6%。卡皮查低压循环所以能实现，是因为采用了绝热效率高的透平膨胀机（通常 η_s 可达 $0.8\sim 0.85$），以及采用了效率高的蓄冷器（或可逆式热交换器）进行换热并同时清除空气中的水分和二氧化碳。

　　卡皮查低压液化循环由于采用高效率的透平机械及杂质气体自清除原理，循环流程简单，单位功耗小，金属耗量及初投资降低，操作简便，曾广泛用于大、中型空分装置。

3.5　氦液化循环

　　1908 年荷兰卡麦林·昂奈斯采用液氮及液氢预冷的节流装置首次实现了氦的液化。氦具有很低的临界温度（5.201 4K），是最难液化的气体。氦气节流时的最高转化温度为 46K，仅在约 7K 以下节流才能产生液体。因此液化氦必须用液氮、液氢预冷，或者利用气体作外功的膨胀过程获得的冷量预冷。

　　液氦的标准沸点为 4.224K，在这样的低温下制取液氦消耗的能量很大。因此，提高循环的效率显得十分重要。

　　氦的气化潜热很小，标准大气压下只有 20.8kJ/kg，且液化温度与环境温度的温差很大，为了保证液体生产率，需要良好的绝热，以减少冷损。此外，在氦液化之前，所有气体杂质均已固化。因此，在液化流程中应设置工作可靠的纯化系统。氦液化过程具有的上述几个特点，在组织液化循环时需要考虑。

3.5.1　节流氦液化循环

在这种循环中不用氦膨胀机，使氦液化所需要的冷量由外部冷却剂（LN_2、LH_2 等）及返流的低压低温氦气提供，在最后一个冷却级采用节流过程，使氦降温液化。

图 3-27 所示为用液氮、液氢预冷的氦节流液化循环的流程图。由液氢槽以下的热交换器 V 和气液分离器 Ⅶ 等组成系统的热平衡得

$$Z_{pr} = \frac{(h_{10} - h_5) - q_3^{V+Ⅵ}}{h_{10} - h_0}$$

或

$$Z_{pr} = \frac{-\Delta h_{T5} - (q_2^V + q_3^{V+Ⅵ})}{h_{10'} - h_0} \tag{3-47}$$

式中　$-\Delta h_{T5} = h_{10'} - h_5$——预冷温度 T_5、p_{10} 下的等温节流效应；

$h_{10'}$——温度与 T_5 相同、压力为 p_{10} 的氦气的比焓值。

由式（3-47）可见，液化系数主要取决于 $-\Delta h_{T5}$ 及末级热交换器 V 的热端温差（即 q_2^V）。预冷温度 T_5 降低，则 $-\Delta h_{T5}$ 增大，Z_{pr} 提高。可用液氢槽抽真空的方法使预冷温度降低；但即使在负压液氢预冷下，氦节流效应也是较小的，因此末级热交换器的热端温差对液化系数的影响很大，稍微减小热端温差，液化系数就会明显地增加。

图 3-28 为理想换热时液化系数与压力和预冷温度的关系。从图可见，若将预冷温度从 20K 降到 14K，液化系数可增加两倍；当压力 $p \approx 3.2 \times 10^3\,kPa$ 时曲线存在峰值，液化系数最大。实际上，氦的工作压力通常取为 $(2.2 \times 10^3 \sim 2.5 \times 10^3)\,kPa$。这是由于在接近冷凝温

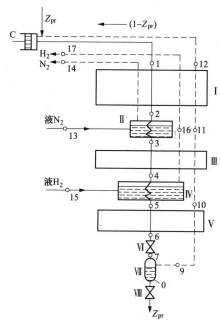

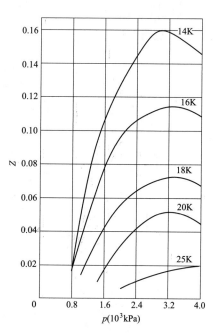

图 3-27　氦节流液化循环的流程图

C—压缩机；Ⅰ、Ⅲ、Ⅴ—热交换器；Ⅱ—液氮槽；
Ⅳ—液氢槽；Ⅵ—节流阀；Ⅶ—气液分离器；Ⅷ—放液阀

图 3-28　理想换热时液化系数与压力和
预冷温度的关系

度、压力超过 2.5×10^3 kPa 时，随着压力升高，氦比热容明显降低，热交换器冷端温差减小，热端温差增大，从而使液化系数降低。因此，最佳压力的选定与末级热交换器的热端温差也有关系。

3.5.2　带膨胀机的氦液化循环

1. 具有液氮预冷的克劳特氦液化循环

（1）循环的计算。1934 年，卡皮查首先实现了带膨胀机的氦液化循环。循环的原理流程如图 3-29 所示。这是一个包含液氮预冷、部分压缩氦在膨胀机中绝热膨胀制冷和通过节流阀降温液化三个冷却级的循环，工作压力一般为 $(2.5 \sim 3) \times 10^3$ kPa。由液氮槽以下热力系统热平衡可确定循环的液化系数。对于 1kg 加工氦气的热平衡方程为

$$h_3 + q_3^{\text{Ⅲ+Ⅳ+Ⅴ+Ⅵ}} = (1 - Z_{\text{pr}}) h_{10} + V_e (h_4 - h_8) + Z_{\text{pr}} h_0$$

则循环液化系数

$$Z_{\text{pr}} = \frac{(h_{10} - h_3) + V_e \Delta h_s \eta_s \eta_m - q_3^{\text{Ⅲ+Ⅳ+Ⅴ+Ⅵ}}}{h_{10} - h_0} \qquad (3\text{-}48)$$

也可由热交换器Ⅳ以下热力系统的热平衡求得 Z_{pr}，即

$$Z_{\text{pr}} = \frac{(1 - V_e)(h_8 - h_5) - q_3^{\text{Ⅴ+Ⅵ}}}{h_8 - h_0} \qquad (3\text{-}49)$$

计算液化系数时先要确定膨胀机进气量 V_e 或节流量 $V_{\text{th}} = (1 - V_e)$。$V_{\text{th}}$ 值必须同时满足系统热平衡和热交换器正常工况的要求。因此，根据循环参数作热交换器的 $G\Delta h\text{-}T$ 图，图解求得 $(1 - Z_{\text{pr}})/V_{\text{th}}$ 值，然后与式（3-48）联立求 Z_{pr} 和 V_e；或者直接从式（3-48）、式（3-49）联立求出 Z_{pr} 和 V_e，然后作热交换器的 $G\Delta h\text{-}T$ 图校核。如果 $G\Delta h\text{-}T$ 图出现负温差或局部温差小于一般设计所允许的最小温差，说明不能满足正常换热工况要求，应重新选择参数再进行计算；若温差太大，热交换器损失大，也应调整参数再进行计算。这样一直试凑到符合要求为止。

由热交换器Ⅰ′、Ⅱ′和液氮槽Ⅱ的热平衡可确定液氮耗量 m_{LN_2}：

$$m_{\text{LN}_2} = \frac{(h_1 - h_3) - (1 - Z_{\text{pr}})(h_{11} - h_{10}) + q_3^{\text{Ⅰ′+Ⅱ′+Ⅲ}}}{h_{14} - h_{12}}$$

$$(3\text{-}50)$$

循环的单位能耗：

$$w_{0,\text{pr,LHe}} = \frac{RT \ln(p_2/p_1)}{\eta_T Z_{\text{pr}}} + m_{\text{LN}_2} \frac{w_{0,\text{pr,LN}_2}}{Z_{\text{pr}}} - \frac{V_e \Delta h_s \eta_s \eta_m}{Z_{\text{pr}}}$$

$$(3\text{-}51)$$

式中　$w_{0,\text{pr,LN}_2}$ ——制取 1kg 液氮的功耗，kJ/kg 液氮。

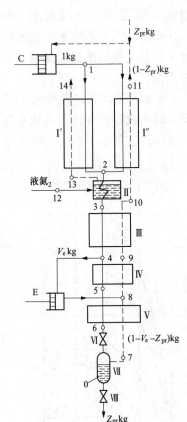

图 3-29　循环的原理流程

C—压缩机；E—膨胀机；
Ⅰ′、Ⅰ″、Ⅲ、Ⅳ、Ⅴ—热交换器；
Ⅱ—液氮槽；Ⅵ—节流阀；
Ⅶ—气液分离器；Ⅷ—放液阀

（2）参数选择。氦液化循环中有些参数受环境条件、设备条件及工艺水平等的影响，其数值是一定的，如氦气进液化器温度 T_1、低压压力 p、液氮槽压力 p_{12} 及机械效率等。另外一些参数根据综合因素，其数值按经验选取。例如，T_3 直接影响高压氦与液氮之间的传热温差，T_3 越低，温差越小，液氮槽传热面积越大；从换热效率和结构紧凑性综合考虑，对于常压蒸发的液氮槽一般选取 $T_3 = 80K$。为了充分利用液氮预冷效果，防止低温冷量移至高温区，一般取热交换器Ⅲ的热端温差 $\Delta T_{3\text{-}10} = 0.5K$。第一级热交换器（Ⅰ′、Ⅱ″）的热端温差决定着整个液化装置冷量回收的完善程度。对采用液氮预冷的循环，此热端温差影响液氮耗量。但是用价廉易得的液氮来补偿冷损，以减小换热面积，提高结构的紧凑性在经济上是合理的。故宁可温差取得稍大一点。一般取 $\Delta T_{1\text{-}11}$、$\Delta T_{1\text{-}14}$ 为 $7\sim10K$（绕管热交换器），对于紧凑式热交换器一般取 $3\sim4K$。还有一些参数，如高压压力 p_2、膨胀前温度 T_4 和末级热交换器Ⅴ热端温差 $\Delta T_{5\text{-}8}$，需通过预先计算确定。

图 3-30 示出用液氮预冷的克劳特氦液化循环系数 Z_{pr} 与高压氦气进入末级热交换器温度 T_5 之关系（$p_2 = 2.16 \times 10^3 kPa$）。

利用液氮预冷的克劳特氦液化循环，虽然效率不高，但其流程简单，没有液氢预冷（因而消除了使用液氢的危险性），故在中、小型氦液化装置上广泛应用。

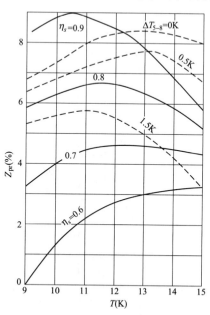

图 3-30 用液氮预冷的克劳特氦液化循环液化系数 Z_{pr} 与高压氦进入末级热交换器温度（T_5）的关系（$p_2 = 2.16 \times 10^3 kPa$）

2. 柯林斯氦液化循环

1946 年美国柯林斯首先提出了采用多级膨胀机和节流阀结合的氦液化循环，称柯林斯循环。图 3-31 为一种典型的具有两台膨胀机的柯林斯循环流程图。它有四个冷却级，其中温度最高的第一级由液氮预冷；温度最低的一级采用节流阀；其余为两台工作于不同温区的膨胀机。应指出，柯林斯循环不用液氮预冷同样也能生产液氦，但在通常情况下仍采用液氮预冷，以提高液化系数。

计算多级膨胀机循环时，必须合理地选择级数，确定每级的温度及膨胀机气量。假设在由多台膨胀机组成的氦液化循环中，氦气从常温 T_1 经 n 个温度为 T_{i-1}、T_i、T_{i+1} 等的冷却级冷到 T_e；每一级有 V_{ei} 的气量进入膨胀机，从氦气中带走 q_i 的热量。两个相邻冷却级 i 和 $i+1$ 如图 3-32 所示。在最末的冷却级，冷至 T。热交换器Ⅶ的一部分氦气 Z 被液化，并从循环中排出，而在各个膨胀机中膨胀的气体全部返回至压缩机。若压缩机将 $1kg$ 氦气从 p_1 压缩到 p_2，显然 $\sum\limits_{i=1}^{n} V_{ei} + Z = 1$，在任一 i 级，冷却所需的单位能耗可视为总能耗的一小部分，且正比于 V_e，即

$$w_{0i} = \frac{V_{ei}}{Z}\left[\frac{RT_1 \ln(p_2/p_1)}{\eta_T} - \Delta h_{si}\eta_{si}\eta_m\right] \tag{3-52}$$

式中 Δh_{si}——i 级膨胀机的等熵焓降；

  η_{si}——i 级膨胀机的绝热效率。

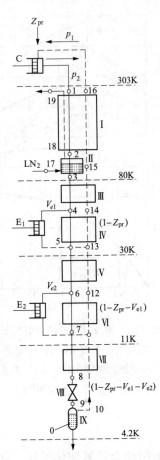

图 3-31 典型的具有两台膨胀机的柯林斯循环流程

C—压缩机；E_1、E_2—膨胀机；

Ⅰ、Ⅲ、Ⅳ、Ⅴ、Ⅵ、Ⅶ—热交换器；

Ⅱ—液氮槽；Ⅷ—节流阀；Ⅸ—气液分离器

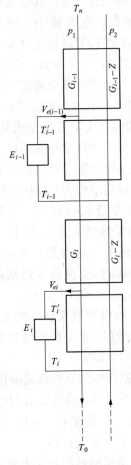

图 3-32 两相邻冷却级流程示意

E_{i-1}—第 i-1 级膨胀机；E_i—第 i 级膨胀机

假设氦气是理想气体，没有不完全热交换损失和跑冷损失，则循环中第 i 级能量平衡方程经整理可表示为

$$c_p V_{ei}(T'_i - T_i) = c_p Z(T_{i-1} - T_i) \tag{3-53}$$

式中 T'_i、T_i——第 i 级膨胀机的进出口温度。

氦气在膨胀机中等熵膨胀后的温度为

$$T_{si} = T'_i (p_2/p_1)^{\frac{\kappa-1}{\kappa}} \tag{3-54}$$

膨胀机的绝热效率为

$$\eta_{si} = (T'_i - T_i)/(T'_i - T_{si}) \tag{3-55}$$

从式（3-54）、式（3-55）中消去 T_{si} 可得

$$T'_i = \frac{T_i}{1 - \eta_{si}\left[1 - (p_2/p_1)^{\frac{\kappa-1}{\kappa}}\right]}$$

将 T'_i 代入式（3-53）中得

$$V_{ei}T_i\alpha_i = Z(T_{i-1} - T_i) \tag{3-56}$$

式中

$$\alpha_i = \frac{\eta_{si}\left[1 - (p_2/p_1)^{\frac{\kappa-1}{\kappa}}\right]}{1 - \eta_{si}\left[1 - (p_2/p_1)^{\frac{\kappa-1}{\kappa}}\right]} \tag{3-57}$$

α_i 为一无因次量，称为膨胀系数。

由式（3-56）可确定第 i 级膨胀机的膨胀量

$$V_{ei} = \frac{Z}{\alpha_i}\left(\frac{T_{i-1}}{T_i} - 1\right) \tag{3-58}$$

可见，V_{ei} 是液化系数 Z、膨胀系数 α_i 及相邻级温度比 T_{i-1}/T_i 的函数。

进入循环中 n 台膨胀机的总气量为

$$\sum_{i=1}^{n} V_{ei} = Z\sum_{i=1}^{n}(1/\alpha_i)\left(\frac{T_{i-1}}{T_i} - 1\right) \tag{3-59}$$

从式（3-52）知，每个冷却级的 w_{0i} 正比于 V_{ei}。可见在液化系数 Z 不变的情况下，当进入所有膨胀机的气量 $\sum_{i=1}^{n} V_{ei}$ 最小时则该循环所需的功耗最小。因此，在 T_n 至 T_0 之间每级提供冷量的温度 T_i 应保证在这些温度下 $\sum_{i=1}^{n} V_{ei}$ 为最小值。为此将式（3-59）逐项对 T_i 求导，并令其导数 $\partial\sum V_{ei}/\partial T_i = 0$，可得到一系列恒定比值 A

$$\frac{T_{i-1}}{T_i\alpha_i} = \frac{T_i}{T_{i+1}\alpha_{i+1}} = \cdots = A = 常数 \tag{3-60}$$

将上式中所有 n 项连乘可求得常数 A

$$A = \sqrt[n]{\frac{T_0}{T_n\alpha_1\alpha_2\cdots\alpha_n}} \tag{3-61}$$

由式（3-58）和式（3-61）可得到最佳条件下第 i 级膨胀机气量

$$V_{ei} = Z\left(\sqrt[n]{\frac{T_0}{T_n}}\frac{1}{\alpha_1\alpha_2\cdots\alpha_n} - \frac{1}{\alpha_i}\right) \tag{3-62}$$

为了确定膨胀机的出口温度，可将式（3-60）中最前面的 i 项连乘，得到

$$A^i = \frac{T_0}{T_i}\frac{1}{\alpha_1\alpha_2\cdots\alpha_i} \tag{3-63}$$

从式（3-61）和式（3-63）中消去常数 A，可求得每级膨胀机出口温度的方程式

$$T_i = \sqrt[n]{T_0^{n-i}T_n^i\frac{(\alpha_1\alpha_2\cdots\alpha_n)^i}{(\alpha_1\alpha_2\cdots\alpha_i)^n}} \tag{3-64}$$

如果所有膨胀机的膨胀比 p_2/p_1、绝热效率 η_{si} 都分别相同，则所有的 α_i 也相同，即 $\alpha = \alpha_1 = \alpha_2 = \cdots = \alpha_n$。这时

$$V_{ei} = V_{e(i-1)} = \frac{Z}{\alpha}\left(\sqrt[n]{\frac{T_0}{T_n}} - 1\right) \tag{3-65}$$

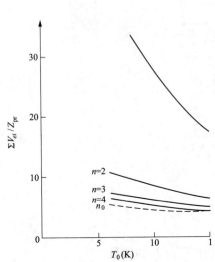

图 3-33 不同冷却终温 T_0 的膨胀机的
相对耗气量（$\sum V_{ei}/Z$）

$$T_i = \sqrt[n]{T_0^{n-i} T_n^i} \qquad (3\text{-}66)$$

由式（3-65）知，在使用多台膨胀机的液化循环中，当膨胀机的 η_s 相同时，最经济的情况是每台膨胀机的膨胀量相同；膨胀机的级数越多，其总气量 V_{ei} 与液化量 Z 之比 V_{ei}/Z 越小，循环的单位能耗则越低。图 3-33 绘出了计算得到的采用 1~4 台膨胀机制冷时，对于不同冷却终温 T_0 的膨胀机的相对耗气量（$\sum V_{ei}/Z$）。作图条件：氦气初温 $T_1 = 300K$，膨胀比 $p_2/p_1 = 20$，绝热效率 $\eta_s = 0.75$。由图可以看出：当 $n < 2$，即少于两台膨胀机时，$\sum V_{ei}/Z$ 很大，循环的经济性差；当 $n = 3$ 时，能耗指标下降到 2/3；当 $n = 4$ 时，能耗指标还可下降一些。再进一步增加膨胀机台数能耗指标下降很小，因此就没有必要了。图中还画出 $\sum V_{ei}/Z$ 为最小时膨胀机台数 n_0 的曲线（虚线）。该曲线表明，膨胀机最多可用四台，再增加台数时，则收效甚微。

应当指出，上述计算没有考虑不完全热交换损失和跑冷损失。计算时考虑这些损失取用的 α_i 值比按公式求得的计算值小 $10\% \sim 20\%$。

在实际的柯林斯氦液化循环中，第一级使用液氮预冷代替膨胀机，末级降温用节流阀实现，二者都起了与膨胀机相同的降温制冷作用。因此冷却级数 n 的含义不限于上述推导中所指的膨胀机台（级）数，还应包括液氮预冷、节流降温两种制冷方式。

必须指出，在较低温度下，氦气性质与理想气体相差甚大，所以按式（3-64）或式（3-66）确定末级冷却温度时误差较大。在实际的循环计算中，T_0 根据获得最佳液化系数所要求的进入末级热交换器热端的温度确定；T_n 为经液氮槽冷却的氦气温度，常压液氮预冷时能确定 $T_n = 80K$。

当确定了多级膨胀机液化循环的膨胀机台数及其工作温度后，可按下列步骤进行循环的热力计算：由末级热交换器热平衡计算循环的液化系数；在热交换器正常工作条件下，从每级的热量计算中求出进入任一级膨胀机的气量。

图 3-34 为多级膨胀机液化循环单级计算流程。图上标号与图 3-31 相对应。设加工氦气量为 1kg，进入上一温度级膨胀机的膨胀量为 V_{e1} kg，则（$1 - V_{e1}$）kg 为进入这级的氦气质量。q_3^i 为这一级的跑冷损失。

如图 3-34 所示，单级的热平衡方程

$$(1 - V_{e1}) h_5 + (1 - V_{e1} - V_{e2} - Z_{pr}) h_{11} + q_3^i$$
$$= (1 - V_{e1} - V_{e2}) h_7 + V_{e2}(h_6 - h_{11}) + (1 - V_{e1} - Z_{pr}) h_{13}$$

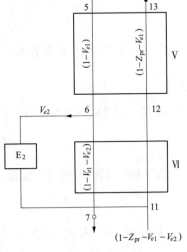

图 3-34 多级膨胀机液化循环
单级计算流程

E_2—膨胀机；Ⅴ、Ⅵ—热交换器

进 E_2 的膨胀量 V_{e2} 为

$$V_{e2}=\frac{(1-V_{e1})\left[(h_5-h_{13})+(h_{11}-h_7)\right]+Z_{\mathrm{pr}}(h_{13}-h_{11})+q_3^i}{h_6-h_7} \tag{3-67}$$

确定每一级膨胀机的膨胀量时必须保证每级分流后的热交换器正常工作，求返流量与正流量之比 β 值。对于图 3-34 所示单级计算流程

$$\beta=\frac{1-V_{e1}-Z_{\mathrm{pr}}}{1-V_{e1}-V_{e2}} \tag{3-68}$$

联立解式（3-67）和式（3-68），求出进 E_2 的膨胀量 V_{e2}。如果给出级的热端温度，能够直接对热交换器工况进行分析、校核，而不需在 $G\Delta h\text{-}T$ 图上进行图解计算。

3.5.3　其他类型的氦液化循环

1. 双压氦液化循环

随着氦液化设备的大型化，常采用在较低压力和较小膨胀比下工作的透平膨胀机，因此提出了双压氦液化循环。该循环的特点是将液化系统和膨胀机制冷系统分开。在液化系统内，为保证高液化系数仍采用较高压力；在制冷系统内仅需满足液化时所需的制冷量，故可采用较低压力。图 3-35 示出双压氦液化循环流程及 $T\text{-}s$ 图。经高压压缩机压缩到 $2.5\times10^3\mathrm{kPa}$ 的氦气，通过第一热交换器 I、液氮槽液氮槽及另外五个热交换器冷却后节流，部分氦气液化，大部分氦气返流复热后回低压压缩机 C_1。由低压压缩机 C_1 压缩至 $400\mathrm{kPa}$，一部分进入高压压缩机 C_2 继续压缩；另一部分经热交换器冷却到约 50K 后，其中 2/3 的气体进第一台透平膨胀机 TE_1，膨胀到 $120\mathrm{kPa}$、40K 与返流气汇合；其余气体经热交换器冷

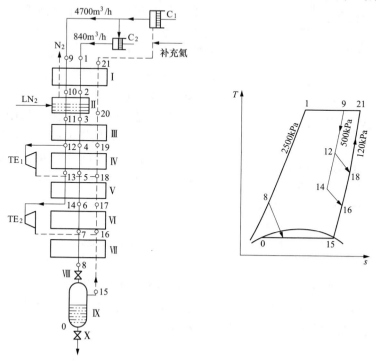

图 3-35　双压氦液化循环流程及 $T\text{-}s$ 图

C_1—低压压缩机；C_2—高压压缩机；TE_1、TE_2—透平膨胀机；

I、III、IV、V、VI、VII—热交换器；II—液氮槽；VIII—节流阀；IX—气液分离器；X—放液阀

却至 16K 后进入第二台透平膨胀机 TE₂ 膨胀到 120kPa、12K 与返流气汇合，复热后进低压压缩机 C₁。

采用双压循环可降低压缩机的功耗，而且减小了膨胀比，使透平膨胀机效率提高。

这种循环曾用于 250L/h 的氦液化器，制冷能力在 20K 时约为 3kW。目前世界上最大的氦液化装置（4900L/h）采用的就是由液氮和三台透平膨胀机预冷的双压液化循环。

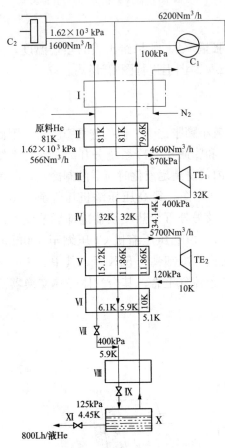

图 3-36 两级膨胀、两级节流
氦液化循环流程图

C₁—低压压缩机；C₂—高压压缩机；
Ⅰ、Ⅱ、Ⅲ、Ⅳ、Ⅴ、Ⅵ、Ⅷ—热交换器；
Ⅶ、Ⅸ—节流阀；TE₁、TE₂—透平膨胀机；
Ⅹ—气液分离器；Ⅺ—放液阀

2. 两级膨胀、两级节流氦液化循环

两级膨胀、两级节流氦液化循环也是一种双压循环，其流程如图 3-36 所示。这种循环与从天然气中提取氦气的装置联合，液氦生产能力可达到 800L/h。

由高压压缩机压缩到 1.62×10^3 kPa 的氦气，经过热交换器Ⅰ冷却后，与从提氦装置来的补充氦气汇合，通过热交换器Ⅱ～Ⅵ冷却到 6.1K。然后经第一次节流到 400kPa、温度为 5.9K，其中一半氦气经热交换器Ⅷ冷却到约 5.65K，第二次节流到 125kPa，部分氦气液化。未液化的氦气经热交换器Ⅷ、Ⅵ与透平膨胀机 TE₂ 来的气体汇合后，经热交换器Ⅴ～Ⅰ复热返回低压压缩机。

低压压缩机将氦气压缩至 870kPa，经热交换器Ⅰ、Ⅱ冷却后进第一台透平膨胀机 TE₁，膨胀到压力 400kPa、温度 32K，经热交换器Ⅳ冷却后与第一次节流后经热交换器Ⅵ、Ⅴ的另一半氦气汇合，进入第二台膨胀机 TE₂ 再次膨胀到 120kPa，温度达 10K，与第二次节流后未液化的气体汇合后经Ⅴ～Ⅰ复热返回低压压缩机。

采用两台串联使用的膨胀机，使膨胀比减小，达到较高的绝热效率；采用两级节流，可减少节流过程和热交换过程的不可逆损失，提高循环的热效率。

3. 附加制冷循环的氦液化循环

图 3-37 为附加制冷循环的氦液化循环。循环有两个各自独立的气体环路，右边是用液氮预冷的两台膨胀机的制冷循环；左边是用液氮和制冷环路预冷的节流液化循环。由于制冷循环与液化循环完全分开，故只有液化循环部分的氦气需进行纯化处理，可减小纯化设备的尺寸。林德公司的 20L/h 氦液化器中就应用了这种循环。

4. 带膨胀喷射器的氦液化循环

通常各种氦液化装置的节流液化机都采用节流阀来降温并产生液体。由于等焓节流过程的高度不可逆性，因而㶲损很大。在使用节流阀的情况下，压缩机的吸气压力必须等于（忽略热交换器流动阻力时）或小于液氦的蒸发压力。当需要液氦减压蒸发以得到 4.2K 以下的低温时，压缩机吸气压力将比大气压低得多，因此压缩机系统和热交换器的尺寸大大增加，压缩机的功耗也增大。另一方面，从液化装置放出的液氦通常是在常压下使用，因此要求液氦槽的压力一般不要高于120kPa。为满足上述要求，既提高返流压力使压缩机吸入压力增加到100kPa以上，又能获得更低的液化温度，在氦液化流程中可用膨胀喷射器代替节流阀。

带膨胀喷射器的氦液化循环最先应用于菲利浦10L/h氦液化器上，其原理流程如图3-38所示。循环中气流分为液化气路和制冷气路两部分。氦气经压缩机由250kPa压缩到2×10^3kPa，通过五个紧凑式热交换器Ⅰ～Ⅴ，其间还分别进入用作中间预冷的两台双级斯特林制冷机的四个冷头热交换器R_1～R_4，制冷温度分别为100、65、30K及15K；从气瓶X来的氦气压力为2×10^3kPa，其量相当于液化的氦气量，连续通过热交换器Ⅰ～Ⅴ。两股氦气出Ⅴ时的温度达到7K左右，汇合后进入膨胀喷射器j，膨胀到250kPa。膨胀后大部分气体返流通过各级热交换器以冷却两股高压氦气，复热后回到压缩机C；小部分氦气经热交换器Ⅵ进一步冷却到5.2K后，通过节流阀Ⅶ节流至110kPa，约有60%～70%的气体液化并输入液氦容器。未液化的氦气在Ⅵ中复热后，被膨胀喷射器j吸入，在混合室与主气流混合，并经扩压器增压到250kPa，再返流通过热交换器Ⅴ～Ⅰ回到压缩机。可见，由于使用喷射器j，低压气流压力从110kPa提高到250kPa。适当提高循环低压压力对减小压缩机、热交换器结构尺寸和降低功耗都有利。喷射器在1.8K、380W氦液化制冷设备上也已用到。

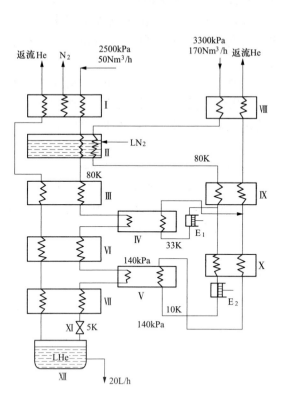

图 3-37 附加制冷循环的氦液化循环

E_1、E_2—膨胀机；

Ⅰ、Ⅲ、Ⅳ、Ⅴ、Ⅵ、Ⅶ、Ⅷ、Ⅸ、Ⅹ—热交换器；

Ⅱ—液氮槽；Ⅺ—节流阀；Ⅻ—液氦槽

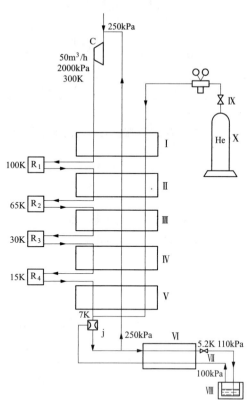

图 3-38 菲利浦氦液化器原理流程

C—压缩机；Ⅰ、Ⅱ、Ⅲ、Ⅳ、Ⅴ、Ⅵ—紧凑式热交换器；

R_1、R_2、R_3、R_4—斯特林制冷机冷头热交换器；

Ⅶ—节流阀；Ⅷ—液氦容器；Ⅸ—气阀；

Ⅹ—氦气瓶；j—膨胀喷射器

5. 采用两相膨胀机的氦液化循环

以氦为工质的膨胀机在两相区操作时，不像空气膨胀机那样效率显著降低和形成液击故障，这是由于进气缸的高压氦气的热容量比残留在缸内液氦的潜热要大得多。因此循环开始时，少量液氦的热影响不大。选择适当的配气机构及时将两相混合物排出，使残留的液氦量降至最低，就能避免液击现象。

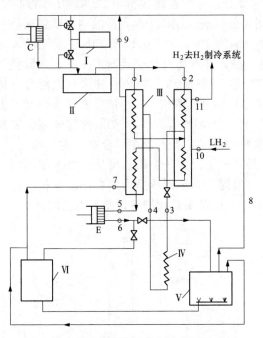

图 3-39 为美国阿贡实验室的 3.6m 气泡室超导磁体采用的带两相膨胀机的氦液化装置流程。经压缩机压缩至 3×10^3 kPa 的氦气通过用液氮冷却的纯化器后，分成两股分别进入氦-氦和氦-氢热交换器，经冷却后进入两相活塞膨胀机，膨胀后产生的气液混合物导入液氦杜瓦容器或超导磁体储槽。从液氦容器出来的低温氦气返回氦-氦热交换器低压侧，复热后回压缩机；少量氦气也可直接从液氦容器返回压缩机。在氦-氢热交换器中部抽出部分高压氦气流入磁体绝热防护屏，而后返回氦-氦热交换器低压侧。该流程的两相膨胀机采用一般往复活塞结构，转速为 300r/min，绝热效率为 55%。

美国低温技术公司在 60L/h 氦液化装置上对采用两相活塞膨胀机代替节流阀进行对比液化试验。结果表明，在压比为 18∶1、输入总功率为 86kW 时，用节流阀的液氦产量为 60L/h，相应制冷量为 180W（4.5K）；用两相膨胀机时产量增加到 80L/h，相应制冷量为

图 3-39 带两相膨胀机的氦液化装置流程
C—压缩机；E—膨胀机；Ⅰ—气柜；Ⅱ—纯化器；
Ⅲ—热交换器；Ⅳ—磁体绝热防护屏；
Ⅴ—磁体储槽；Ⅵ—液氦容器

250W（4.5K），即装置的液化能力提高了 33%，制冷能力提高了 38.8%。由此可见，用两相膨胀机代替节流阀，能明显增加液化量或制冷量，从而降低装置的单位能耗。

3.6 氢液化循环

氢的临界温度和转化温度低，气化潜热较大，是一种较难液化的气体。氢液化的理论最小功在所有气体中是最高的。未经催化转化所制得的液氢，在储存时自发地产生正-仲氢的转化，所放出的转化热使液氢大量蒸发而损失。因此，在液化过程中如何进行转化和合理地分布催化剂温度级，对液氢生产和储存都十分重要。氢是一种易燃易爆的气体；在液氢温度下，除氦以外所有杂质气体均已冻结，冻结形成的固体颗粒可能阻塞液化系统通道。因此，对原料氢必须进行严格纯化，纯化后的杂质总含量不大于 1ppm。

1898 年英国杜瓦首先利用负压液空预冷的一次节流循环使氢液化。几年之后，研究人员又在实验室通过一个简单的带预冷的林德—汉普顿循环系统实现了氢气的液化。到了 20 世纪初，研究人员又发明了更高效的氢气液化方法和系统，其中就包括了克劳特循环系统，

带预冷的克劳特循环系统和氦制冷系统。20 世纪 50
年代，随着石化工业和航空工业的迅猛发展，对于液
氢的需求带动了氢气液化工业的发展，一些大型的氢
气液化工厂逐渐建立起来。这些工厂大都采用了带预
冷的克劳特循环，先利用液氮将氢气预冷到 −193℃，
然后再用氢液化系统将氢气冷却到 −253℃，以此来
大规模生产液氢。

氢液化循环一般可分为三种类型，节流氢液化循
环、带膨胀机的氢液化循环及氦制冷氢液化循环，下
面分别进行讨论。

3.6.1　节流氢液化循环

氢的转化温度约为 204K，温度低于 80K 进行节
流才有较明显的制冷效应，当压力为 $10 \times 10^3 \mathrm{kPa}$，
50K 以下节流才能获得液氢。因此采用节流循环液化
氢时需借助外部冷源预冷。一般是用液氮进行预冷。

1. 一次节流氢液化循环

图 3-40 为一次节流氢液化循环流程图。压缩后的
氢气经热交换器 I、液氮槽 II、主热交换器 III 冷却，
节流后进入液氢槽 V；未液化的低压氢气返流复热后
回压缩机 C。

当生产液态仲氢时，若正常氢在液氢槽中一次催
化转化，则必须考虑释放的转化热引起液化量的
减少。

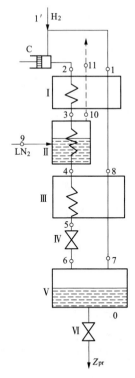

图 3-40　一次节流氢液化循环流程图
C—压缩机；I、III—热交换器；
II—液氮槽；IV—节流阀；
V—液氢槽；VI—放液阀

将图 3-40 中液氮槽以下部分作为系统进行能量平衡计算，可确定循环的液化系数

$$Z_{\mathrm{pr}} = \frac{(h_8 - h_4) - (q_3^{\mathrm{III}} + q_3^{\mathrm{IV}})}{(h_8 - h_0) + q_{\mathrm{cv}}(\xi_2 - \xi_1)} \tag{3-69}$$

式中　q_3^{III}、q_3^{IV}——热交换器 III、液氢槽 IV 的跑冷损失；

　　　　q_{cv}——转化热，与温度有关，可由表 3-4 和表 3-5 查得，当生产正常液氢时 q_{cv}
　　　　　　为零，kJ/kg；

　　　　ξ_1、ξ_2——转化前、后仲氢浓度；

　　　　h_0——正常液氢的焓值，kJ/kg。

由热交换器 I 和液氮槽 II 的热平衡可确定液氮消耗量为

$$m_{\mathrm{LN_2}} = \frac{(h_2 - h_4) - (1 - Z_{\mathrm{pr}})(h_1 - h_8) + q_3^{\mathrm{I}} + q_3^{\mathrm{II}}}{h_{11} - h_8} \tag{3-70}$$

图 3-41 示出当热端温差 $\Delta T_{2\text{-}1} = 3\mathrm{K}$ 时不同预冷温度（T_{p}）下液化系数与高压压力的关
系。由图 3-41 可见：高压压力为 $(12 \sim 14) \times 10^3 \mathrm{kPa}$ 时 Z_{pr} 值最大；预冷温度对 Z_{pr} 影响显
著。图 3-42 示出生产正常液氢和仲氢时一次节流氢液化循环的单位能耗。由图 3-42 可见，
随着压力的增加，单位能耗降低；压力相同时，制取仲态液氢的单位能耗较大。一次节流氢
液化循环简单可靠，但效率低，一般只用于小型设备。

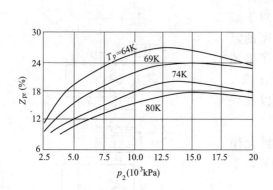

图 3-41 不同预冷温度下氢的液化
系数与高压压力的关系
（热端温差 $\Delta T_{2\text{-}1} = 3K$）

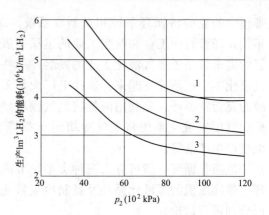

图 3-42 一次节流氢液化循环的单位能耗
1—95% p-Hz（在 20K 转化）；
2—95% p-Hz（在预冷温度下转化至 95% 的 p-Hz，
再在 20K 转化至 95% 的 p-Hz）；3—生产正常液氢

2. 二次节流氢液化循环

由于循环的单位制冷量随压差的增大而增加，而压缩气体的能耗随压比的增大而增加，因此，为节省能耗，在循环中保持大压差及小压比是有利的。具有中间压力的二次节流循环较之一次节流循环有较好的经济性，原因就在于此。

图 3-43 示出二次节流氢液化循环原理流程及单位能耗与高压压力（p_2）、中间压力

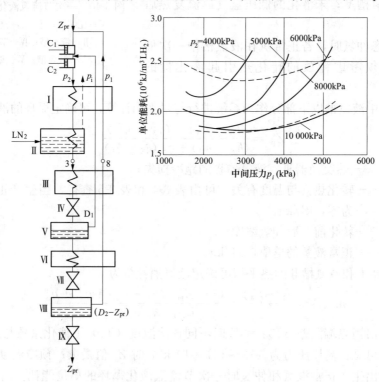

图 3-43 二次节流氢液化循环原理流程及单位能耗同高压压力 p_2、中压压力 p_i 的关系
（$q_3 = 0$、$\Delta T_{3\text{-}8} = 1K$、预冷温度 $T_3 = 65K$）
C_1—低压压缩机；C_2—高压压缩机；I、III、VI—热交换器；II—液氮槽；IV、VII—节流阀；V、VIII—液氢槽；IX—放液阀

（p_i）的关系。高压氢气经热交换器 I、液氮槽 II、热交换器 III，节流至中间压力进入容器 V。大部分中压氢气返流复热至常温后回高压压缩机 C_2；比实际液化量稍多的液氢经热交换器 VI 过冷后，再次节流至低压进入液氢槽 VIII。图中的能耗曲线是在 $q_3 = 0$、$\Delta T_{3\text{-}8} = 1K$、预冷温度 $T_3 = 65K$ 条件下做出的。由图可见：在 $p_i \approx p_2/2$ 情况下，p_i 为 $(2\sim4)\times10^3 kPa$ 时能耗最小；p_2 增加到超过 $8\times10^3 kPa$ 时能耗降低很少。

3.6.2　带膨胀机的氢液化循环

1. 有液氮预冷的克劳特氢液化循环

该循环如图 3-44 所示。经压缩的氢气在热交换器 I、液氮槽 II 中冷却后分成两路，一路进入膨胀机 E，膨胀后与低压返流气汇合，复热后返回压缩机 C 入口；另一路经热交换器 III 和 IV 进一步冷却后节流进入液氢槽 VI，未液化的气体返流经各热交换器复热后回压缩机 C。

膨胀机进气量由保证热交换器正常工作条件来确定，由于氢的比热容随温度和压力而变化比较剧烈，因此必须校核热交换器的温度工况。

图 3-45 表示出这种循环单位能耗同膨胀前温度和高压压力的关系。单位能耗随压力 p_2 的增加而降低；当 p_2 超过 $5\times10^3 kPa$ 时，单位能耗随压力增加而降低的趋势变缓。降低膨胀前温度能提高液化系数，使单位能耗减少；但过分降低膨胀前温度会使膨胀后出现液体。图中虚线下面的部分表示已进入两相区。

2. 带膨胀机的双压循环

带膨胀机的双压循环是在前述的二次节流循环中用一台膨胀机代替第一个节流阀而构成。由于做外功的膨胀过程不可逆损失较小，且获得更多冷量，因而提高了循环的液化系数，并使单位液化能耗减小。图 3-46 所示为该循环的流程图及 $T\text{-}s$ 图。压缩后的氢气经热交换

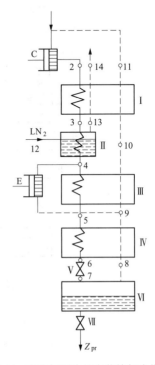

图 3-44　有液氮预冷的克劳特氢液化循环
C—压缩机；E—膨胀机；
I、III、IV—热交换器；II—液氮槽；
V—节流阀；VI—液氢槽；VII—放液阀

器 I、液氮槽 II 和热交换器 III 冷却后分为两路，部分氢气在膨胀机 E 中膨胀至中间压力，

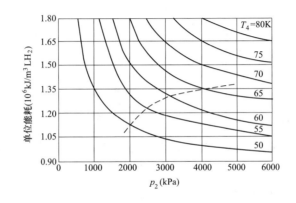

图 3-45　有液氮预冷的克劳特氢液化循环单位能耗同膨胀前温度和高压压力的关系

返流复热后回高压压缩机 C_2；另一部分氢气在热交换器Ⅳ中进一步冷却并经节流进入液氢槽Ⅵ，未液化的低压氢气返流复热后回低压压缩机 C_1。

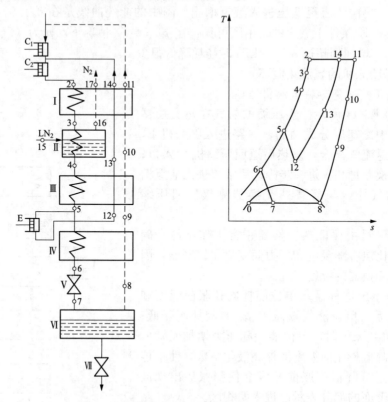

图 3-46　带膨胀机的双压循环流程图及 $T\text{-}s$ 图

C_1、C_2—压缩机；E—膨胀机；Ⅰ、Ⅲ、Ⅳ—热交换器；Ⅱ—液氮槽；
Ⅴ—节流阀；Ⅵ—液氢槽；Ⅶ—放液阀

图 3-47 为带膨胀机的双压循环在不同膨胀前温度下单位能耗与中间压力的关系。图中曲线是在高压压力为 $10 \times 10^3 \mathrm{kPa}$、预冷温度 T_4 为 65K 条件下做出，其中虚线表示制取 $95\% p\text{-}H_2$ 时的能耗，正仲转化是在 20K 下由 $58\% p\text{-}H_2$ 转化至 95% 的 $p\text{-}H_2$。将图 3-47 和图 3-43 比较可以看出，带膨胀机的双压循环单位能耗比二次节流循环低，而且中间压力的影响比较大，当中间压力为 $3 \times 10^3 \mathrm{kPa}$ 时能耗最小。

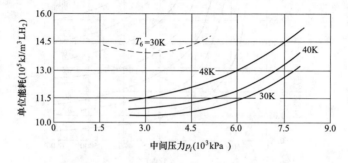

图 3-47　双压循环在不同膨胀前温度下单位能耗与中间压力的关系

（高压压力为 $10 \times 10^3 \mathrm{kPa}$、预冷温度 T_4 为 65K）

3. 带透平膨胀机的大型氢液化循环

图 3-48 为日产量 30t 液氢的带透平膨胀机的大型氢液化循环流程。此流程由原料氢液化循环（压力约 4×10^3 kPa）和带透平膨胀机的双压氢制冷循环组成，并采用在常压 100kPa 及负压 13kPa 下蒸发的液氮进行两级温度（80K 和 65K）的预冷。

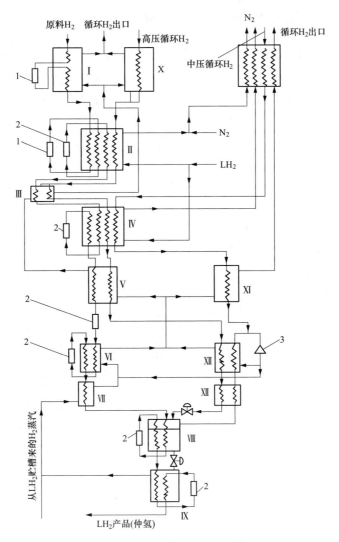

图 3-48　带透平膨胀机的大型氢液化循环流程

1—吸附器；2—催化转化器；3—透平膨胀机；Ⅰ～Ⅷ—热交换器

循环中大部分的冷量由液氮和低温氮气供给；液氮温度以下的冷量由中压氢循环（压力约为 700kPa）的氢透平膨胀机和高压氢循环（压力约为 4.5×10^3 kPa）的两级节流提供。

原料氢在液化过程中经过六个不同温度级进行正-仲氢的催化转化，产品液氢中仲氢浓度大于 95%。生产每千克液氢的能耗约为 20kW·h。

总体来说，从 20 世纪 50 年代至今，几乎所有的大型氢液化装置都采用了改进型带预冷的克劳特系统。目前运行的氢液化装置㶲效率普遍较低，仅为 20%～30%。氢液化系统能耗、投资成本的降低依赖于流程的创新，自 1998 年以来研究者提出了一些高效的概念性氢液化流程，㶲效率可达 $40\%\sim50\%$，同时流程的创新对氢液化设备也提出了更高的要求。

3.6.3　氦制冷氢液化循环

这类循环是用氦作为制冷工质，在带膨胀机的氦制冷循环或斯特林循环的制冷机中获得能使氢冷凝的温度，通过表面换热使氢液化。

图 3-49 为氦制冷氢液化循环流程图及特性曲线。压缩到 $(1\sim2)\times10^3\,kPa$ 的氦气经热交换器Ⅰ、液氮槽Ⅱ及热交换器Ⅲ冷却后，在膨胀机 E 中膨胀降至能使氢冷凝的温度，然后经冷凝器Ⅶ、热交换器Ⅲ和Ⅰ复热后返回氦压缩机。原料氢通过热交换器Ⅳ、液氮槽Ⅴ、热交换器Ⅵ冷却后在冷凝器Ⅶ中被氦气冷凝，并节流进入液氢槽Ⅸ，未液化的氢气复热后返回氢压缩机 C_2。由图 3-49 中循环特性曲线可知，下面三条曲线（正常液氢）比较靠近，说明氦气压力对生产正常液氢的单位能耗影响不大；氢的压力在 $(0.3\sim1)\times10^3\,kPa$ 时，曲线较平直，表明在此压力范围内单位能耗几乎与氢压力无关。生产液态仲氢时单位能耗（上面一条曲线）比生产正常液氢要增加 50% 左右，而大多数循环中前者比后者只增加 $20\%\sim25\%$。

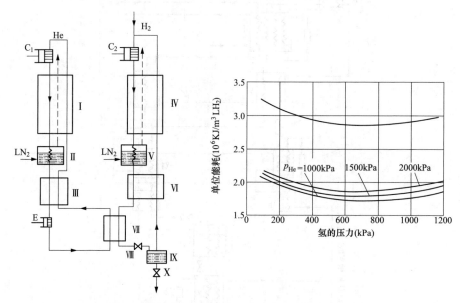

图 3-49　氦制冷氢液化循环流程及特性曲线

C_1—氦压缩机；C_2—氢压缩机；E—膨胀机；

Ⅰ、Ⅲ、Ⅳ、Ⅵ、Ⅶ—热交换器；Ⅱ、Ⅴ—液氮槽；Ⅷ—节流阀；Ⅸ—液氢槽；Ⅹ—放液阀

3.7　甲烷及天然气液化循环

天然气中甲烷的含量通常在 80% 以上，经预处理后甲烷的含量进一步提高，因此天然气的性质与甲烷相近。由于天然气的产地往往不在工业或人口集中地区，特别是海上天然气的开发，必须解决输送及储存问题。以甲烷为主的天然气液化后的体积约为原来的 $1/625$。因此，将天然气液化是大量储存和远距离运输的一种主要手段。

天然气的主要成分甲烷的临界温度为 $190.58K$，故在常温下，无法仅靠加压将其液化。

通常的液化天然气多储存在温度为 112K、压力为 0.1MPa 左右的低温储罐内。天然气液化及储运技术于 20 世纪初就已提出，但直到 20 世纪 40 年代才建成世界上第一套工业规模的天然气液化装置，其液化能力为每天 $8.5 \times 10^3 \, m^3$（标准状态下）。1964 年，世界上第一座 LNG 工厂在阿尔及利亚建成投产。同年，第一艘载着 1.2 万 t LNG 的船驶向英国，标志着世界 LNG 贸易的开始。此后，随着能源需要量的不断增加，LNG 技术有了很大发展，目前已经形成一套包括天然气前处理、液化、储存、运输、接收、再汽化（冷能利用）等过程的 LNG 工业链。

天然气液化循环主要有三种类型：①复叠式制冷液化循环（或称"逐级式""阶式"循环）；②混合制冷剂液化循环；③带膨胀机的液化循环。

3.7.1 复叠式制冷天然气液化循环

复叠式制冷的液化循环是一种常规循环，它由若干个在不同低温下工作的蒸汽压缩制冷循环复叠组成。对于天然气的液化，一般是由丙烷、乙烯和甲烷为制冷剂的三个制冷循环复叠而成，来提供天然气液化所需的冷量，它们的制冷温度分别为 -45、$-100℃$ 及 $-160℃$。该循环的原理流程如图 3-50 所示。净化后的原料天然气在三个制冷循环的冷却器中逐级地被冷却、冷凝液化并过冷，最后用低温泵将液化天然气（LNG）送入储槽。

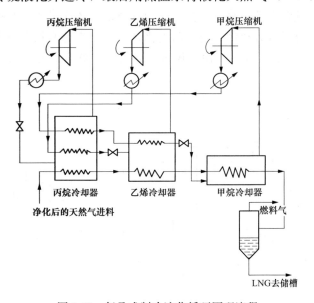

图 3-50　复叠式制冷液化循环原理流程

复叠式液化循环属于蒸气压缩制冷循环，是目前效率最高的一种天然气液化循环，此外，制冷循环与天然气液化系统各自独立，相互影响少，操作稳定。但由于该循环流程复杂、机组多，要有生产和储存各种制冷剂的设备，各制冷循环系统间不能有任何渗透，管道及控制系统复杂，维修不方便，且不适用于含氮量较多的天然气，因此从 1970 年后这种循环在天然气液化装置上已很少应用。

3.7.2 混合制冷剂天然气液化循环

混合制冷剂液化循环是 20 世纪 60 年代末期由复叠式液化循环演化而来的。它采用一种多组分混合物作为制冷剂，代替复叠式液化循环中的多种纯组分制冷剂。混合制冷剂一般是

$C_1 \sim C_5$ 的碳氢化合物和氮等五种以上组分的混合物，其组成根据原料气的组成和压力而定。混合制冷剂的大致组成列于表 3-8 中。工作时利用多组分混合物中重组分先冷凝、轻组分后冷凝的特性，将它们依次冷凝、节流、蒸发得到不同温度级的冷量，根据混合制冷剂是否与原料天然气相混合，分为闭式和开式两类循环。

表 3-8　　　　　　　　　　　混合制冷剂的大致组成

组　分	氮	甲烷	乙烯	丙烷	丁烷	戊烷
体　积（％）	0～3	20～32	34～44	12～20	8～15	3～8

1. 混合制冷剂闭式液化循环

混合制冷剂闭式液化循环流程如图 3-51 所示。制冷剂循环与天然气液化过程分开，自成一个独立的制冷系统。被压缩机压缩的混合制冷剂，经水冷却后使重烃液化，在分离器 1 中进行气液分离，液体在热交换器 I 中过冷后，经节流并与返流的制冷剂混合，在热交换器 I 中冷却原料气和其他液体；气体在热交换器 I 中继续冷却并部分液化后进入分离器 2。经气、液分离后进入下一级热交换器 II，重复上述过程。最后在分离器 3 中的气体主要是低沸点组分氮和甲烷，它经节流并在热交换器 IV 中使液化天然气过冷，然后经各热交换器复热返回压缩机。原料天然气经冷却并除去水分和二氧化碳后，依次进入热交换器 I、II 和 III 被逐级冷却。热交换器间有气液分离器，将冷凝的液体分出。在热交换器 III 中原料气冷凝后经节流进入分离器 6。液化天然气经热交换器 IV 过冷后输出；节流后的蒸汽依次经热交换器 IV～I 复热后流出装置。

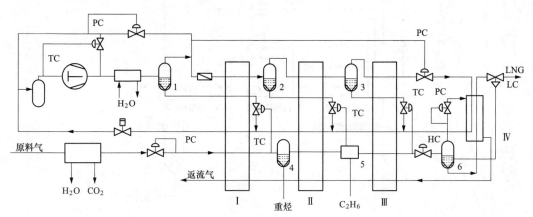

图 3-51　混合制冷剂闭式液化循环流程
TC—温度控制器；PC—压力控制；LC—液面控制；HC—手动遥控；I、II、III、IV—热交换器

2. 混合制冷剂开式液化循环

混合制冷剂开式液化循环的特点是混合制冷剂和原料气混合在一起，天然气既是制冷剂又是需要液化的对象，其流程如图 3-52 所示。原料天然气经冷却并除去水分和二氧化碳后与混合制冷剂混合，依次流过各级换热器及气液分离器，在天然气逐步冷凝的同时，也把所需的制冷剂组分逐一地冷凝分离出来，然后又按沸点的高低将这些冷凝组分逐级蒸发汇集一

起构成一个制冷循环。循环开始运行时，可利用各段的分凝液及时地补充循环制冷剂，免去供启动、停机时存放混合制冷剂的储罐，但其启动时间较长，且操作较困难，因此是一种尚待完善的循环。为了降低能耗，出现了一些改进型的混合制冷剂液化循环，例如丙烷预冷混合制冷剂液化循环和整体结合型复叠式液化循环。

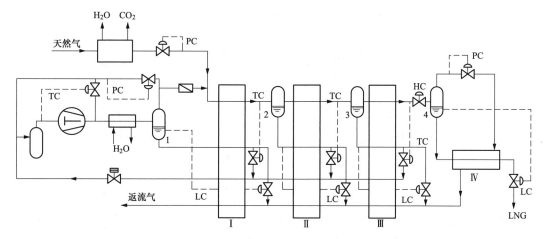

图 3-52　混合制冷剂开式液化循环流程图

TC—温度控制器；PC—压力控制；LC—液面控制；HC—手动遥控；Ⅰ、Ⅱ、Ⅲ、Ⅳ—热交换器

同复叠式液化循环相比，采用混合制冷剂循环的液化装置具有机组设备少、流程简单、投资较少、操作管理方便等优点。同时，混合制冷剂中各组分一般可部分地甚至全部的从天然气本身提取和补充，因而没有提供纯制冷剂的困难，且纯度要求也没有复叠式液化循环那样严格。其缺点是能耗比复叠式液化循环高出 $15\%\sim20\%$，混合制冷剂循环对混合制冷剂各组分的配比要求非常严格，流程设计计算相对较困难。

3.7.3　采用膨胀机制冷天然气液化循环

采用膨胀机制冷的天然气液化循环是利用气体在膨胀机中绝热膨胀来提供天然气液化所需的冷量。图 3-53 为直接膨胀循环流程图，输气管道内天然气在膨胀机中膨胀制取冷量，使部分天然气冷却后节流液化，循环的液化系数主要取决于膨胀机的膨胀比，一般为 $7\%\sim15\%$。这种循环特别适用于管线压力高，而实际使用压力较低、中间需要降压的地方，其突出的优点是能充分利用天然气在输气管道的压力膨胀制冷，做到几乎不需要电耗。此外，还具有流程简单、设备少、操作及维护方便等优点。因此，这种循环得到快速的发展。在这种液化装置中，天然气膨胀机十分关键，因为膨胀过程中天然气中的一些沸点高的组分将会冷凝，致使膨胀机在带液工况下运行，这要求膨胀机要有特殊的结构。目前国外多家公司已制造出天然气带液膨胀机。美国在 1972 年已出现了膨胀量为 53 万 m^3/h（标准状态下）的大型天然气透平膨胀机，膨胀机出口含液量达 15%。

3.7.4　天然气液化装置

目前，天然气液化装置按其使用情况可分为基本负荷型和调峰型两类。

1. 基本负荷型液化装置

这类液化装置生产的液化天然气主要是供远离气源的地区使用或作为外运出口。基本负荷型液化装置的液化和储运是连续进行的，其液化能力一般在每天 $10^6 m^3$（标准状态下）以

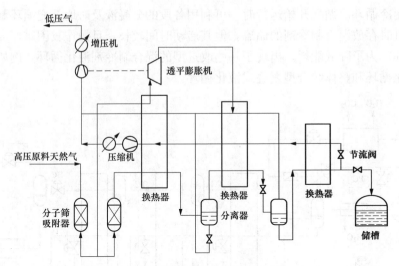

图 3-53　直接膨胀循环流程图

上，储存容量则根据运输能力而定。这类装置除建造在陆上气田附近外，还可建成规模较小的移动式装置，即安装在槽船上，直接液化海上气田开采的天然气。

基本负荷型天然气液化装置包括预处理装置、液化装置、储存系统、控制系统、装卸设备及消防安全系统等，设备较多，规模较大。20 世纪 60 年代基本负荷型天然气液化装置主要采用复叠式液化循环，到 20 世纪 70 年代开始采用流程大为简化的混合制冷剂液化循环，现在多采用丙烷预冷混合制冷剂液化循环。

2. 调峰型液化装置

调峰型液化装置是指调节高峰负荷、事故检修调峰用或专为冬季供应燃料的天然气液化装置。调峰型液化装置同样具有预处理、液化、储存及再汽化等设备，其特点是装置的液化能力较小，而储存能力相对较大。通常它是按季节周期地运行，将低谷负荷时系统中过剩的天然气液化并储存起来，待到高峰时或紧急情况下再快速气化以供使用。调峰型天然气液化装置一般远离天然气产地，而设立在大城市附近，根据它的特点，要求液化流程简单，设备少、投资小。调峰型液化装置多采用带膨胀机的液化循环，典型的流程有采用天然气直接膨胀液化循环的调峰型液化装置、采用氮膨胀液化循环的调峰型液化装置和采用氮-甲烷膨胀液化循化的调峰型液化装置。

第 4 章 气体精馏原理及设备

4.1 溶液热力学基础

4.1.1 溶液、溶液的成分、溶解度

溶液热力学为热力学的一个分支，它主要研究溶液的热力学性质和基本定律、溶液的相平衡与热力过程等。在低温技术中会经常遇到与溶液有关的一些问题。

由两个及两个以上的组分组成的均一、稳定的混合物称为溶液。溶液包括气体溶液、液体溶液和固体溶液，其中液体溶液可以部分地蒸发成蒸气，其中的某些组分也可凝成固体，因而也可以组成多相系统。

液体溶液可由下述方法生成：①两液体混合，例如把乙醇加入水中；②固体溶解于液体，如固体乙炔溶解于液氧；③气体溶解于液体，如甲烷溶解于液体轻烃中等。有时将溶液的组分区分为溶剂和溶质，习惯上称占较大比例的组分为溶剂、占较少比例的组分为溶质。溶液并非溶质和溶剂简单的机械混合物，它们的组成比较复杂，除了溶质和溶剂之外，还有溶质和溶剂所形成的组成不确定的溶剂合物。

根据溶液中组分的多少，可将溶液分成二元溶液与多元溶液。如果溶液系由两种化学成分及物理性质不同的纯物质组成，就称为二元溶液，如氨水溶液。液化天然气及石油气系由三种以上物质（主要为碳氢化合物）组成多元溶液。

为了说明一个溶液的组成，必须给出它的成分份额，通常用质量分数和摩尔分数两种方法表示。

1. 质量分数

对于二元溶液如用 ξ_1 和 ξ_2 分别表示两种组分的质量分数，用 m_1 和 m_2 分别表示它们的质量

$$m_1 + m_2 = m \tag{4-1}$$

$$\xi_1 = \frac{m_1}{m} = \frac{m_1}{m_1 + m_2} \tag{4-2}$$

$$\xi_2 = \frac{m_2}{m} = \frac{m_2}{m_1 + m_2} \tag{4-3}$$

$$\xi_1 + \xi_2 = 1 \tag{4-4}$$

对于二元溶液只要知道其中一种组分的质量分数，就可以确定另一种组分的质量分数。为了方便起见，可用 ξ 表示第二个组分的质量分数，这样第一个组分的质量分数就为 $1-\xi$。所以对于二元溶液

$$1 - \xi = \frac{m_1}{m}, \ \xi = \frac{m_2}{m} \tag{4-5}$$

2. 摩尔分数

若以 M 表示分子量，$n = m/M$ 表示摩尔数，x 表示摩尔分数，则

$$n_1 + n_2 = n \tag{4-6}$$

$$x_1 = \frac{n_1}{n} = \frac{n_1}{n_1 + n_2} \tag{4-7}$$

$$x_2 = \frac{n_2}{n} = \frac{n_2}{n_1 + n_2} \tag{4-8}$$

$$x_1 + x_2 = 1 \tag{4-9}$$

和质量分数一样，用 x 表示第二组分的摩尔分数，则 $1-x$ 为第一组分的摩尔分数

$$1 - x = \frac{n_1}{n}, \quad x = \frac{n_2}{n} \tag{4-10}$$

质量分数和摩尔分数之间的换算关系为

$$\left. \begin{array}{c} x = \dfrac{\dfrac{\xi}{M_2}}{\dfrac{1-\xi}{M_1} + \dfrac{\xi}{M_2}} \\[4mm] \xi = \dfrac{xM_2}{(1-x)M_1 + xM_2} \end{array} \right\} \tag{4-11}$$

对于多元溶液，第 i 组分的质量分数和摩尔分数的换算关系为

$$\left. \begin{array}{c} x_i = \dfrac{\dfrac{\xi_i}{M_i}}{\dfrac{\xi_1}{M_1} + \dfrac{\xi_2}{M_2} + \cdots + \dfrac{\xi_n}{M_n}} \\[4mm] \xi = \dfrac{x_i M_i}{x_1 M_1 + x_2 M_2 + \cdots + x_n M_n} \end{array} \right\} \tag{4-12}$$

3. 溶解度

不同物质相互之间的溶解性（即溶解的难易程度）是大不相同的，一般可分成三类：
①完全互溶；②部分互溶；③完全不互溶。例如，水银和水、水和苯等都是真正互不溶解；
氟利昂和水实际上互不溶解，形成非均匀混合物。在常温下，石炭酸和水是部分互溶的两种
液体，但当温度高于 68.8℃时，它们转化成完全互溶的液体。液氧和液氮、水和酒精可以
任意比例溶解，形成均匀溶液。

部分互溶的物质，当单位时间里溶质扩散到溶液里的分子数和回到溶质表面的分子数相
等时，这种状态称为溶解平衡，在一定温度下，达到溶解平衡的溶液，称为饱和溶液。在一
定温度下，某溶质在一定量溶剂里达到平衡状态的量称为这种溶质在该溶剂里的溶解度。如
果不指明溶剂，通常所说的溶解度就是溶质在水里的溶解度。一种物质在另一种物质中的
可溶性随物质的性质、温度与压力而变化。大多数固体物质的溶解度随温度的升高而增
大，也有少数固体物质的溶解度受温度的影响不大（如氯化钠），甚至有个别物质的溶解
度随温度的升高而减少（如氢氧化钙）。气体的溶解度随温度的升高而减小，而随压力的
提高而增大。

溶质在溶剂中的溶解度还与物质的极性有关。通常物质易溶于与它结构相似的溶剂里，
这就是相似原理。例如碘是非极性分子，水是极性溶剂，四氯化碳是非极性溶剂，故碘在四
氯化碳里的溶解度比在水里大 85 倍。

4.1.2　溶解热、溶液的焓

溶解是一个比较复杂的物理化学过程，在这一过程中一般伴随有热效应，可以吸热也可以放热。当两个组分溶解成溶液时，保持温度不变，此时加入或取出的热量称为溶解热或混合热 q_t。混合热可以是正的，也可以是负的。如果溶解热是正的，那么为维持混合过程温度不变，就需要加入热量；反之，则需要放出热量。

如溶解前的压力和温度与溶解后的压力和温度相同，则溶解过程中需要加入的热量等于溶液的焓减去溶解前各组分的焓之和，即

$$q_t = h - [(1-\xi)h_1^0 + \xi h_2^0] \tag{4-13}$$

式中　h——溶液的焓；
h_1^0，h_2^0——组分 1，2 在给定温度下的焓。

如果已知溶解热，则可直接确定溶液的焓

$$h = q_t + [(1-\xi)h_1^0 + \xi h_2^0] \tag{4-14}$$

上式中 q_t 称为积分溶解热。在恒温下 1kg 纯组分溶于大量溶液时吸收或放出的热量称为该组分的微分溶解热。纯组分 1 及 2 的微分溶解热各以 q_1 及 q_2 表示。溶解热为温度及摩尔分数的函数。积分溶解热与微分溶解热存在下列的关系：

$$q_t = (1-\xi)q_1 + \xi q_2 \tag{4-15}$$

对于气体，如压力不太高时，溶解热是很小的，可略去不计。对于互相溶解的液体溶液，通常可以略去压力的影响，只考虑溶解热和温度的关系。

用式（4-14）可以求出任意 ξ 时的 h 值。如果用 h-ξ 图（如图 4-1 所示），则求解更为方便。当没有溶解热时，$h = (1-\xi)h_1^0 + h_2^0$，这在图 4-1 中以直线表示。如果以此直线向下和向上截取溶解热 q_t（视 $q_t > 0$ 或 $q_t < 0$ 而定），得到 AB 曲线，即 $h = f(\xi)$。有了这条曲线，就可以求得任意 ξ 时的 h 值或 q_t 值。

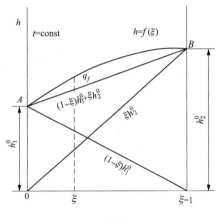

图 4-1　溶液的 h-ξ 图

4.1.3　溶液的基本定律

1. 理想溶液及拉乌尔定律

理想溶液是由性质相近的物质构成，两者分子间的相互作用力与纯物质分子间的相互作用力相同，因而混合成理想溶液时无热效应（即溶解热 $q_t = 0$），也无容积的变化。实际上理想溶液是很少的，而大部分溶液都不是理想溶液。只有当溶液的浓度很小时才接近理想溶液，而且浓度越小，溶液越接近于理想溶液。无限稀释的任何溶液都可以当作理想溶液。

单组分液体和它的蒸汽处于相平衡时，由液面蒸发的分子数和由气相回到液体的分子数是相等的，这时蒸汽的压力就是该液体的饱和蒸气压。但当溶质溶于其中后，液体一部分表面或多或少地被溶剂混合物占据着，溶剂分子逸出液面的可能性就相应地减少，当达平衡时溶液的蒸气压必然比纯溶液的饱和蒸汽压小。

拉乌尔提出，在给定温度下，溶液液面上的蒸气混合物中每一组分的分压，等于该组分呈纯净状态并在同一温度下的饱和蒸气压力与该组分在溶液中的摩尔分数的乘积，即拉乌尔

定律。用数学表示为

$$p_i = p_i^0 x_i'$$

(4-16)

式中　x_i'——溶液里第 i 组分的摩尔分数；

　　　p_i——第 i 组分的蒸汽压力；

　　　p_i^0——第 i 纯组分的饱和蒸气压力。

对于不挥发溶质的溶液，此时气相中只有溶剂的分子，其压力可表示为

$$p = p^0 x'$$

(4-17)

式中　x'——溶液中溶剂的摩尔分数；

　　　p^0——溶剂在给定温度下的饱和蒸气压力。

拉乌尔定律可用来计算溶液的饱和蒸气压力。如果溶质是不挥发的，则按式（4-17）计算的压力即为溶液的饱和蒸气压力。如果溶质是挥发性的，则溶液的饱和蒸气压力为按式（4-16）计算的各个分压力之和。例如对于二元溶液，其饱和蒸气压力可表示为

$$p = p_1^0 x_1' + p_2^0 x_2' = p_1^0 (1 - x_2') + p_2^0 x_2'$$

(4-18)

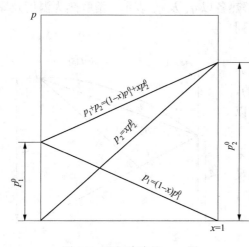

图 4-2　理想溶液的 $p\text{-}x$ 图

上式说明，在一定温度下，按拉乌尔定律计算的溶液的饱和蒸气压力与其液相中的摩尔分数成直线关系，理想溶液的 $p\text{-}x$ 图如图 4-2 所示。由图可以看出，溶液蒸气压力的数值是在两种纯组分的压力值之间，当 $x_2' = 0$ 时 $p = p_1^0$；当 $x_2' = 1$ 时，$p = p_2^0$。

拉乌尔定律只适用于理想溶液。氧和氮的溶液与理想溶液相近，故氧和氮的分压力可按拉乌尔定律近似求得，这在工程中有足够的准确度。实际溶液对拉乌尔定律存在偏差，这种偏差一般有两种情况：①各组分的分压力大于拉乌尔定律的计算值，称正偏差；②各组分的分压力小于拉乌尔定律的计算值，称负偏差。

但也有少数溶液，在某一浓度范围内为正偏差，而在另一浓度范围内为负偏差。

如果两个组分的蒸气压力对拉乌尔定律偏差（正或负）不大时，则溶液的蒸气压力曲线只是略高于（或略低于）理想溶液的蒸气压力曲线，其值仍介于两个纯组分的蒸气压力值之间，如图 4-3（a）所示，氨水溶液即属这种情况。如果各组分的蒸气压力对拉乌尔定律偏差相当大，则当为正偏差时，溶液的蒸气压力曲线有最高点，当为负偏差时，溶液的蒸气压力曲线有最低点，如图 4-3（b）及图 4-3（c）所示。

2. 亨利定律

亨利定律是说明理想溶液中气体溶质分压力和溶液中该气体摩尔分数的关系。

在一定温度和平衡状态下，气体溶质的分压力和它在溶液里摩尔分数成正比：

$$p = Hx$$

(4-19)

式中　p——气体溶质的分压力；

　　　x——气体溶质的摩尔分数；

　　　H——亨利常数，其值由实验确定。

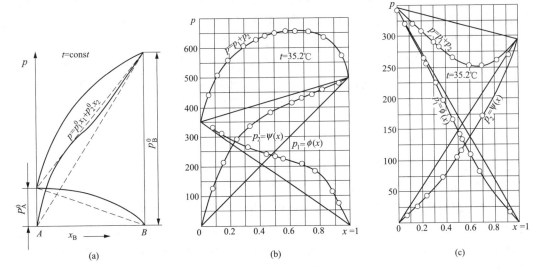

图 4-3　与拉乌尔定律有偏差的溶液的 $p\text{-}x$ 图

虚线为理想溶液；实线为实际溶液

3. 康诺瓦罗夫定律

康诺瓦罗夫定律说明理想溶液中液相和气相中的成分是不同。假如两个有挥发性的液体混合成一理想溶液，每种液体的蒸气压都符合拉乌尔定律，则可写成

$$p_A = p_A^0 x_A', \quad p_B = p_B^0 x_B' \tag{4-20}$$

设 x_A'' 和 x_B'' 为气相里 A 和 B 组分的摩尔分数，理想溶液的气相混合物当作理想气体混合物处理时，根据道尔顿定律

$$x_A'' = \frac{p_A}{p} = \frac{p_A^0 x_A'}{p} \tag{4-21}$$

$$x_B'' = \frac{p_B}{p} = \frac{p_B^0 x_B'}{p} \tag{4-22}$$

$$\frac{x_A''}{x_B''} = \frac{p_A^0 x_A'}{p_B^0 x_B'} \tag{4-23}$$

若两种纯组分的蒸气压不同，假定纯组分 B 的蒸气压更高，即 $p_A^0 / p_B^0 < 1$，则

$$\frac{x_A''}{x_B''} < \frac{x_A'}{x_B'} \text{ 或 } \frac{1 - x_B''}{x_B''} < \frac{1 - x_B'}{x_B'}, \text{ 则 } x_B'' > x_B' \tag{4-24}$$

式（4-24）说明，如果不同蒸气压的纯液体给定温度下混合成二元溶液，则气相里的成分和液相里的成分并不相同，对于较高蒸气压的组分，它在气相里的摩尔分数大于它在液相里的摩尔分数，这就是康诺瓦罗夫第一定律。

在二元溶液中，沸点较低的液体有较大的挥发性，因此有较高的蒸气压。由于高蒸气压的液体就是低沸点的液体，故康诺瓦罗夫第一定律的另一说法是：对于较低沸点的液体，它在气相里的摩尔分数大于它在液相里的摩尔分数。

康诺瓦罗夫第一定律是精馏原理的基础。如果溶液成分和气相成分完全相同，那么两组分就不能用分离法分离。

康诺瓦罗夫对溶液的蒸气压曲线上出现极值点的问题进行过较长时间的研究，最后得到如下结论：如果在二元溶液的相平衡曲线中有极值存在，那么在极值点上液体与蒸气的组成相同。这就是康诺瓦罗夫第二定律。在相平衡曲线上的极值点为共沸点，这样成分的溶液称为共沸溶液。共沸溶液的独特性质是沸腾时气相与液相的组成完全相同，可以按单一工质（纯物质）进行分析和计算。共沸溶液是不可能用精馏法分离成纯组分的，这是因为气相和液相成分相同的缘故。为了把共沸溶液加以精馏，就必须改变总压力，其共沸点就会移动。因此，在大气压下不能分离的共沸溶液，往往在加压或真空状态下可使其分离。

4. 吉布斯相律

吉布斯相律是说明系统在平衡时自由度与组分数及相数之间的关系。或者说对于一个有 N_c 组分及 N_p 相的平衡体系，需要知道多少条件才能决定其状态。

每种聚集态内部均匀的部分，热力学上称为相。一个相的内部达到平衡时，其宏观物理性质和化学性质是均匀一致的。一个相和另一个相之间有物理界面，通过此界面时，宏观的物理性质或化学性质要发生突变。相界面两边各相的物理性质或化学性质互不相同，这是辨别相数目的依据。在一般固体体系中，基本上是有多少种物质就形成多少相（除形成固溶体为一相时例外）。只有以分子大小的尺寸进行混合时，多种物质的体系才能形成一个相。任何不同的气态物质互相混合时都符合这种条件，所以气体混合物（如空气）只有一个相。

当两相接触时，物质要从一相迁移到另一相中去，这个过程称为相变过程。例如，蒸发、冷凝、熔解、凝固、升华、结晶、水合等都属于相变过程。在相变过程中，当宏观上物质迁移停止的时候，就称为相平衡。相平衡的研究对生产和科学研究具有重大意义，气体的分离和提纯就是以相平衡为基础的。研究相平衡既可以利用数学工具，也可以利用相图。相图是研究相平衡的重要工具。组分是表示平衡时体系各相中可以独立变动的物质数目，或者是在一定温度及压力下体系中可以任意改变其数量的物质数目。

例如，冰、水和水蒸气，这里有三相处于平衡状态，但物质只有一个，就是 H_2O。三相中物质成分都是可以用 H_2O 来表示，因此组分数目是1，相数是3。

系统的自由度是它的可变因素（如压力、温度和摩尔分数）的数目。在一定限度内这些因素可以任意改变，而不减少任何原有的相，也不产生任何新的相。

要描述一个体系的平衡状态，必须知道体系中每一相的平衡状态；而要知道每一相的平衡状态，就必须知道每一相中的每一组分的平衡状态。按照热力学要求，每一组分的平衡状态是用温度、压力和成分这三个变量来描述的。假定平衡体系中包含有 N_c 的组分，而这些组分都分布在每一相中，那么每一相中就要有 N_c 个成分变量。由于每一相中有摩尔分数总和等于1，因此只有 (N_c-1) 个成分是独立变量。如果体系中有 N_p 相存在，则独立的成分变量应该有 $N_p \times (N_c-1)$ 个。其次，体系处在平衡状态时，各相的压力和温度是均匀一致的（假定相与相之间的表面张力效应可以忽略，相与相之间无刚性壁或绝热壁存在），体系可以用统一的温度 T 和压力 p 来描述。初看起来，要描述整个体系的平衡状态，需要知道 $N_p \times (N_c-1)$ 个成分和 T、p 两个热力学参数，即 $N_c \times (N_p-1) + 2$ 个变量。然而由于平衡条件的限制，实际上并不需要这么多的独立变量。

在一个达到相平衡的体系中，各组分在各相中化学势必须相等。这里一共有 $N_c \times (N_p-1)$ 个化学势等式，因为化学势是 p、T、x_i 的函数。这样，原来要描述体系状态所需要

的 $N_p \times (N_c - 1) + 2$ 个变量就不是完全独立的，从中减去 $N_p \times (N_c - 1)$ 个之后，剩下来的才是独立变量的数目。将描述体系状态所需要的独立变量（也是必不可少的变量）的数目（即自由度）以 N_f 表示，则

$$N_f = (N_c - 1)N_p + 2 - N_c(N_p - 1) = N_c - N_p + 2 \qquad (4-25)$$

式 (4-25) 就是吉布斯相律的数学表达式。

相律只适用于平衡体系，这是由于推导相律的过程中应用了平衡条件。体系中的每一组分不一定都存在于所有的相中，但这并不影响相律的结果。因为在某一相中少了一个组分时，该相中也少了一个成分变数，而在平衡条件中也相应地少了一个化学势等式，结果互相抵消。当所讨论的平衡体系中不包含气相时，称这种体系为凝聚体系。由于压力对这种平衡体系影响不大，可予以忽略，此时相律又可写成

$$N_f'' = N_c - N_p + 1 \qquad (4-26)$$

式中　　N_f''——条件自由度。

例如在盐水溶液中，若有冰或盐的结晶析出，即为两相，$N_f'' = 1$；若从溶液中同时析出冰晶体和盐（两个固相），就会生成三相，则 $N_f'' = 0$，这就是共晶点或冰盐点。

4.2　空气的组成及其主要成分间的气液平衡

4.2.1　空气的组成

空气是一种均匀的多组分混合气体，它的主要成分是氧、氮和氩，此外还含有微量的氢及氖、氦、氪、氙等稀有气体。根据地区条件的不同，空气中含有不定量的二氧化碳、水蒸气以及乙炔等碳氢化合物。

空气主要由氧和氮组成，占 99% 以上，其次是氩，占 0.93%。氧、氮、氩和其他物质一样，具有气、液、固三态。在常温常压下它们呈气态。在标准大气压下，氧被冷却到 90.188K，氮被冷却到 77.36K，氩被冷却到 87.29K，它们分别都变为液态。氧和氮的沸点相差约 13K，氩和氮的沸点相差约 10K，这就是能够用低温精馏法将空气分离为氧、氮和氩的基础。

空气中除氧、氮、氩外，还有氦、氖、氪、氙等稀有气体，根据综合利用的原则，空分装置在制取氧、氮的同时，应注意氩及其他稀有气体的制取。

空气中的机械杂质、水蒸气、二氧化碳、乙炔和其他碳氢化合物，影响空分装置的正常、安全运行，因此必须设法除净这些有害气体和杂质，以保障空分装置的正常运转。

4.2.2　氧-氮二元系气液平衡

空气中氧和氮占 99.04%，因此在一般计算中可近似地将空气当作氧和氮二元混合物，将氩归并到氮中，其他气体忽略不计。即认为空气中含氧 20.9%，含氮 79.1%（按体积计）。

1. 氧、氩、氮饱和压力和温度的关系

纯物质在气液平衡条件下，两相的状态参数保持不变，温度、压力都分别相等，达到饱和状态。图 4-4 示出氧、氩、氮纯物质在气液平衡时饱和压力与温度的关系。由图知，氧、氩、氮在同一温度下具有不同的饱和蒸气压力，而饱和蒸气压力的大小，表明了液体气化的难易程度。在相同的温度下，氮的饱和蒸气压高于氧的饱和蒸气压，而在相同压力下氮的饱

和温度低于氧。氩则介于氧、氮之间。

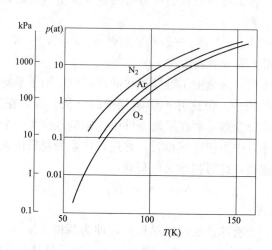

图 4-4　氧、氩、氮纯物质在气液平衡时饱和压力与温度的关系

2. 氧-氮二元系的气液平衡

由氧和氮组成的均匀混合物称为氧-氮二元系。当压力不很高时，氧-氮二元系可以看作理想溶液，气相可看作理想气体。因此，根据道尔顿定律，蒸气中某一组分的分压等于该组分的摩尔分数与总压力的乘积，即

$$p_{O_2} = p y_{O_2}; \quad p_{N_2} = p y_{N_2} \tag{4-27}$$

又由拉乌尔定律，在一定温度下，蒸气中任一组分的分压等于该纯组分在相同温度下的饱和蒸气压与它在溶液中的摩尔分数的乘积，即

$$p_{O_2} = p_{O_2}^0 x_{O_2}, \quad p_{N_2} = p_{N_2}^0 x_{N_2} \tag{4-28}$$

式中　$p_{O_2}^0$、$p_{N_2}^0$——纯氧、纯氮在相同温度下的饱和蒸气压。

而气相中的总压又等于各组分的分压之和

$$p = p_{O_2} + p_{N_2} \tag{4-29}$$

由式（4-27）～式（4-29）可得

$$y_{O_2} = \frac{p_{O_2}^0 x_{O_2}}{p_{O_2}^0 x_{O_2} + p_{N_2}^0 x_{N_2}} \tag{4-30}$$

又 $x_{O_2} + x_{N_2} = 1$，$x_{O_2} = 1 - x_{N_2}$，代入上式得

$$y_{O_2} = \frac{p_{O_2}^0 x_{O_2}}{p_{O_2}^0 (1 - x_{N_2}) + p_{N_2}^0 x_{N_2}} = \frac{p_{O_2}^0}{p_{O_2}^0 + (p_{N_2}^0 - p_{O_2}^0) x_{N_2}} x_{O_2} \tag{4-31}$$

氧-氮二元系中，氧是高沸点组分，它在液相中的摩尔分数总是大于气相中摩尔分数。

氧-氮二元系气液平衡关系可用相平衡图表示。相平衡图是按实验方法求得的温度（T）、压力（p）、焓（h）及摩尔分数（x、y）之间的关系绘制，常用的几种相平衡图如图

4-5 所示。

（1）T-x-y 图。图 4-5 中的每组曲线是在等压
下作出的。以任一组曲线为例，上面的一条线称冷
凝线，下面的一条线称沸腾线，两线之间的区域称
湿蒸气区。曲线的两端点的纵坐标分别表示纯氧和
纯氮在该压力下的饱和温度。由 T-x-y 图可看出
氧-氮二元溶液有以下特点：①气相中氧的摩尔分
数为 30%～40% 时，相平衡的气液摩尔分数差最
大，这表明当气相（或液相）中的含氧（或含氮）
量越少时越难分离；②压力越低，液相线与气相线
的间距越大，即气液相间的摩尔分数差越大，这说
明在低压下分离空气较在高压下容易；③气液平衡
时，液相中的氧摩尔分数大于气相中的氧摩尔分数，
气相中的氮摩尔分数大于液相中的氮摩尔分数。

（2）y-x 图。图 4-6 所示为氧-氮二元系在不
同压力下的 y-x 图，它的横坐标为溶液中氮的摩尔
分数，用 x 表示；纵坐标为与液体相平衡的气相
中氮的摩尔分数，用 y 表示。图中每一条曲线对
应于一个压力值，由此可以看出在不同压力下氮在
气相及液相中摩尔分数之间的关系。

（3）T-p-h-x-y 图。图 4-7 所示为氧-氮溶液在
不同压力下处于气液平衡状态时的 T-p-h-x-y 图，
它表示出氧-氮二元系气液平衡时的综合特性。图

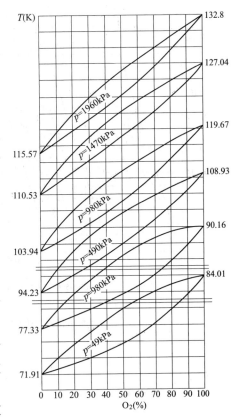

图 4-5　常用的几种相平衡图

中横坐标为焓 h，纵坐标为温度 T，左、右两组曲线分别表示处于相平衡状态下的液相和气
相的状态参数。在液相区和气相区皆有等压线和等摩尔分数线。计算中经常用到此图，其用
法是：①如果已知液相 T、p、h、x 中的任意两个参数，可确定液相状态点，求出其他参
数，并进而可确定与其相平衡的气相状态点，求出气相的参数；反之，亦可由已知的两个气
相参数求得其平衡的液相参数；②可求取不同组成的氧-氮二元系的气化潜热。

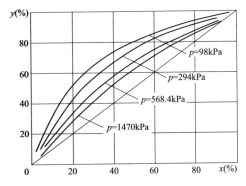

图 4-6　氧-氮二元系在不同压力下的 y-x 图

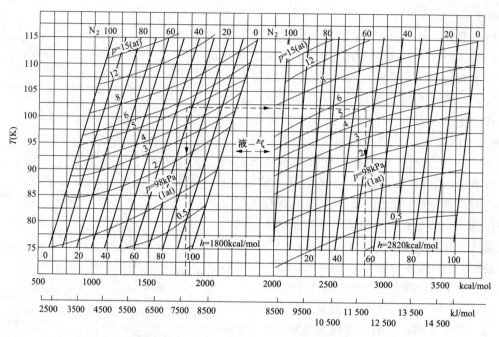

图 4-7 氧-氮溶液在不同压力下处于气液平衡状态时的 T-p-h-x-y 图

4.3 空气的精馏

自然界存在着多种气体混合物。例如空气是由氧、氮和少量氩以及微量氦、氖、氪、氙等组成；天然气是由甲烷、乙烷、氮、二氧化碳、氧、氦等组成。某些工业部门的中间产品或废气也多为气体混合物。例如合成氨工厂的弛放气中含有氢、氮、氩、甲烷等成分，炼焦厂的焦炉气中含有氢、二氧化碳、甲烷、氮、乙烷、乙烯、一氧化碳、丙烯等成分。为了满足工业生产、国防建设及科学研究对纯气体的需要，就得设法将这些混合气体予以分离。

气体分离技术是从 20 世纪初开始发展的，目前已广泛应用。如空气分离制取氧、氮、氩及稀有气体；合成氨弛放气分离回收氢、氩及其他稀有气体；天然气分离提取氦气；焦炉气及水煤气分离制取氢或氢氮混合气；液氢分离以提取重氢等。随着科学技术的迅速发展，对气体分离技术不断提出新的要求，如经济合理地提供各种纯度的气体，综合利用工业废气等。气体分离技术的另一用途就是气体中少量杂质的清除，包括原料气的净化及产品气的提纯。

气体分离技术开始发展时就与气体液化互相交融，气体的低温分离仍是主要方法。目前气体分离方法大体上有以下几种：

（1）精馏。先将气体混合物冷凝为液体，然后再按各组分蒸发温度的不同将它们分离。精馏方法适用于被分离组分沸点相近的情况，如氧和氮的分离，氢和重氢的分离等。

（2）分凝。它也是利用各组分沸点的差异进行分离，但和精馏不同的是不需将全部组分冷凝。分凝法适用于被分离组分沸点相距较远的情况，如从焦炉气及水煤气分离氢，从天然气中提取氦等。

（3）吸收法。用一种液态吸收剂在适当的温度、压力下吸收气体混合物中的某些组分，以达到气体分离的目的。吸收过程根据其吸收机理的不同可分为物理吸收及化学吸收。

（4）吸附法。用多孔性固体吸附剂处理气体混合物，使其中所含的一种或数种组分吸附于固体表面以达到气体分离的目的。吸附分离过程有的需在低温下进行，有的可在常温下完成。

（5）薄膜渗透法。是利用高分子聚合物薄膜的渗透选择性从气体混合物中将某种组分分离出来的一种方法。这种分离过程不需要发生相变，不需低温，并且有设备简单、操作方便等特点。目前对渗透膜的渗透性、选择性及物理、机械性能还在研究之中，尚未在气体分离工业装置中普遍采用。

气体分离的工业装置一般是综合利用以上分离方法，组织最经济、最合理的工艺流程，有效地分离各种复杂的气体混合物。本章主要介绍精馏法分离空气及多组分气体混合物。

空气的精馏是在定压条件下液空连续多次的部分蒸发与部分冷凝过程。下面用定压下氧-氮二元系的温度-摩尔分数图来说明空气精馏的原理。

4.3.1　液空的简单蒸发和简单冷凝

将液空置于一密闭的容器内，在定压下加热蒸发，且不引出蒸气，使容器内的气、液处于平衡状态，这种蒸发过程称为简单蒸发，如图 4-8 所示。图 4-9 中，温度从 T_1 升高到 T_2 时，液空成为饱和液体状态。若继续加热，液空便开始气化，产生的第一个气泡中氮的摩尔分数为 y''_2（若在 98.1kPa 下蒸发，$y''_2 \approx 94\%$）。进一步加热时，液空继续蒸发，直至最后全部变为蒸气。如果液空是在 98.1kPa 下蒸发，则最后一滴液体氧的摩尔分数 $x'_5 \approx 52.8\%$。

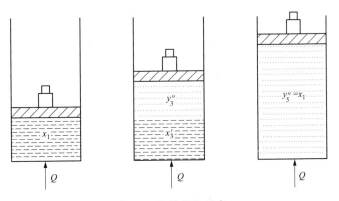

图 4-8　简单蒸发示意

若将空气置于一密闭的容器内，使它在定压下冷凝，且不引出产生的冷凝液，使容器内的气、液经常处于平衡状态，这种冷凝过程称为简单冷凝。

由图 4-9 可知，液空的简单蒸发和冷凝不可能得到较高摩尔分数的氧、氮产品，而且分离过程也不可能连续进行。

4.3.2　液空的部分蒸发和部分冷凝

当液空蒸发时，如果把产生的蒸气连续地从容器中引出，这种蒸发过程称为部分蒸发，如图 4-10（a）所示。在蒸发过程中假定每一瞬间引出的蒸气是与该瞬间的液体成平衡状态，那么部分蒸发过程中液相中氮的摩尔分数沿液相线（x'_2、x'_3、…）变化；蒸气中氮的摩尔

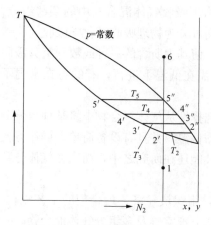

图 4-9　简单蒸发的 $T\text{-}x\text{-}y$ 图

分数沿气相线（y_2''、y_3''、…）变化。随着蒸发的进行，液相中氮的摩尔分数不断地降低，最后可达 x_5'，x_4' 为简单蒸发过程最后一滴液体中氮的摩尔分数。由图 4-10（c）可以看出，部分蒸发可以在液相中获得氧的摩尔分数较高的产品；但氧的摩尔分数越高获得的液氧量越少，而且不能同时获得高纯度的气氮。如果在空气定压冷凝过程中，将所产生的冷凝液连续不断地从容器中导出，这种冷凝过程称为部分冷凝，如图 4-10（b）所示。在部分冷凝过程中，第一滴冷凝液的氮的摩尔分数为 x_4'，它与被冷凝空气（即 $4''$）处于平衡状态。令空气在定压下继续冷凝，则气相中氮的摩尔分数沿气相线（y_4''、y_3''、…）变化，液相中氮的摩尔分数沿液相线

（x_4'、x_3'、…）变化，冷凝到最后所剩蒸气中氮的摩尔分数很高，但数量却很少。可见部分冷凝仅能获得数量很少的高摩尔分数的气氮，且不能获得高纯度的液氧，如图 4-10（d）所示。

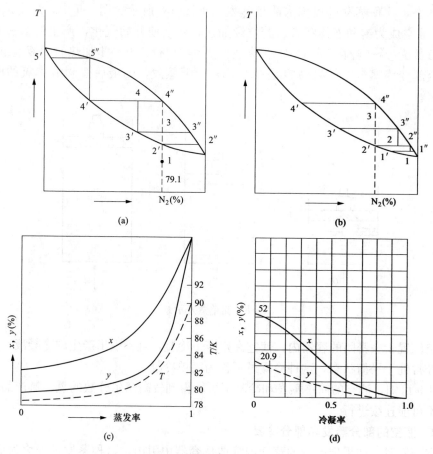

图 4-10　液空部分蒸发和空气部分冷凝

4.3.3　空气的精馏过程

从部分蒸发和部分冷凝的特点可看出，两个过程可以分别得到高纯度的氧和高纯度的氮，但不能同时获得，而且两个过程恰好相反。部分蒸发需外界供给热量，部分冷凝则要向外界放出热量；部分蒸发不断地向外排出蒸气，若要获得大量高纯度液氧，则需要相应地补充液体；而部分冷凝则是连续地抽出冷凝液，如欲获得大量高纯度气氮，则需要相应地补充气体。如果将部分冷凝和部分蒸发结合起来，则可相互补充，并同时获得高纯度的氧和高纯度的氮。

连续多次的部分蒸发和部分冷凝称为精馏过程。每经过一次部分冷凝和部分蒸发，气体中氮的摩尔分数就增加，液体中氧的摩尔分数也增加。这样经过多次的部分冷凝和部分蒸发便可将空气中氧和氮分离开。下面举例来说明：如图 4-11 所示，有三个容器Ⅰ、Ⅱ、Ⅲ，其压力均为 98.1kPa。在容器Ⅰ内盛有含氧 20.9％的液空，容器Ⅱ和Ⅲ分别盛有含氧 30％及 40％的富氧液空。将空气冷却到冷凝温度（82K）并通入容器Ⅲ的液体中。由于空气的温度比含氧 40％的液体的饱和温度（80.5K）高，所以空气穿过液体时被冷却，并发生部分冷凝；同时，容器Ⅲ中的液体被通过其中的空气加热，会发生部分蒸发。当气液温度达到相等时，与液体相平衡的蒸气中含氧只有 14％O_2。将此蒸气引到容器Ⅱ中，由于含 30％O_2 富氧液空的饱和温度（79.6K）比容器Ⅲ中的温度低，所以从容器Ⅲ引出的蒸气（80.5K）又继续冷凝，同时使容器Ⅱ中的液体蒸发。当蒸气与 30％O_2 的液体达到平衡状态时蒸气中氧的摩尔分数就变成 9％O_2。将此蒸气由容器Ⅱ再引入容器Ⅰ，再进行一次部分蒸发和部分冷凝过程，则蒸气中氮又增加，含氧仅 6.3％。在上述过程中，在气相中氧的摩尔分数减少的同时，液体中氧的摩尔分数增加。这样多次进行下去，最后可获得足够数量的高纯度气氮和高纯度液氧。这就是精馏过程分离空气的实质。

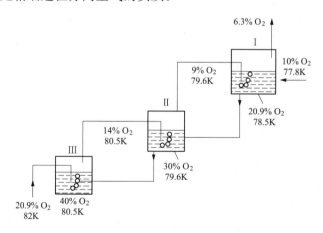

图 4-11　液空多次蒸发和冷凝示意

图 4-11 所示流程示意，仅仅说明精馏过程的基本概念，实际情况要复杂些。为了使精馏过程进行得较完善，即为了使气、液接触后接近平衡状态，就需要增大气、液接触面积和增加接触时间。为此在空分装置中通过专门设备精馏塔来实现空气的精馏过程。

4.3.4　精馏塔

空气的精馏过程是在精馏塔中进行的。目前我国空分设备中所用精馏塔主要是筛板塔和

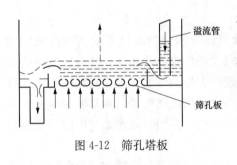

图 4-12　筛孔塔板

填料塔。筛孔塔板如图 4-12 所示，在直立圆柱形筒内装有水平放置的筛孔板，温度较低的液体由上块塔板经降液管流下，温度较高的蒸气由筛孔塔板下方通过塔板上的小孔进入上层塔板，并与筛孔板上液体相遇，进行热质交换，即进行部分蒸发和部分冷凝过程。连续经多块塔板（多次部分蒸发和部分冷凝过程）后就能够完成精馏过程，从而得到所要求纯度的氧、氮产品。

空气的精馏一般分为单级精馏和双级精馏，因而有单级精馏塔和双级精馏塔。

1. 单级精馏塔

单级精馏塔有两类，一类是制取高纯度液氮（或气氮），另一类是制取高纯度液氧（或气氧），如图 4-13 所示。

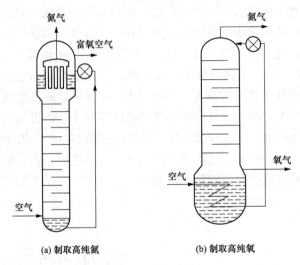

(a) 制取高纯氮　　　　　　　(b) 制取高纯氧

图 4-13　单级精馏塔

图 4-13（a）所示为制取高纯度液氮（或气氮）的单级精馏塔，它由塔釜、塔板及筒壳、冷凝蒸发器三部分组成。压缩空气经净化系统除去杂质并在换热器冷却后进入塔的底部，并自下而上地穿过每块塔板，与塔板上的液体接触，进行热质交换。只要塔板数目足够多，在塔的顶部就能得到高纯度气氮（纯度为 99％以上）。该气氮在冷凝蒸发器内被冷却而变成液体，一部分作为液氮产品，由冷凝蒸发器引出；另一部分作为回流液，沿塔板自上而下流动。回流液与上升的蒸气进行热质交换，最后在塔底得到含氧较多的液体，叫富氧液空，或称釜液，其含氧量约 40％左右。釜液经节流阀进入冷凝蒸发器的蒸发侧（用来冷却冷凝侧的氮气）被加热而蒸发，变成富氧空气引出。如果需要获得气氮，则可从冷凝蒸发器顶盖下引出。

图 4-13（b）所示为制取高纯氧（90％O_2 以上）的单级精馏塔，它由塔体及塔板、塔釜和釜中盘管蒸发器组成，被净化和冷却过的压缩空气经过盘管蒸发器时逐渐被冷凝，同时盘管外的液氧蒸发。冷凝后的压缩空气经过节流阀进入精馏塔的顶端。此时，由于节流降压，有一小部分液体气化，大部分液体自塔顶沿塔板向下流动，与上升蒸气在塔板上充分接触，

液体中的含氧量逐步增加。当塔内有足够多的塔板时，在塔底可以得到纯的液氧。所得产品氧可以气态或液态引出，该塔不能获得纯氮。由于从塔顶引出的气体和节流后的液空处于接近相平衡状态，因而它的氮的摩尔分数约为 93%。

单级精馏塔分离空气不能同时获得纯氧和纯氮。为了同时得到纯氧和纯氮产品，便产生了双级精馏塔。

2. 双级精馏塔

（1）工作原理。图 4-14 为双级空气精馏塔的示意。它由上塔、下塔和冷凝蒸发器组成。上塔压力一般为 130～150kPa，下塔压力一般为 500～600kPa。但可以根据用户的需要，使上塔压力提高至 450～550kPa，下塔提高到 1100～1300kPa。

经过压缩、净化和冷却后的空气进入下塔底部，自下而上的流过每块塔板，与沿塔板流下的液体进行热质交换，至下塔顶部时便得到一定纯度的气氮。下塔塔板数越多，下塔顶部的气氮纯度越高。氮气进入冷凝蒸发器的冷凝侧时，被蒸发侧的液氧冷却变成液氮，液氮一部分作为下塔回流液，沿塔板流下，至下塔塔釜便得到含氧 36%～40% 的富氧液空；另一部分聚集在下塔顶部的液氮槽中，液氮引出并经液氮节流阀节流后送入上塔顶部，作为上塔的回流液。

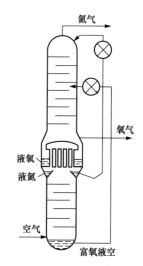

图 4-14　双级空气精馏塔示意

下塔塔釜中的液空经节流阀后送入上塔中部，沿塔板逐块流下，参加精馏过程。只要有足够多的塔板，在上塔的最下一块塔板上就可以得到纯度很高的液氧。液氧进入冷凝蒸发器的蒸发侧，被下塔的气氮加热蒸发。蒸发出来的气氧一部分作为产品引出，另一部分自下而上穿过每块塔板参与精馏。气体越往上升，其中氮的摩尔分数越高。

双级精馏塔可在上塔顶部和底部同时获得纯氮和纯氧；也可以在冷凝蒸发器的两侧分别取出液氧和液氮。

上级精馏塔的上塔又分两段，从液空进料口至上塔底部称为提馏段；从液空进料口至上塔顶部称为精馏段。冷凝蒸发器是连接上、下塔使二者进行热量交换的设备，对下塔是冷凝器，对上塔是蒸发器。

（2）双级精馏塔的物料和热量衡算。

1）精馏塔各主要点工作参数的确定。在图 4-14 所示的双级空气精馏塔中，上、下塔顶部与底部的工作参数可通过计算及查相平衡图而求得。

①上塔顶部的压力 p_1 及温度 T_1：

$$p_1 = p_0 + \Delta p_1 \tag{4-32}$$

式中　p_0——产品氮气的输出压力，要求稍高于大气的压力，一般取 103kPa；

　　　Δp_1——产品流动阻力（包括换热器、管道、阀门等），kPa。

温度 T_1 取决于 p_1 及排出氮气的摩尔分数，由相平衡图查得。

②上塔底部的压力 p_2 及温度 T_2：

$$p_2 = p_1 + \Delta p_2 \tag{4-33}$$

式中　Δp_2——上塔阻力，一般取 10～15kPa（筛板塔），2.6kPa（填料塔）。

温度 T_2 可由 p_2 及液氧的摩尔分数决定。

③液氧的平均温度 T_m 及冷凝蒸发器底部液氧的压力 p_3:

$$p_3 = p_2 + h \times \rho \times g \times 10^{-3} \tag{4-34}$$

式中　h——冷凝蒸发器中液氧液柱的高度，m;

　　　ρ——液氧的密度，kg/m^3;

　　　g——重力加速度，m/s^2。

根据 p_3 及液氧的纯度可确定液氧底部温度 T_3，则

$$T_m = \frac{T_2 + T_3}{2} \tag{4-35}$$

④冷凝蒸发器中氮的冷凝温度 T_4:

$$T_4 = T_m + \theta_m \tag{4-36}$$

其中，θ_m 是冷凝蒸发器的传热温差，在设计时选定。θ_m 如果取值偏小，则导致冷凝蒸发器传热面积过大，如取得偏大，则造成下塔工作压力过高。一般中压空分装置取 $\theta_m = (2\sim3)K$，对全低压空分装置取 $\theta_m = (1.6\sim1.8)K$。

⑤下塔顶部的压力 p_4:

根据冷凝蒸发器氮气的冷凝温度和氮气摩尔分数，查相平衡图可得下塔顶部压力 p_4。

⑥下塔底部压力 p_5 及温度 T_5:

$$p_5 = p_4 + \Delta p_3 \tag{4-37}$$

式中　Δp_3——下塔阻力，一般可取 10kPa。根据 p_5 及富氧液空的摩尔分数可确定温度 T_5。

2) 精馏塔的物料衡算。根据物料平衡和热量平衡可求出塔内物流数量和产品纯度，空气进塔状态及冷凝蒸发器热负荷等参数。物料平衡包括总物料平衡和各组分平衡。

总物料平衡：空气在精馏塔内分离所得各产品数量的总和应等于加工空气量。

各组分平衡：空气在精馏塔中分离所得各产品中某一组分量的总和应等于加工空气中该组分的量。

用 V_K，V_{O_2}、V_{N_2} 分别代表加工空气、产品氧和产品氮的流量，m^3/h（标准状态下）；用 $y_{N_2}^K$，$y_{N_2}^O$，$y_{N_2}^N$ 分别代表空气及氧、氮产品中氮的摩尔分数，则根据物料平衡得

$$\begin{cases} V_K = V_{N_2} + V_{O_2} \\ V_K y_{N_2}^K = V_{N_2} y_{N_2}^N + V_{O_2} y_{N_2}^O \end{cases} \tag{4-38}$$

$$\begin{cases} V_{O_2} = \dfrac{y_{N_2}^N - y_{N_2}^K}{y_{N_2}^N - y_{N_2}^O} V_K \\ \\ V_{N_2} = \dfrac{y_{N_2}^K - y_{N_2}^O}{y_{N_2}^N - y_{N_2}^O} V_K \end{cases} \tag{4-39}$$

由式（4-39）可知，由于 $y_{N_2}^K$ 为定值，氧、氮产量决定于 $y_{N_2}^O$，$y_{N_2}^N$ 及 V_K，在空分装置的操作中，若氮的纯度越高，表明精馏过程进行得越完善，氧产量越大；若氮纯度保持不变，降低氧产量，则氧纯度会提高。

式（4-39）也可写成

$$V_K = \frac{y_{N_2}^N - y_{N_2}^O}{y_{N_2}^N - y_{N_2}^K} V_{O_2} \tag{4-40}$$

如果给定氧产量，可用上式确定加工空气量。

为了评价精馏过程的完善程度，引入氧的提取率 β 这一概念，它以氧产品中的含氧量与加工空气中的含氧量之比来表示：

$$\beta = \frac{V_{O_2} y_{O_2}^{O}}{V_K y_{O_2}^{K}} \tag{4-41}$$

式中　$y_{O_2}^{O}$，$y_{O_2}^{K}$——氧气产品及空气中的氧的摩尔分数。

图 4-15 为氮纯度与空气耗量的关系。

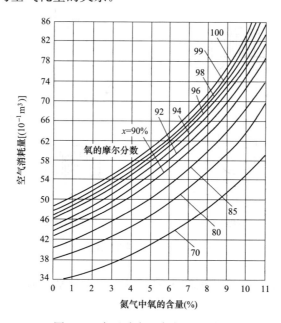

图 4-15　氮纯度与空气耗量的关系

例 4-1　已知氧气产量 $V_{O_2} = 6000 m^3/h$（标准状态下），氧气的摩尔分数 $y_{O_2}^{O} = 99.6$，氮气的摩尔分数 $y_{N_2}^{N} = 99.99$，求加工空气量，氮产量以及氧的提取率。

解：由物料平衡得：
$$\begin{cases} V_K = V_{N_2} + V_{O_2} \\ V_K y_{N_2}^{K} = V_{N_2} y_{N_2}^{N} + V_O y_{N_2}^{O} \end{cases}$$

得：$V_K = \dfrac{y_{N_2}^{N} - y_{N_2}^{O}}{y_{N_2}^{N} - y_{N_2}^{K}} V_{O_2} = \dfrac{0.999\,9 - 0.004}{0.999\,9 - 0.791} \times 6000 = 28\,604.12 m^3/h$（标准状态下）

$V_{N_2} = \dfrac{y_{N_2}^{K} - y_{N_2}^{O}}{y_{N_2}^{N} - y_{N_2}^{O}} V_K = \dfrac{0.791 - 0.004}{0.999\,9 - 0.004} \times 28\,604.12 = 22\,604.12 m^3/h$（标准状态下）

$$\beta = \frac{V_{O_2} y_{O_2}^{O}}{V_K y_{O_2}^{K}} = \frac{6000 \times 0.996}{28\,604.12 \times 0.209} \times 100\% = 99.96\%$$

3）精馏塔的热量衡算。通过热量衡算可决定进塔的空气状态及冷凝蒸发器的热负荷。

令 h_K、h_{N_2}、h_{O_2} 分别为进塔空气、氮产品及氧产品的焓值，kJ/m^3（标准状态下），q_3 表示跑冷损失，kJ/m^3（标准状态下）。按热量平衡得

$$V_K h_K + V_K q_3 = V_{N_2} h_{N_2} + V_{O_2} h_{O_2} \tag{4-42}$$

即　　　　　$$h_K = \frac{V_{N_2}}{V_K} h_{N_2} + \frac{V_{O_2}}{V_K} h_{O_2} - q_3 \tag{4-43}$$

　　上式中 V_{O_2}、V_K、V_{N_2} 已由物料衡算求得，又氮、氧出塔皆为饱和气体，故 h_{O_2}、h_{N_2} 可查相平衡图得到，q_3 根据经验取值，于是进塔空气的状态即可确定。

　　对上、下塔还可分别进行热量衡算。

　　① 下塔衡算。图 4-16（a）所示为下塔物流示意。

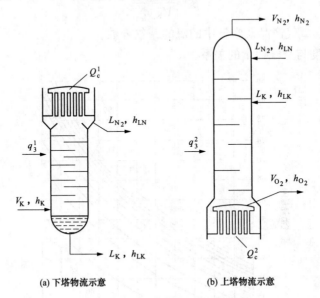

(a) 下塔物流示意　　　　　　(b) 上塔物流示意

图 4-16　下塔物流示意

　　以 L_K、L_{N_2} 分别代表液空、液氮的流量，$x_{N_2}^K$、$x_{N_2}^N$ 分别代表液空及液氮中的氮的摩尔分数，则根据物料平衡得

$$V_K = L_K + L_{N_2} \tag{4-44}$$

$$V_K y_{N_2}^K = L_K x_{N_2}^K + L_{N_2} x_{N_2}^N \tag{4-45}$$

　　解上式得

$$\begin{cases} L_K = \dfrac{x_{N_2}^N - y_{N_2}^K}{x_{N_2}^N - x_{N_2}^K} V_K \\[3mm] L_{N_2} = \dfrac{y_{N_2}^K - x_{N_2}^K}{x_{N_2}^N - x_{N_2}^K} V_K \end{cases} \tag{4-46}$$

　　根据下塔热量平衡得

$$V_K h_K + V_K q_3^1 = L_K h_{LK} + L_{N_2} h_{LN} + Q_c^1 \tag{4-47}$$

式中　　q_3^1——下塔的跑冷损失，kJ/Nm^3；

　　　　Q_c^1——冷凝蒸发器的热负荷，kJ/h。

　　若 $V_K = 1 m^3/h$（标准状态下），则式（4-47）可写成

$$q_c^1 = h_K + q_3^1 - (L_K h_{LK} + L_{N_2} h_{LN}) \tag{4-48}$$

式中　　q_c^1——按每标准立方米加工空气计的冷凝蒸发器热负荷；

L_{N_2}、L_K——标准状态下每 m^3 加工空气时液氮、液空量，可由式（4-46）计算。

　　h_{LK}，h_{LN} 可由相平衡图查得。

②上塔衡算。图 4-16（b）所示为上塔物流示意。根据上塔热量平衡得：

$$V_{O_2} h_{O_2} + V_{N_2} h_{N_2} = L_K h_{LK} + L_{N_2} h_{LN} + V_K q_3^2 + Q_c^2 \quad (4-49)$$

式中　q_3^2——上塔的跑冷损失，kJ/m^3（标准状态下）；

　　　Q_c^2——冷凝蒸发器的热负荷，kJ/h。

若 $V_K = 1m^3/h$（标准状态下），则式（4-49）可改写为

$$q_c^2 = V_{O_2} h_{O_2} + V_{N_2} h_{N_2} - L_K h_{LK} - L_{N_2} h_{LN} - q_3^2 \quad (4-50)$$

由式（4-50）计算所得 q_c^2 和由式（4-48）计算所得 q_c^1 相比较，一般允许相差 3%，否则需重新计算。

（3）全低压空分装置的双级精馏塔。图 4-17（a）所示为全低压空分装置双级精馏塔示意图。全低压流程中的空气压力和下塔压力相同，约为（500～600）kPa。装置运转时的冷损主要靠一部分压缩空气在透平膨胀机中膨胀产生的冷量来补偿，膨胀后的压力为（138～140）kPa，低于下塔压力，这部分膨胀空气无法再进入下塔。如果不使其参加精馏，则氧的收得率会降低，很不经济。因而从全低压流程的经济性来考虑，希望膨胀后的低压空气能够参加精馏。膨胀空气的压力在上塔工况范围之内，故有可能使其进入上塔；同时，上塔的精馏还有潜力。1932 年拉赫曼发现了这一规律，并提出了利用上塔精馏潜力的措施，即可将适量（约占空气量的 20%～25%）的膨胀空气直接送入上塔进行精馏，这称为拉赫曼原理。它的特点是：80% 左右加工空气进下塔精馏，而 20% 左右加工空气经膨胀后直接进入上塔。随着化肥工业的发展，不仅需要纯氧，而且需要 99.99% 的纯氮。为了提取纯氮，可在上塔顶部设置辅塔，用来进一步精馏一部分气氮，以便在上塔顶部得到纯氮。

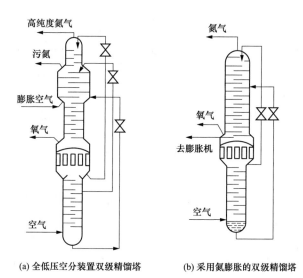

图 4-17　双级精馏塔

另一种利用上塔精馏潜力的措施是从下塔顶部或冷凝蒸发器顶盖下抽出氮气，复热后进入氮透平膨胀机，经膨胀并回收其冷量后，作为产品输出或者放空，如图 4-15（b）所示。由于从下塔引出氮气，使得冷凝蒸发器的冷凝量减少，因而送入上塔的液体馏分量也减少，上塔精馏段的气液比也就减少，精馏潜力同样得到利用。

以上两种方法均是为减少上塔液体馏分使精馏塔内气液间温差减小，从而减小不可逆损失。在一般双级精馏塔中气液间温差较大，这是由上塔液体馏分较多引起的，采用"空气膨胀"和"氮气膨胀"后，该温差减小，而"空气膨胀"比"氮气膨胀"的气液间温差更小些。

若采用空分塔制取高纯度氮产品，如图 4-17（a）所示，气氮分纯氮气及污氮气，用 V_{CN}、V_{WN} 分别表示纯氮及污氮的流量；以 $y_{N_2}^{CN}$、$y_{N_2}^{WN}$ 分别表示纯氮及污氮中的氮的摩尔分数。为了便于计算，引入一个纯氮及污氮的平均摩尔分数为 $y_{N_2,m}^N$：

$$(V_{CN} + V_{WN})y_{N_2,m}^N = V_{CN}y_{N_2}^{CN} + V_{WN}y_{N_2}^{WN} \tag{4-51}$$

即

$$y_{N_2,m}^N = \frac{V_{CN}y_{N_2}^{CN} + V_{WN}y_{N_2}^{WN}}{V_{CN} + V_{WN}} \tag{4-52}$$

由物料平衡计算 V_{O_2} 或 V_K 时，将式（4-38）及式（4-39）中 $y_{N_2}^N$ 用氮气平均摩尔分数 $y_{N_2,m}^N$ 代替。

4.4　塔设备的结构

工业上对塔设备的要求，概括起来有：①生产能力大，即单位塔截面的处理量要大；②分离效率高，即达到规定分离要求的塔高要低；③操作稳定，弹性较大，即允许蒸气或液体负荷在一定的范围内变化，而不致在操作上发生困难，以及引起分离效率的过分降低；④对气体的阻力要小，减少动力消耗；⑤结构简单，易于加工制造，维修方便，节省材料，以及不易堵塞等。

任何塔型都难以满足上述的全部要求。因此必须了解各种塔型的特点并结合具体工艺条件，抓主要矛盾，选择合适的塔型。生产中常有多种不同结构的塔型。根据塔的总体结构可分为板式塔和填料塔两大类，而板式塔又分为筛板塔、泡罩塔、浮阀塔等。

4.4.1　筛板塔的结构

筛板塔是由筒体和筛板组合而成，其结构如图 4-18 所示。塔板实际上是筛孔板、溢流斗、无孔板的组合体。

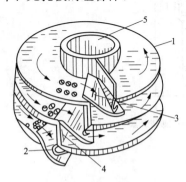

图 4-18　筛板塔结构示意
1—筛板；2—溢流出口；3—溢流装置；
4—垂直隔板；5—内筒

在小型精馏塔中筛孔板是整体的，在大型精馏塔中筛孔板是由许多块扇形板拼接而成为整块塔板，采用扇形结构主要是为了便于拼接成圆形塔板以及满足塔板刚度的要求。

筛孔板上有许多小孔，蒸气自下而上穿过小孔，经液体层鼓泡而上。液体按照一定的路线从塔板上流过，经溢流装置逐层往下流动。由于穿过小孔气流的托持，流体不会从筛孔漏下。蒸气经过各层塔板时，分散成许多股气流从小孔进入液体中与之接触，进行热质交换。

空分塔中筛孔直径为 $0.9 \sim 1.3\,\mathrm{mm}$，大型装置的塔板采用较大的孔径。筛孔之间的中心距一般采用 $3.25\,\mathrm{mm}$。孔中心距与孔径之比对气、液接触有较大的影响，一般在 $3 \sim 4$ 范围内选取。筛孔在塔板是按正三角形排列。筛孔板厚度约为 $1\,\mathrm{mm}$。

液体在塔板上的流动方向如图 4-19 所示，一般分为对流、径流、环流，环流又分为单溢流和双溢流。

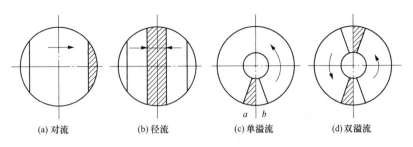

(a) 对流　　　　(b) 径流　　　　(c) 单溢流　　　　(d) 双溢流

图 4-19　流体在塔板上的流动方式

为了使回流液从上一块塔板流到下一块塔板，设置溢流装置。空分塔常用的溢流装置结构如图 4-20 所示。

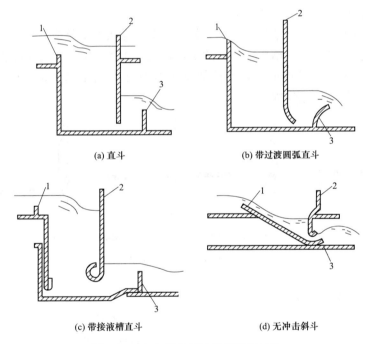

(a) 直斗　　　　(b) 带过渡圆弧直斗

(c) 带接液槽直斗　　　　(d) 无冲击斜斗

图 4-20　空分塔常用的溢流装置结构
1—出口堰；2—垂直隔板；3—进口堰

（1）直斗型。结构最简单，冲击损失最大，因此阻力大，要求的塔板间距也大，多用于小型的空分塔。

（2）带过渡圆弧的直斗型。由于过渡圆弧使冲击损失减少，要求的塔板间距可略为降低。

（3）带接液槽的直斗型。可看成是带过渡圆弧的变形，但是由于加上接液槽以后使进口堰高度降低，塔板上液体深度趋于均匀，使流通截面扩大，减少溢流斗的流动损失，可以在结构不太复杂的情况下降低塔板间距。另外其刚度也比斜斗好。

（4）无冲击斜斗型。无冲击损失，结构比较复杂，但要求的塔板间距比较小，曾在国产3200、3250、6000m³/h（标准状态下）空分塔中采用。在中、大型空分装置中常采用无冲击式溢流装置。

溢流斗的作用除了引导回流以外，还起到液封的作用，即不允许蒸气从溢流斗短路上升。溢流装置的形式有直溢流（有冲击式）与斜溢流（无冲击式），这两种溢流装置都用于环形流流动的塔板上。

受液盘是承受上一块塔板溢流装置流下来的液体，其上无筛孔，故又称为无孔板。但是，其上开有几个小孔，以便在停机、检修时排泄残余液体。它有凹形和平形两种，对于直溢流装置受液盘上应有液封，采用进口溢流堰使塔板上升气不直接经溢流装置而"短路"，同时应使溢流装置内流出的液体均匀地进入塔板。对于斜溢流装置，它的液体出口处本身就有液封，因此受液盘上无进口堰。

溢流装置的面积约占塔板面积 F_m 的 $1/16\sim1/12$。无孔板的面积与溢流装置一样。

塔板上还设置出口堰，使塔板上造成一定的液层高度，液层高度多少对气、液接触好坏有一定关系。空分塔中溢流堰一般为 $5\sim10\mathrm{mm}$。

塔板与筒体的固定有专门结构，以免安装不当造成塔板不平整或液体有泄漏。其固定方式主要是在筒体上轧槽，这些槽要求严格的平行并使其相互间的距离等于塔板间距，这是为保证塔板水平度。塔板与筒体的固定元件如图 4-21 所示，其中图 4-21（b）～图 4-21（d）固定元件与筒壳用氩弧焊点焊固定。

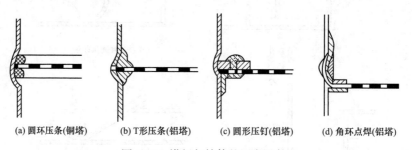

(a) 圆环压条(铜塔)　　(b) T形压条(铝塔)　　(c) 圆形压钉(铝塔)　　(d) 角环点焊(铝塔)

图 4-21　塔板与筒体的固定元件

4.4.2　其他类型塔设备

筛板塔的特点是设计工况下效率高、结构简单、制造方便，所以应用广泛。但是它的稳定性差，对负荷变动的适应性差，在减少负荷时塔板上液体容易泄漏。特别在短期停机后再启动时，由于建立塔板上正常液层高度需要一定的时间，所以操作灵活性受到一定限制。另外筛板塔对塔板水平要求很高。空分装置除采用筛板塔以外，还采用一些其他类型的精馏塔。

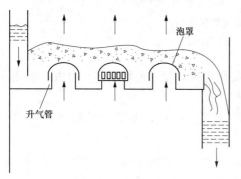

图 4-22　泡罩塔板结构示意

1. 泡罩塔

泡罩塔板是工业上应用最早的塔板，主要由升气管及泡罩构成。泡罩安装在升气管的顶部，在塔板上为正三角形排列，如图 4-22 所示。

操作时，液体横向流过塔板，靠溢流堰保持板上有一定厚度的液层，齿缝浸没于液层之中而形成液封。升气管的顶部应高于泡罩齿缝的上沿，以防止液体从中漏下。上升气体通过齿缝进入液层时，被分散成许多细小的气泡或流股，在板上形成鼓泡层，为气液两相的传热和传质提供足够的界面。

泡罩塔板的优点是操作弹性较大，塔板不易堵塞；缺点是结构复杂、造价高，板上液层厚，塔板压降大，生产能力及板效率较低。泡罩塔板已逐渐被筛板、浮阀塔板所取代。

2. 浮阀塔

浮阀塔板具有泡罩塔板和筛孔塔板的优点，应用广泛，其结构形式如图 4-23 所示。

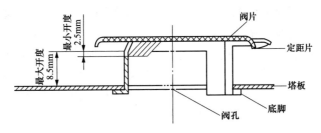

图 4-23　浮阀塔板结构形式

浮阀塔板的结构特点是在塔板上开有若干个阀孔，每个阀孔装有一个可上下浮动的阀片。操作时，由阀孔上升的气流经阀片与塔板间隙沿水平方向进入液层，增加了气液接触时间，浮阀开度随气体负荷而变。在低气量时，开度较小，气体仍能以足够的气速通过缝隙，避免过多的漏液；在高气量时，阀片自动浮起，开度增大，使气速不致过大。

浮阀塔板的优点是结构简单、造价低，生产能力大，操作弹性大，塔板效率较高；其缺点是处理易结焦、高黏度的物料时，阀片易与塔板黏结；在操作过程中有时会发生阀片脱落或卡死等现象，使塔板效率和操作弹性下降。

3. 填料塔

填料塔的整体结构如图 4-24 所示，它是由塔体、填料、喷淋装置、支撑栅板、再分配器、气液进出口管等组成。填料可使气液两相高度分散，扩大相间接触面积；喷淋装置为使液体均匀喷洒在填料层中；支撑栅板是用来支撑填料层，并使蒸气均匀通过填料层；再分配器的作用是使液体能够均匀地湿润所有填料，避免液体沿筒壳流动而使中间填料得不到湿润。

填料塔的优点是结构简单，安装检修比较方便，阻力也比较小，生产能力大，分离效率高，操作弹性大等优点。填料塔也有一些不足之处，如填料造价高；当液体负荷较小时不能有效地润湿填料表面，使传质效率降低。

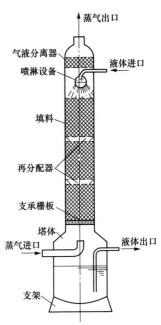

图 4-24　填料塔的整体结构

（1）填料。填料提供了气液两相接触的表面积，与塔内件一起决定了填料塔的性能。填料有散装填料和规整填料之分。

1）散装填料。拉西环填料于 1914 年由拉西（F. Rashching）发明，为外径与高度相等的圆环。拉西环可以在塔内乱堆或整砌。相对整砌，乱堆的拉西环层液体的分布性能较差，壁效应较为严重。拉西环最常见的为瓷环，此外还有碳拉西环、铜拉西环。

鲍尔环填料是拉西环的改进，在拉西环的侧壁上开出两排长方形的窗孔，被切开的环壁的一侧仍与壁面相连，另一侧向环内弯曲，形成内伸的舌叶，诸舌叶的侧边在环中心相搭。鲍尔环由于环壁开孔，大大提高了环内空间及环内表面的利用率，气流阻力小，液体分布均匀。与拉西环相比，鲍尔环的气体通量可增加50%以上，传质效率提高30%左右。鲍尔环是一种应用较广的填料。

除此之外，各种高效的填料不断出现，金属环矩鞍填料（IMPT）、塑料派克环（Nor-Pak Ring）以及采用金属丝网、细金属丝刺孔金属片等制作的高效散装填料。工业上常用的散装填料的特性数据可查有关手册。

2）规整填料。规整填料是一种在塔内按均匀几何图形排布，整齐堆砌的填料。工业上应用广泛的规整填料为波纹填料，图4-25是波纹片形状示意。波纹填料是由许多波纹薄板组成的圆盘状填料，波纹与塔轴的倾角有30°和45°两种，组装时相邻两波纹板反向靠叠。各盘填料垂直装于塔内，相邻的两盘填料间交错90°排列。

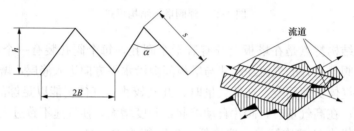

图4-25　波纹片形状示意

规整材料根据其几何结构有：波纹填料、格栅填料、脉冲填料等。还可以根据材质的结构分为丝网波纹填料、板波纹填料和网孔波纹填料等。规整材料的材质有金属、塑料、陶瓷、碳纤维等。

由于结构的均匀、规则、对称性，在与散装填料具有相同的比表面积时，填料的空隙率更大，具有更大的通量，综合处理能力比板式塔和散装填料塔大得多，因此以金属板波纹为代表的各种通用型规整填料在工业中得到应用。

（2）填料塔内件。塔内件是填料塔的组成部分，它与填料及塔体共同构成一个完整的填料塔。塔内件的作用是使气液在塔内更好地接触，以便发挥填料塔的最大效率和最大生产能力，因此塔内件设计的好坏直接影响填料性能的发挥和整个填料塔的性能。另外，填料塔的"放大效应"除填料本身因素外，塔内件对它的影响也很大。

填料塔的内件主要包括填料支承装置、填料压紧装置、液体分布装置和液体收集再分布装置等。

1）填料支承。填料支承安装在填料层底部，主要有以下几个作用：①阻止填料穿过填料支承而下落；②支承操作状况下填料床层的重量；③提供足够的自由面积使气液两相自由通过。

2）填料压紧装置。填料上方安装压紧装置可防止在气流的作用下填料床层发生松动和跳动。填料压紧装置分为填料压板和床层限制板两大类，每类又有不同的型式。填料压板自由放置于填料层上端，靠自身重量将填料压紧。它适用于陶瓷、石墨等制成的易发生破碎的散装填料。床层限制板用于金属、塑料等制成的不易发生破碎的散装填料及所有规整填料。床层限制板要固定在塔壁上，为不影响液体分布器的安装和使用，不能采用连续的塔圈固定，对于小塔可用螺钉固定于塔壁，而大塔则用支耳固定。规整填料一般不会发生流化，但在大塔中，分块组装的填料会移动，因此也必须安装由平行扁钢构造的填料限制圈。

　　3）液体分布器。为了减少由于液体不良分布所引起的放大效应，充分发挥填料的效率，必须在填料塔中安装液体分布器，把液体均匀地分布于填料层顶部。液体初始分布的质量不仅影响着填料的传质效率，而且还会对填料的操作弹性产生影响。因此，液体分布器是填料塔内极为关键的内件。

　　液体分布器的种类可分为喷洒式、盘式、管式、槽式和槽盘式等。分布器的种类比较多，选择的依据主要有分布质量、操作弹性、处理量、气体阻力、对水平度等许多方面。

　　4）液体收集再分布器。填料塔在操作过程中，由于气液流率的偏差会造成局部气液比不同，使塔截面出现径向浓度差，如不及时重新混合，工况将持续恶化。为了消除塔径向浓度差，一般 15～20 个理论级需进行一次气液再分布，超过 20 个理论级，液体不均匀分布对效率的影响太大。收集再分布器占据很大的塔内空间，气液再分布过多会增加塔高，加大设备投资，填料塔内的气液再分布需合理安排。

　　填料塔各床层之间采用液体收集器将上一床层流下的液体完全收集并混合，再进入液体分布器，消除塔径向质与量的偏差。液体收集器主要有斜板式液体收集器和盘式液体收集器两种，斜板式液体收集器的特点是自由面积大，气体阻力小，一般低于 2.5mm 液柱，因此非常适于真空操作；盘式液体收集器的气体阻力稍大，可作气体分布器。

4.5　二元精馏过程的计算

　　精馏过程的实质是上升蒸气和下流液体充分接触，两相间进行物质和能量的相互传递的过程。针对板式精馏塔，其塔板作用是为气液两相进行热量和质量传递提供条件。整个精馏过程就是通过精馏塔内的每块塔板而实现的。精馏过程的计算是要确定将原料气分离为一定纯度的产品所需要的塔板数。

4.5.1　精馏塔板上的工作过程

　　图 4-26 示出精馏塔中任意两相邻塔板间的截面示意。图中 V 为上升气量；L 为回流液量；y、x 为处于相平衡的蒸气及液体中氮的摩尔分数；h'、h'' 为液相、气相的饱和比焓值；r 为气化潜热。来自塔板下面的蒸气经筛孔进入塔板上的液体中，与温度较低的液体直接接触，气液之间发生热质交换，一直进行到相平衡为止。这时氮含量增浓后的蒸气离开塔板继续上升到上一块塔板；而氧含量增加后的液体流到下一块塔板上去，这种往下流的液体称为回流液。离开塔板 I 的上升蒸气 V_2 与从塔板 I 往下流的液体 L_1 是接近平衡，同样 V_3 与 L_2 也是接近平衡，而 1—1，2—2，3—3 截面上 V_1 与 L_1，V_2 与 L_2，V_3 与 L_3 是处于不平衡状态。

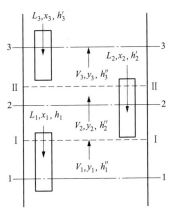

图 4-26　两相邻塔板间的截面示意

为了简化和便于计算，作以下假设：

（1）塔板上的气相物流和液相物流达到完全平衡状态。

（2）氧和氮的蒸发潜热相差很小，假设它们相等。

（3）氧和氮的混合热为零。

（4）精馏塔理想绝热，外界热量的影响忽略不计。

（5）塔内的工作压力沿塔高均一致。

在稳定工况下，任何塔段都应满足物料平衡和热量平衡关系。取截面Ⅰ—Ⅰ和Ⅱ—Ⅱ间的塔段进行研究，可写下列三个方程式：

$$V_1 + L_2 = V_2 + L_1 \tag{4-53}$$

$$V_1 y_1 + L_2 x_2 = V_2 y_2 + L_1 x_1 \tag{4-54}$$

$$V_1 h_1'' + L_2 h_2' = V_2 h_2'' + L_1 h_1' \tag{4-55}$$

由此三式消去 V_1、V_2，可得：

$$L_2 = L_1 \frac{h_1'' - h_1' + (h_2'' - h_1'')\dfrac{y_1 - x_1}{y_1 - x_2}}{h_2'' - h_2' + (h_2'' - h_1'')\dfrac{y_2 - x_2}{y_1 - y_2}} \tag{4-56}$$

根据假设，沿塔的高度蒸气的焓值应不变，即 $h_1'' = h_2''$。

则

$$L_2 = L_1 \frac{h_1'' - h_1'}{h_2'' - h_2'} = L_1 \frac{r_1}{r_2} \tag{4-57}$$

又据假设，塔板上液体的蒸发潜热不变，即 $r_1 = r_2$。

则

$$\begin{cases} L_2 = L_1 = L \\ V_2 = V_1 = V \end{cases} \tag{4-58}$$

因此，在精馏塔中沿塔高上升气体量和下流的回流液量都分别保持不变。

现在讨论同一块塔板上、下两截面气、液摩尔分数的变化和 L、V 的关系。

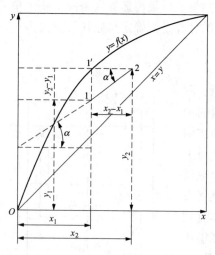

图 4-27 塔截面上物流摩尔分数变化

将式（4-58）的结果代入式（4-54）得

$$V y_1 + L x_2 = V y_2 + L x_1 \tag{4-59}$$

或

$$\frac{L}{V} = \frac{y_2 - y_1}{x_2 - x_1} \tag{4-60}$$

如图 4-27 所示，式（4-60）表明了这一块塔板上、下两截面气液摩尔分数的变化关系。同理对其他塔板，也可以求得：$\dfrac{L}{V} = \dfrac{y_3 - y_2}{x_3 - x_2}$，$\dfrac{L}{V} = \dfrac{y_4 - y_3}{x_4 - x_3}$，…。因此，所有塔板上、下气液摩尔分数关系都满足斜率为 L/V 的同一条直线方程式。该直线称为精馏过程的操作线，其斜率 L/V 称气液比。

摩尔分数为 x_2 和 y_1 不平衡物流在塔板Ⅰ上接触，进行热质交换，达到完全平衡时，其摩尔分数为 x_1 和 y_2，在图中由平衡曲线上的点 $1'$ 所示。

4.5.2　理论塔板数的确定

蒸气和液体在塔内连续流动，每经一块塔板相互之间的摩尔分数关系由不平衡变到平衡。为求得理论板数，首先需根据物料衡算建立操作线方程；如果已知气液比 L/V 及塔顶（或塔底）的物流摩尔分数，则该塔段的操作线方程即求出。操作线即代表该塔段任一截面上的气液摩尔分数关系。平衡气液之间的摩尔分数关系可由相平衡图查得。在计算中每应用一次平衡关系就代表经过一块塔板，故应用平衡关系的次数即为所求的理论塔板数。

求理论塔板数的方法有逐板计算法、图解法（$h\text{-}x$ 图，$y\text{-}x$ 图）等。$y\text{-}x$ 图解法，作图方法较简单，而且对精馏过程的反映比较直观，本节主要应用 $y\text{-}x$ 图说明二元精馏过程的计算。

1．下塔

取下塔任一截面至塔釜的部分为物料衡算系统，下塔物料平衡及 $y\text{-}x$ 图解法确定下塔的理论塔板数如图 4-28 所示，物料平衡方程式

$$\begin{cases} V_K + L = V + L_K \\ V_K y_{N_2}^K + L x = V y + L_K x_{N_2}^K \end{cases} \tag{4-61}$$

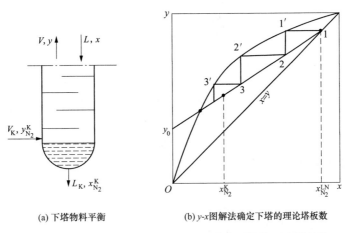

(a) 下塔物料平衡　　　　(b) $y\text{-}x$ 图解法确定下塔的理论塔板数

图 4-28　下塔物料平衡及 $y\text{-}x$ 图解法确定下塔的理论塔板数

若是干饱和空气进塔，则不存在新的液体补充，且因已假定液体的蒸发潜热不变，按照式（4-58）可得，则

$$V_K = V, \quad L_K = L \tag{4-62}$$

由式（4-61）可得下塔操作线方程

$$y = \frac{L_K}{V_K} x + \left(y_{N_2}^K - \frac{L_K}{V_K} x_{N_2}^K \right) \tag{4-63}$$

及操作线的截距（即 $x=0$ 时）

$$y = y_{N_2}^K - \frac{L_K}{V_K} x_{N_2}^K \tag{4-64}$$

下塔顶部的气氮摩尔分数与冷凝的液氮摩尔分数相同，因此表示该截面气液组分摩尔分数的点在 $y=x$ 线上。联立解下塔操作线方程式（4-64）和 $y=x$ 可得其交点的横坐标 $x=x_{N_2}^{LN}$。在 $y\text{-}x$ 图上可得到（$x=0$，$y=y_{N_2}^K - \dfrac{L_K}{V_K} x_{N_2}^K$）及（$y=x=x_{N_2}^{LN}$）两点，连接这两点得

一条直线，即下塔的操作线。过 $y=x=x_{N_2}^{LN}$ 点作水平线与平衡曲线相交于点 $1'$，过 $1'$ 作铅垂线与操作线交于点 2，所得的三角形代表下塔中一块理论塔板。同样方法作下去，一直到点 $3'$，由此点作铅垂线所得的 x 值等于或稍小于 $x_{N_2}^K$ 值为止，所得的三角形代表下塔中一块理论塔板。图 4-28（b）中所示为 2.5 块理论塔板。

2. 上塔

以液空进料口为界分为精馏段及提馏段。

（1）精馏段。取上塔精馏段任意截面（Ⅰ—Ⅰ）至塔顶的部分为物料衡算系统，如图 4-29（a）所示得组分平衡方程式

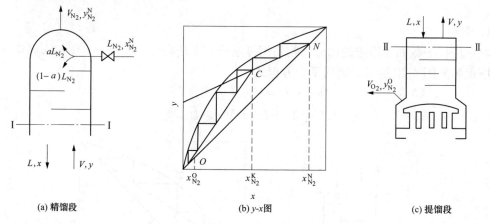

（a）精馏段　　　　　　　（b）y-x图　　　　　　　（c）提馏段

图 4-29　上塔精馏段及提馏段塔板数确定

$$L_{N_2} x_{N_2}^N + V_I y_I = L_I x_I + V_{N_2} y_{N_2}^N \tag{4-65}$$

设液氮节流后气化率为 α，则

$$L_I = (1-\alpha) L_{N_2} \tag{4-66}$$

则

$$V_I = V_{N_2} - \alpha L_{N_2} \tag{4-67}$$

代入式（4-65）得精馏段操作线方程式

$$y_I = \frac{(1-\alpha) L_{N_2}}{V_{N_2} - \alpha L_{N_2}} x_I + \frac{V_{N_2} y_{N_2}^N - L_{N_2} x_{N_2}^N}{V_{N_2} - \alpha L_{N_2}} \tag{4-68}$$

及精馏段操作线截距（$x=0$）

$$y_I = \frac{V_{N_2} y_{N_2}^N - L_{N_2} x_{N_2}^N}{V_{N_2} - \alpha L_{N_2}} \tag{4-69}$$

其斜率为

$$\tan a_I = \frac{L_I}{V_I} = \frac{(1-\alpha) L_{N_2}}{V_{N_2} - \alpha L_{N_2}} \tag{4-70}$$

对于上塔顶部 $y_{N_2}^N \approx x_{N_2}^N$，精馏段操作线与 $y=x$ 线交点的横坐标为

$$x_I = \frac{V_{N_2} y_{N_2}^N - L_{N_2} x_{N_2}^N}{V_{N_2} - L_{N_2}} \approx x_{N_2}^N \tag{4-71}$$

根据这三个条件中的任意两个便可在 y-x 图中作出精馏段的操作线。

（2）提馏段。取上塔提馏段任意截面Ⅱ—Ⅱ至冷凝蒸发器的部分为物料衡算系统，如图

4-29（c）所示，得组分平衡方程式

$$V_{\mathrm{II}} y_{\mathrm{II}} + V_{\mathrm{O}_2} y^{\mathrm{O}}_{\mathrm{N}_2} = L_{\mathrm{II}} x_{\mathrm{II}} \tag{4-72}$$

设液空节流后的气化率为 α_{K}，则

$$V_{\mathrm{II}} = V_{\mathrm{N}_2} - \alpha L_{\mathrm{N}_2} - \alpha_{\mathrm{K}} L_{\mathrm{K}} \tag{4-73}$$

$$L_{\mathrm{II}} = (1-\alpha) L_{\mathrm{N}_2} + (1-\alpha_{\mathrm{K}}) L_{\mathrm{K}} \tag{4-74}$$

代入式（4-72）得提馏段操作线方程

$$y_{\mathrm{II}} = \frac{(1-\alpha) L_{\mathrm{N}_2} + (1-\alpha_{\mathrm{K}}) L_{\mathrm{K}}}{V_{\mathrm{N}_2} - \alpha L_{\mathrm{N}_2} - \alpha_{\mathrm{K}} L_{\mathrm{K}}} x_{\mathrm{II}} - \frac{V_{\mathrm{O}_2} y^{\mathrm{O}}_{\mathrm{N}_2}}{V_{\mathrm{N}_2} - \alpha L_{\mathrm{N}_2} - \alpha_{\mathrm{K}} L_{\mathrm{K}}} \tag{4-75}$$

提馏段操作线与 $y=x$ 线交点的横坐标，$x_{\mathrm{II}} = x^{\mathrm{O}}_{\mathrm{N}_2}$。

提馏段操作线的斜率为

$$\tan a_{\mathrm{II}} = \frac{L_{\mathrm{II}}}{V_{\mathrm{II}}} = \frac{(1-\alpha) L_{\mathrm{N}_2} + (1-\alpha_{\mathrm{K}}) L_{\mathrm{K}}}{V_{\mathrm{N}_2} - \alpha L_{\mathrm{N}_2} - \alpha_{\mathrm{K}} L_{\mathrm{K}}} \tag{4-76}$$

根据这两个条件可在 $y\text{-}x$ 图上作出提馏段的操作线，如图 4-29（b）所示。提馏段操作线的斜率与精馏段不同，即两者的气液比不同。两段虽在同一塔中，但由于在塔中部有液空进料，从而使两段的 L 和 V 值发生了变化。所以对一个精馏塔如果有物料加入或取出时，则精馏塔应按物料加入或取出的位置分为若干段进行计算，每段的 L/V 不同，则其操作线也不同。

如前述方法一样，通过图 4-29（b）中点 N 在精馏段操作线和气液平衡曲线之间作水平线，铅垂线。当 x 值越过 $x^{\mathrm{K}}_{\mathrm{N}_2}$ 后则按提馏段操作线作图，直至提馏段的 O 点为止。所得三角形数为上塔的理论塔板数。其中以 C 为精馏段和提馏段的分界，从 $C \sim N$ 这段中的三角形个数为精馏段的理论塔板数，从 $C \sim O$ 这段中的三角形个数为提馏段的理论塔板数。也可由 C 点开始分别向两边作阶梯线，直至达到或超过 N 点和 O 点。本图所示精馏段理论塔板数为 2 块，提留段为 3.5 块。

综上所述，用 $y\text{-}x$ 图解法确定理论塔板数的步骤是：①根据工作压力确定氧-氮二元系在 $y\text{-}x$ 图上的平衡曲线，并作对角线；②在 $y\text{-}x$ 图上作出相应塔段的操作线；③在平衡曲线和操作线之间作阶梯线段，各塔段形成的三角形数便代表该段的理论塔板数。

3. 气液比对塔板数的影响

设上塔精馏段和提馏段操作线的交点为 $C(x_{\mathrm{C}}, y_{\mathrm{C}})$，点 C 的位置与精馏段的气液比及液空进料状态有关。令 δ 表示液空进料的含液率，则

$$\delta = \frac{H''_{\mathrm{m}} - H_{\mathrm{m}}}{r} \tag{4-77}$$

式中　H''_{m}——液空饱和蒸汽的摩尔焓，J/mol；

　　　H_{m}——液空进塔时的摩尔焓，J/mol；

　　　r——液空的汽化潜热，J/mol。

由物料衡算可证明

$$y_{\mathrm{C}} = \frac{\delta}{\delta - 1} x_{\mathrm{C}} - \frac{1}{\delta - 1} x^{\mathrm{K}}_{\mathrm{N}_2} \tag{4-78}$$

此式为点 C 在 $y\text{-}x$ 图中的轨迹，为一直线，称为 δ 线，斜率为 $\tan\theta \approx \delta/(\delta-1)$。$\delta$ 线与气液平衡曲线的交点为 C_1 点。在任何进料状态下，δ 线与 $x=y$ 线总交于 $x=y=x^{\mathrm{K}}_{\mathrm{N}_2}$ 点，

即点 C_2。于是，已知精馏段的操作线后，可由点 C_2 作 δ 线，与精馏段操作线交于点 C，过点 C 即可作提馏段的操作线。

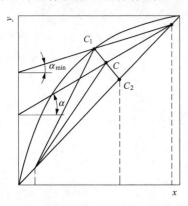

图 4-30　气液比的极限情况

沿塔下流的液体和上升蒸气之比 L/V 称气液比，气液比对精馏过程和理论塔板数有直接影响。气液比的极限情况如图 4-30 所示，当氧、氮纯度已定，精馏段和提馏段两操作线的交点 C 的位置可以随气液比的不同在 C_1 和 C_2 之间移动。当交点越偏向点 C_1，说明精馏段气液比越小，塔板数则越多，塔的高度和沿塔的流动阻力都会增加。当交点达到点 C_1 时，精馏段操作线的斜率为最小值。这种说明不平衡物流已达平衡状态，气液摩尔分数不可能再发生变化，精馏过程停止。要达到这种工况，理论上需要无穷多块塔板。当交点越偏向点 C_2，表示气液比越大，塔板数越少。但由于所需液体量多，而且气液温差大，以致不可逆损失大，造成能量消耗大。当交点落在点 C_2，即操作线与对角线重合，此时精馏段的气液比为最大值达到 $L/V=1$，这种情况下物流浓度差最大，理论塔板数最少，能量消耗最大。因此，除少数情况外，一般精馏段的气液比应介于上述二极限值之间。

最小气液比为

$$\left(\frac{L}{V}\right)_{\min}=\frac{x^{N}_{N_2}-y_{C_1}}{x^{N}_{N_2}-x_{C_1}} \tag{4-79}$$

工作气液比为

$$\left(\frac{L}{V}\right)_{pr}=1.3\sim1.5\left(\frac{L}{V}\right)_{\min} \tag{4-80}$$

例 4-2　双级精馏塔下塔压力为 588.6kPa，上塔压力为 132.4kPa。产品氧的摩尔分数 $y^{O}_{O_2}=99\%$；上塔引出氮气的摩尔分数 $y^{N}_{N_2}98\%$；下塔液氮槽液氮的摩尔分数 $x^{N}_{N_2}=98\%$；富氧液空的氧摩尔分数 $x^{K}_{O_2}=38.5\%$。空气以干饱和状态进入下塔，液氮节流汽化率 $\alpha=0.17$，试利用 y-x 图解法求全塔的理论塔板数。

解：首先进行物料衡算确定各物流的量。按标准状态计算，设加工空气量 $V_K=1\text{m}^3$。

产品氧量

$$V_{O_2}=\frac{y^{N}_{N_2}-y^{K}_{N_2}}{y^{N}_{N_2}-y^{O}_{N_2}}V_K=\frac{0.98-0.791}{0.98-0.01}\text{m}^3=0.195\text{m}^3$$

上塔引出的氮气量

$$V_{N_2}=V_K-V_{O_2}=1-0.195=0.805\text{m}^3$$

富氧液空量

$$L_K=\frac{x^{N}_{N_2}-y^{K}_{N_2}}{x^{N}_{N_2}-x^{K}_{N_2}}V_K=\frac{0.98-0.791}{0.98-0.615}=0.518\text{m}^3$$

下塔引出的液氮量

$$L_{N_2}=V_K-L_K=1-0.518=0.482\text{m}^3$$

将上述数据带入下塔操作线方程，得下塔操作线方程：$y=0.518x+47.243$。

作 $p=588.6\text{kPa}$ 的平衡曲线如图 4-31（a）所示。操作线一端为 $x=y=x^{N}_{N_2}=98\%$，得

到点 N。当 $x=0$ 时，操作线与纵坐标相交于 $y=47.243\%$，得到点 E。连接点 N、E，与 $x=y=x_{N_2}^K=61.5\%$ 直线交于点 K，则点 K 为下塔操作线的另一端点。过点 N 做三角形直至点 K，得到 9 个三角形，即下塔理论塔板数为 9 块。

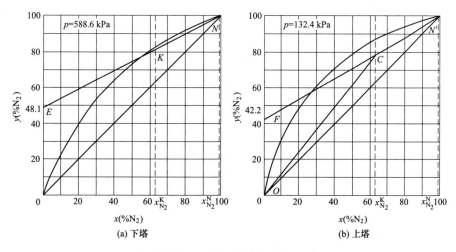

图 4-31 y-x 图解法求理论塔板数

同理，将有关数据带入上塔精馏段操作线方程，得 $y=0.553x+43.78$，作 $p=132.4\text{kPa}$ 的平衡曲线，如图 4-31（b）所示。精馏操作线与 $y=x$ 线交点为 N'（$x=y=x_{N_2}^N$），在纵轴截距的交点为 F（$y=43.78\%$），连接点 N'、F 得直线 $N'F$。提馏段与精馏段操作线交于可近似地认为在 $x=x_{N_2}^K$ 线上。因此，过 $x_{N_2}^K$ 做垂线与直线 $N'F$ 交于点 C，直线 $N'C$ 即为精馏段操作线。提馏段过 $y=x$ 与 $x=x_{N_2}^O=1\%$ 的交点 O，连接点 C、O 得提馏段操作线。过点 N' 作三角形，直至点 O，得到上塔精馏段理论塔板数为 3.3 块，提馏段 4.7 块，上塔理论塔板数共 8 块。

为了计算精确，应考虑液空进料状态的影响，则需要做 δ 线，精馏段操作线和 δ 线的交点即为两操作线的交点。

4.6 精馏塔的塔板效率

在求解精馏塔的理论塔板数时曾作过一系列假设，这些假设与实际情况是有差异的，其中假定离开每块塔板的蒸气和液体处于相平衡状态，这实际上是无法实现的。实际需要的塔板数与理论塔板数可能相差甚远。为了达到一定的分离要求，必须确定实际需要的塔板数。为此，需要研究塔板上实际达到的分离效果与理想情况的差别，也即所谓的塔板效率问题。影响塔板效率的因素很多，而且比较复杂，虽然已经进行过大量的研究，但依旧很难做到对各种塔型都能精确地计算。

4.6.1 塔板效率的表示方法

1. 全塔效率 η

塔内精馏过程所需理论塔板数 N_{th} 与实际塔板数 N_{pr} 之比称为全塔效率 η，即

$$\eta=\frac{N_{th}}{N_{pr}}$$

(4-81)

全塔效率是一个概括性的概念,事实上在一个塔内各个塔板上的传质情况不全相同,因而各板上的相应效率往往不完全一样,但在工程计算中,为了简便起见,常用这一概念。

2. 板效率 η_{MV}（或 η_{ML}）

根据理论塔板的定义,离开塔板的气相与液相应达到平衡状态。实际塔板上的摩尔分数变化与平衡时应达到的摩尔分数变化之比,称为板效率。

气相板效率,η_{MV} 为

$$\eta_{MV} = \frac{y_n - y_{n-1}}{y_n^* - y_{n-1}} \tag{4-82}$$

液相板效率,η_{ML} 为

$$\eta_{ML} = \frac{x_{n+1} - x_n}{x_{n+1} - x_n^*} \tag{4-83}$$

式中　y_n、y_{n-1}——第 n 板及 $n-1$ 板上的蒸气平均摩尔分数;

$\quad\quad x_n$、x_{n+1}——第 n 板及 $n+1$ 板上的液体平均摩尔分数;

$\quad\quad y_n^*$——与 x_n 平衡的气相摩尔分数;

$\quad\quad x_n^*$——与 y_n 平衡的液相摩尔分数。

3. 点效率 η_{0V}（或 η_{0L}）

在每一块实际塔板上,气液相之间均为交错流接触,各处气液接触时间及湍流情况都不全相同,所以传质速率也不一样。因此,严格说来用上述板效率的概念只能代表板上传质过程的平均情况,尚不能反映各点的真实情况。为了研究各点的局部情况,提出了点效率的概念。点效率模型如图 4-32 所示。

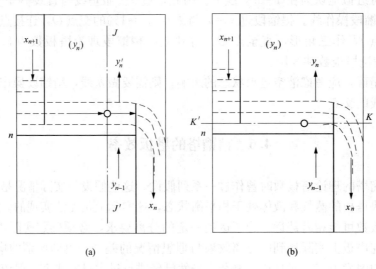

图 4-32　点效率模型图

图 4-32（a）中,设在塔板上某一垂直轴线 $J—J'$ 上,进入的气相摩尔分数为 y_{n-1},离开液面后,变为 y_n',在 $J—J'$ 处与 x_n 平衡的气相摩尔分数为 y_n^*,则气相点效率为

$$\eta_{0V} = \frac{y_n' - y_{n-1}}{y_n^* - y_{n-1}} \tag{4-84}$$

同样在图 4-32（b）中,沿水平轴线 $K—K'$,有液相点效率为

$$\eta_{0L}=\frac{x_{n+1}-x_n'}{x_{n+1}-x_n^*} \tag{4-85}$$

η_{0V} 与 η_{0L} 之间存在以下关系：

$$\eta_{0V}=\frac{\eta_{0L}}{\eta_{0L}+\dfrac{1}{A}(1-\eta_{0L})} \tag{4-86}$$

式中 $A=\dfrac{L_M}{MV_M}$，M 为相应于板上摩尔分数时的平衡线斜率。$L_M=V_M$ 为气液比即操作线斜率。A 的含义为操作线斜率与平衡曲线斜率之比。当操作线与平衡线的斜率相等时 $\eta_{0V}=\eta_{0L}$。

4.6.2　点效率、板效率与全塔效率的关系

1. 点效率与板效率的关系

由点效率与板效率的定义，可以认为板效率是板上各点效率的积分平均值，因而与板上液体混合情况有很大关系，可分为几种情况来考虑。

（1）当塔板上液相完全混合均匀时，板上各点的液相摩尔分数均为 x_n，又因板上各点 y_n^* 相同，且 $\overline{y_n}=y_n'$，由式（4-82）及式（4-84）可得

$$\eta_{0V}=\eta_{MV} \tag{4-87}$$

在直径很小的塔内，有可能接近这种情况。

（2）当塔板上的液体完全不返混时，即板上液相摩尔分数逐渐由 x_{n+1} 变至 x_n，且在同一垂直方向内无浓度变化，则此时存在下列关系：

$$\eta_{MV}=A(e^{\frac{\eta_{0V}}{A}}-1) \tag{4-88}$$

（3）实际上多数塔板的液体流动是介于上述二种极限情况之间的，即存在有部分返混。这种情况比较普遍也很复杂，对此曾提出多种混合模型，但计算和推导都很复杂。

2. 雾沫夹带对板效率的影响

前述的板效率 η_{MV} 只考虑了传质，而未考虑塔板上雾沫夹带的影响。由于雾沫夹带的结果，使一部分高沸点组分含量多的液体直接被带到上一层塔板，从而降低了上一层塔板上的低沸点组分摩尔分数，抵消了部分精馏的效果，降低了气相板效率 η_{MV} 值。表观效率 η_a 为有雾沫夹带影响的板效率，其表达式为

$$\eta_a=\frac{\eta_{MV}}{1+e'\eta_{MV}/L_M'} \tag{4-89}$$

式中　η_a——表观效率；

　　　e'——单位鼓泡面积的夹带量，$kmol/m^3$；

　　　L_M'——单位鼓泡面积的液相流量，$kmol/m^3$。

推导时假设操作线和平衡线接近平行，操作线斜率与平衡线斜率之比 $A=1$，即各相邻塔板间摩尔分数增值接近相等。根据雾沫夹带对板效率的影响，工业上一般建议使 $e'\eta_{MV}/L_M'$ 不超过 0.1。这样对于表观效率的降低程度一般在 10% 之内。

3. 板效率与全塔效率的关系

求得各层塔板上的表观效率 η_a 后，即可以此修正逐板计算中的气液平衡关系，代之以实际达到的摩尔分数，最后得到所需的实际板数。

4.6.3 塔板效率的计算和经验值

1. 塔板效率的计算

在研究板效率的影响因素的过程中，已经提出许多计算板效率的关系式。其方法基本上可以分为两种：一种是简化的经验计算法；另一种是从点效率概念出发，分析塔板上某点的传质速率，然后在点效率的基础上，再考虑板上液体混合程度及板间雾沫夹带的影响算出全塔效率。两种方法各有优缺点。经验计算比较简便，而分析法有可靠的理论基础，也可用计算机进行计算。但是分析法计算过繁，特别是关于板上液体混合程度对板效率影响的研究还不完善，因而计算的板效率在准确度上并不理想。

2. 塔板效率的经验值

对塔板效率的问题虽然进行了大量研究，但对其定量规律尚未全部掌握，精确地计算还有一定困难。在使用上更多地还是采用经验值或直接测定值。对空分双级精馏筛板塔的塔板效率，目前推荐值为：①按二元系计算时，平均塔板效率上塔 $\eta = 0.25$，下塔 $\eta = 0.3 \sim 0.35$。②按三元系计算时，平均塔板效率 $\eta = 0.6 \sim 0.8$。

4.7 填料塔精馏过程的计算

前面介绍的精馏计算是针对板式精馏塔的，板式塔的特点是气、液摩尔分数沿塔板呈阶梯式变化。填料塔是在空塔内充装拉西环、鲍尔环或波纹板等规整填料，使液体自上而下地流过填料层，蒸气自下而上穿过填料空隙，在填料层表面和空隙内气液间形成的相界面进行热质交换。塔内传质过程的特点是气、液摩尔分数沿塔高连续变化。填料塔结构简单、压降较小，而且便于用耐腐蚀材料制造，在精馏及吸收等气体分离过程被广泛应用。

4.7.1 填料塔内的传质过程

如图 4-33 所示，气、液在塔内逆向流动，气、液摩尔分数沿填料层高度不断变化；气相中低沸点组分由塔底至塔顶逐渐升高，液相中低沸点组分由塔顶至塔底逐渐降低。

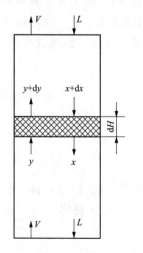

图 4-33 填料塔内物料平衡

在填料层中取一微元高度 dH 来研究它的传质规律。在稳定流动的情况下，列出微元高度 dH 内的物料衡算方程式：

$$dG = V dy = L dx \tag{4-90}$$

式中 dG——单位时间内通过界面 dF 传递的组分量。

根据传质规律，可写出传质速率方程：

$$g = K_V(y^* - y) = K_L(x^* - x) \tag{4-91}$$

或 $$dG = g dF = K_V(y^* - y)dF = K_L(x^* - x)dF \tag{4-92}$$

式中 K_V、K_L——以气相浓度差及液相浓度差为推动力的总传质系数；

dF——dH 高度微元内的相际接触面积；

y^*、x^*——dH 微元内达到相平衡的气相与液相组分摩尔分数。

由式（4-91）及式（4-92）可得

$$\begin{cases} V\mathrm{d}y = K_V(y^* - y)\mathrm{d}F \\ L\mathrm{d}x = K_L(x^* - x)\mathrm{d}F \end{cases} \tag{4-93}$$

又
$$\mathrm{d}F = aA_T\mathrm{d}H \tag{4-94}$$

式中　a——填料比表面积；

　　　A_T——塔的横断面积。

将式（4-93）带入式（4-94）并积分得：

$$\begin{cases} H = \dfrac{V}{K_V aA_T}\displaystyle\int_{y_2}^{y_1}\dfrac{\mathrm{d}y}{y^* - y} \\[3mm] H = \dfrac{L}{K_L aA_T}\displaystyle\int_{x_2}^{x_1}\dfrac{\mathrm{d}x}{x - x^*} \end{cases} \tag{4-95}$$

式（4-95）反映填料塔内传质的规律，是计算填料层高度的基本公式。

4.7.2　填料层高度的计算

1. 传质单元数与传质单元高度

如前所述，式（4-95）可用于计算填料层的高度，该式的右边可视为两项的乘积。以气相为例，积分项 $\displaystyle\int_{y_2}^{y_1}\dfrac{\mathrm{d}y}{y^* - y}$ 表示系统的分离难易程度，称为"传质单元数"，而 $\dfrac{V}{K_V aA_T}$ 项可视为相应于每个传质单元所需的填料高度，称为传质单元高度。

若令 $H_{0V} = \dfrac{V}{K_V aA_T}$ ，$N_{0V} = \displaystyle\int_{y_2}^{y_1}\dfrac{\mathrm{d}y}{y^* - y}$ ，则

$$H = H_{0V}N_{0V} \tag{4-96}$$

同理对液相也令 $H_{0L} = \dfrac{L}{K_L aA_T}$ ，$N_{0L} = \displaystyle\int_{x_2}^{x_1}\dfrac{\mathrm{d}x}{x - x^*}$ ，则

$$H = H_{0L}N_{0L} \tag{4-97}$$

如能分别求得 H_{0V}、N_{0V} 或者 H_{0L}、N_{0L}，则填料层高度 H 及可求得。

（1）传质单元数的计算。为了解总传质单元数的物理意义，现以气相总传质单元数 $\displaystyle\int_{y_2}^{y_1}\dfrac{\mathrm{d}y}{y^* - y}$ 为例加以说明。$\mathrm{d}y$ 为气相摩尔分数变化，$y^* - y$ 为气相传质推到力，故 $\displaystyle\int_{y_2}^{y_1}\dfrac{\mathrm{d}y}{y^* - y}$ 的值越大，表示此系统越难分离。取一小段填料层，其高度为一个气相总传质单元高度，蒸汽通过此单元高度的摩尔分数由 y_a 变到 y_b，假定这段摩尔分数变化不大，其平均推动力可以用 $(y^* - y)_m$ 表示，那么这一小段的积分值可写成

$$\int_{y_2}^{y_1}\frac{\mathrm{d}y}{y^* - y} = \frac{y_b - y_a}{(y^* - y)_m} = 1 \tag{4-98}$$

故 $y_b - y_a = (y^* - y)_m$。这就是说，当气流经某小段填料层的摩尔分数变化等于该段内气相平均推动力时，则此段填料层称为一个气相总传质单元，而 $\displaystyle\int_{y_2}^{y_1}\dfrac{\mathrm{d}y}{y^* - y}$ 值的含义即为气相摩尔分数由 y_2 变至 y_1 时所含的 $\displaystyle\int_{y_a}^{y_b}\dfrac{\mathrm{d}y}{y^* - y}$ 值的倍数。

传质单元数的计算方法很多，各有其特点及使用场合。对精馏过程应用较广的是图解法，今以空分精馏塔下塔为例，说明传质单元数的求法。

空分下塔底部富氧液空中氮的摩尔分数为 x^K，顶部引出的液氮中氮摩尔分数 x^N，传质单元数为

$$N_{0V} = \int_{y=x^K}^{y=x^N} \frac{\mathrm{d}y}{y^* - y} \tag{4-99}$$

可按图解法求出 $(y^* - y)$ 值在 y—x 图中为操作线至平衡曲线的垂直距离，如图 4-34 所示。根据相应的条件在 y—x 图中作出塔的操作线，从而可以得出 $(y^* - y)$ 的数值及它的倒数 $\dfrac{1}{y^* - y}$，在 $y - \dfrac{1}{y^* - y}$ 坐标系中可获得相应的 $N'M'K'$ 曲线，该曲线与 y 轴所包括的面积，即为所求的传质单元数。

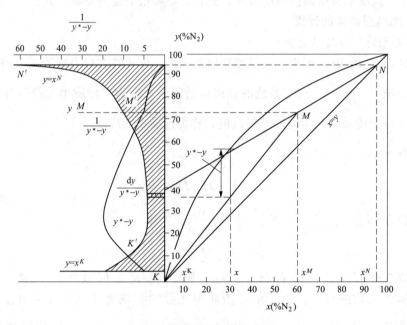

图 4-34　传质单元数的计算

（2）传质单元高度的计算。由前面已经知道，气相总传质单元高度 $H_{0V} = \dfrac{V}{K_V \alpha A_T}$ 和液相总传质单元高度 $H_{0L} = \dfrac{L}{K_L \alpha A_T}$。式中 V、L、α 和 A_T 皆已知，因此只要知道总传质系数 K_V、K_L，则传质单元高度即可求出。一般 K_V、K_L 由实验的方法得到。

2. 理论板数和等板高度

填料塔虽不属于筛板塔等梯级式传质系统，但为了计算方便，在设计上仍可采用理论塔板数的方法表达精馏计算的结果。于是填料塔高度的计算就可归纳为求理论板数和相当于一块理论塔板（注意不是实际塔板）分离效果所需的填料高度（称等板高度）的问题，即

$$H = h_{th} N_{th} \tag{4-100}$$

式中　H——填料层高度，m；

h_{th}——相当于一块理论塔板作用的填料层高度即等板高度（一般资料用 $H.E.T.P$ 表示）；

N_{th}——理论塔板数。

等板高度主要和被分离混合物的物理化学特性、塔的尺寸、填料形状、塔内物流的流动情况有关，一般根据试验或经验确定。规整填料优于散装填料，等板高度应试验确定。例如空分塔用 $10 \times 10 \times 0.2$mm 的铜质拉西环，塔径为 $200 \sim 2500$mm 时，$h = 250 \sim 300$mm。若环尺寸为 $6 \times 6 \times 1.5$mm，则 $h = 150 \sim 200$mm。

第 5 章　小型低温制冷机

　　小型低温制冷机在现代科学与工业的许多领域获得了广泛的应用，这是因为一些仪器设备在低温下工作能获得更高的效率和灵敏度以及更快的运行速度；而另一些仪器设备必须在给定的低温条件下才能正常工作。例如，超导器件的工作机制就是利用材料在其临界转变温度下产生相变而出现的超导现象。低温制冷机适用于小型冷却要求的场合，具有紧凑、快速、便携、高效等特点，自 20 世纪 50 年代以来获得迅速发展，成为低温技术领域不可或缺的一个分支。

5.1　低温制冷机分类

　　目前低温制冷机已有多种型式，低温制冷机的分类方法很多，例如可以按其用途、制冷工质、机器结构分类；也可按其工作温区、制冷量大小、换热方式、工作原理等来分类。

5.1.1　按制冷温度分类

　　低温制冷机指的是一种在低于 120K 的温度下产生制冷量的机器或装置。低温制冷机的制冷量的大小与其提供制冷量的温度有很大的关系，例如，基于卡诺循环的理想制冷机在 120K 提供 1W 制冷量只需 1.5W 能量输入，但若在 1K 提供 1W 制冷量则需 299W 的能量输入，两者相差近 200 倍。而且，实际制冷机需求的输入功率往往是理论值的几倍，甚至数十倍，这是因为制冷机在实际工作过程中要克服多项不可逆损失，这些损失将由制冷机的理论制冷量来补偿。因此，低温制冷机实际输出的可用制冷量是其理论制冷量与实际工作过程中所有损失能量之和的差值。按其工作温度来分类，低温制冷机在接近 0～120K 温度范围内分成以下五个制冷温区：①60～120K 温区，液氮温区制冷区；②30～60K 温区，高温超导体制冷区；③10～30K 温区，液氢温区制冷区；④2～10K 温区，液氦温区制冷区；⑤<2K 温区，超低温制冷区。

　　应用最广泛的是液氮温区制冷和液氦温区制冷。许多红外器件的冷却需要提供 80K 温度的低温制冷机。虽然高温超导体的转变温度在 80K 附近，但它们的冷却温度要求比 80K 低得多，以获得高的效率和稳定的性能，因此，将（30～60）K 温区设为高温超导体制冷区。用于电子工业的高洁净低温泵多采用液氢温区低温制冷机。液氦温区 4K 低温制冷机在现代大型医疗仪器超导磁共振成像仪的超导杜瓦中获得了普遍应用。低于 4K 的低温制冷机可满足低温物理、低温电子学、低温超导磁体及深空间远红外器件的冷却要求。

5.1.2　按制冷量分类

　　在要求的制冷温度下提供多大的制冷量是区分低温制冷机类别的另一个重要参数。由于制冷量的能量价值不只是取决于其数值的大小，而且也和其对应的制冷温度密切相关，因此有必要定义低温制冷机在某一温度下的最高制冷量。这些对应的温度通常近似以几种典型的低温气体在常压下的沸点温度为基准，例如，氦（4K）、氢（20K）、氮（80K）和甲烷

（110K）；制冷量的等级分为微小型、微型、小型、中型和大型五类。

表 5-1 给出按制冷温度和制冷量的制冷机分类。在工业上广泛用于低温冷凝真空泵和磁共振成像仪的 G-M 型低温制冷机属于小型制冷机，这些制冷机一般分别在 20K 能提供 20W 制冷量或在 4K 提供 1W 制冷量。用于红外器件冷却的制冷机，一般要求在 80K 提供小于 1W 制冷量，这些机器属于微小型低温制冷机。那些在 4K 下能生产 400L/h 以上液氦的氦液化器或要求制冷量大于 300W 以上的氦制冷机则属于大型装置，如安装在美国费米实验室和布鲁克海文实验室以及在日内瓦欧洲核子研究中心的氦制冷装置，属于大型制冷机，一般用于大型超导磁体系统的冷却。

表 5-1　　　　　　　　　　　**按制冷温度和制冷量的制冷机分类**

类别	制冷量					应　用
	1K	4K	20K	80K	120K	
微小型	—	<50mW	<0.20W	<0.8W	<1.5W	低温电子学，红外器件
微型		<0.2W	<2W	<6W	<10W	电力仪表
小型	<0.3W	<5W	<30W	<600W	<1.0kW	商用和实验室用
中型	<25W	<100W	<1kW	<15kW	<25kW	中小型气体液化，超导系统
大型	>25W	>100W	>1kW	>15kW	>25kW	大型氦液化，液化天然气，吨级氧

5.1.3　按换热器分类

换热器是所有低温制冷机的关键部件，它的结构形式和效率高低在很大程度上决定了制冷机的尺寸和效率。用于低温制冷机的换热器有两种：间壁式（recuperative）换热器和回热式或蓄冷式（regenerative）换热器。间壁式换热器中供给冷、热流体换热的流道是彼此分隔的，热量是通过分隔体壁面的热传导进行传输的。流道中的流体可以是连续流动或周期性流动的。回热式换热器则是冷、热流体周期性地交替流经回热填料间的流道，并与回热填料换热，通过回热填料作为媒介实现冷、热流体间的热量交换。回热填料通常是些多孔介质（金属丝网或微球等），填料内的空隙构成流道。回热填料在热吹期和冷吹期中分别起着蓄热和蓄冷的作用，所以该种换热器也称为蓄冷器。

主要换热器类型是区分低温制冷机类别的一个关键因素，由此将低温制冷机分成间壁换热式制冷机、回热式制冷机以及两者兼有的混合式制冷机三大类。具有间壁式换热器的制冷机，包括 J-T 节流制冷机以及逆布雷顿制冷机等，属于间壁换热式制冷机。

采用回热器的制冷机称为回热式制冷机，交变流动的冷、热振荡流体（通常为氦气或氢气）分别在制冷循环的热吹期和冷吹期内，在同一个回热（蓄冷）器中与相同的回热填料进行换热，回热填料在每个半周期中起着储存（或者释放）能量的作用，具有结构紧凑和热效率高的优点。

按照压缩机与膨胀机之间是否采用配气阀门，回热式制冷机又分为两种基本类型。采用容积变化（没有配气阀门）来控制流率的制冷机传统上称之为斯特林（Stirling）型制冷机，根据驱动方式的差异，它又可分为采用机械压缩机和热压缩机的两类。前者包括采用机械压缩机驱动的斯特林制冷机和斯特林型脉管制冷机，根据压缩机与膨胀机的连接情况，又可分为整体式和分置式两种；后者包括维勒米尔（Vuilleumier）制冷机以及热声驱动脉管制冷机。

采用阀门控制流率的制冷机被称为埃里克森（Ericsson）型制冷机，包括 G-M 制冷机、G-M 型脉管制冷机以及索尔文（Solvay）制冷机。采用阀门配气的优点在于增加了实时控制流量的灵活性，而不影响压力比（p_{max}/p_{min}），因而压缩机与膨胀机可以采用不同的频率运行。但是附加阀门后增大了系统的机械复杂性，增加了质量和噪声源，降低了效率和运行寿命。

同时采用间壁式换热器和回热式换热器两种换热器的制冷机为混合型制冷机，以波利斯（Boreas）制冷机为代表。在三级结构的波利斯制冷机中，第一级和第二级采用缝隙式回热器和间壁式逆流换热器相结合形成预冷级，而第三级则主要利用间壁式逆流换热器冷却来流。这是因为随着温度降低到 10K 以下，固体壁面的比热容大为减小，其回热作用已经十分微弱。通过间壁式逆流换热器，可充分利用氦工质在低温下比热容增大的特性。

5.1.4　按低温制冷机流程分类

根据换热器类型的分类，分别介绍间壁换热式低温制冷机和回热式低温制冷机的流程。

1. 间壁换热式低温制冷机流程

在间壁换热式制冷机的流程中，压缩机和膨胀机由进、排气阀门来控制气流的流动方向。图 5-1 给出了两种典型的间壁换热式低温制冷机流程图，即 J-T 循环制冷机和逆布雷顿循环制冷机。

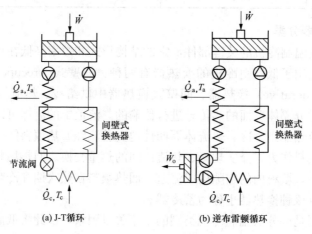

(a) J-T循环　　　　　　　　(b) 逆布雷顿循环

图 5-1　间壁换热式低温制冷机流程

J-T 节流型制冷机分开式和闭式两种。开式节流制冷机在冷却红外器件等方面获得广泛应用。这种制冷机的优点是其冷头没有运动部件，因而振动小；缺点是效率较低，不能构成连续制冷循环。图 5-1（a）所示的是封闭循环 J-T 制冷机的流程简图，由于高压压缩机的可靠性问题，至今未获普遍应用。近年对节流制冷的研究工作取得了进展，使之有可能在一些原来被忽视的领域中获得应用。例如，一直存在的 J-T 阀的阻塞问题由于采用可调喷嘴而有所减轻。由于 J-T 阀的不可逆膨胀而致的低效率也可以通过混合工质加以改善。众所周知，理想气体作等焓膨胀不产生制冷量，而真实气体产生的制冷量随压力的升高而降低。但当制冷剂在进入 J-T 阀之前处于液态或近液态时，其节流膨胀的效率将大幅度提高。采用混合气体代替纯氦或纯氩，将使焓变大为增加，导致循环效率的改善和工作压力的降低。低压运行条件又可改善压缩机的性能。

图 5-1（b）所示为逆布雷顿循环制冷机示意。在这种流程中，用膨胀机取代了节流型制冷机中的节流阀，使效率显著提高，主要原因是用近乎等熵膨胀代替了等焓膨胀（节流），并用回收的膨胀功辅助压缩过程。多数逆布雷顿制冷机都采用具有气体轴承的透平膨胀机来提高可靠性和降低振动。对于用于大型液化器中的大型透平膨胀机来说，其具有很高的效率，但对于小型透平膨胀机来说，其制作困难和保证高效率仍是一个挑战。

2. 回热式低温制冷机流程

图 5-2 所示为六种回热式低温制冷机循环图，图中（a）、（b）、（c）为没有配气阀的斯特林型制冷机，分别为斯特林制冷机、维勒米尔制冷机及斯特林型脉管制冷机，由于其内的压力波动与声波类似，因此有时也叫声能制冷机或声波制冷机；（d）、（e）、（f）是采用阀门的埃里克森型制冷机，分别为 G-M 制冷机、索尔文制冷机及 G-M 型脉管制冷机。

（1）斯特林制冷机。图 5-2（a）为斯特林制冷机示意，其工作原理如下：由外功驱动压缩机将工质压缩至高压，在冷却器中工质被冷却到温度 T_a，向环境放出热量为 Q_a；排出器与压缩活塞之间维持一定的相位差，以保证工质在处于环境温度下的压缩腔与处于低温下的膨胀腔之间交变流动；当工质从室温压缩腔经过回热器向低温膨胀腔流动时，回热填料从工质中吸取热量，当工质从低温膨胀腔返回室温压缩腔时，回热器向工质放热；膨胀腔下部的冷端换热器在低温 T_c 下从被冷却器件吸收热量 Q_c，即为输出的有效制冷量。

（2）维勒米尔制冷机。图 5-2（b）是一种与斯特林制冷机相类似的维勒米尔制冷机。有时，它也被称为以热压缩机代替机械压缩机的斯特林制冷机。比较斯特林制冷机和维勒米尔制冷机的流程示意可知，这两个系统在膨胀机部分是完全相同的，两者主要的区别在于：维勒米尔制冷机没有采用机械式压缩机，而是代之以一个由高温排出器、高温回热器及一个附加的加热器组成的热压缩机系统。

对于热压缩机系统，高温排出器的运动使工质从高温排出器上部的高温腔通过高温回热器流向高温排出器下部的室温腔（或反向流动），由于高温腔和室温腔的总容积是恒定的，工质在高温腔和室温腔之间的等容流动将导致系统压力的变化。由于高温腔的温度远高于室温，当工质集中在高温腔时，系统压力达到最大值，而当工质集中在室温腔时，系统压力则最小。维勒米尔制冷机的热压缩机部分与膨胀机部分通过冷却器直接相连，高温排出器的往复运动推动工质经由回热器在高温腔和室温腔之间作等容交变流动，而产生的压力波直接驱动膨胀机实现制冷，为了使热压缩机部分产生的压力波能够正确地驱动膨胀机部分，实现上述斯特林循环制冷过程，热压缩机中的高温排出器与膨胀机中的低温排出器需要联合工作，在图 5-2（b）中将两者用虚线连接，两者的运动是相互关联的。实际上，两个排出器的运动并非同步，而是低温排出器的运动要超前于高温排出器约 90° 相位角。维勒米尔制冷机也可以看作是斯特林发动机与斯特林制冷机的直接耦合。

维勒米尔制冷机特别适用于有可供利用的高温热源的场合，例如可以利用放射性同位素放出的热量、太阳能、余热或焚烧矿物燃料和固体废物所产生的热能等来实现制冷。

（3）脉管制冷机。脉管制冷机与斯特林制冷机及 G-M 制冷机的主要区别在于前者消除了在低温下运动的排出器，其相位调节由小孔、惯性管及气库等调相机构来完成。按照脉管制冷机的压缩机和膨胀机间是否采用阀门配气，可将其分为斯特林型脉管制冷机和 G-M 型脉管制冷机两类。采用无阀压缩机的称为斯特林型脉管制冷机，如图 5-2（c）所示；采用附

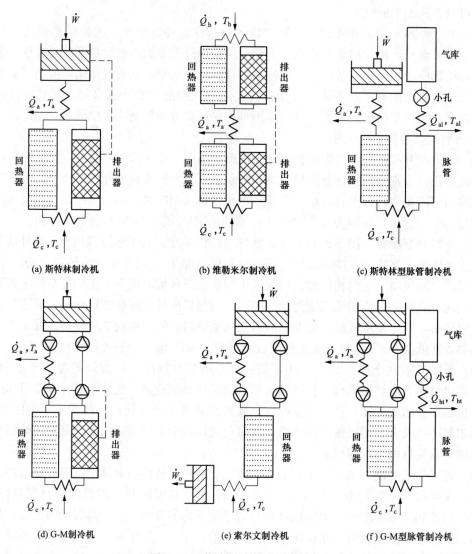

图 5-2　回热式低温制冷机循环图

加配气阀的有阀压缩机的称为 G-M 型脉管制冷机，如图 5-2（f）所示。

斯特林型脉管制冷机通常采用机械式的线性压缩机驱动，但近年开发的采用热声压缩机来驱动脉管制冷机，使整个制冷系统完全没有运动部件。热声压缩机也称为热声驱动器或热声发动机，是一种利用热—声转换效应输出压力波的热压缩机。

（4）G-M 制冷机。图 5-2（d）所示的 G-M 制冷系统与索尔文制冷机大体相似，只是用排出器取代了索尔文系统中的膨胀机。与索尔文制冷机一样，G-M 制冷机也是通过阀门配气的，压缩机和膨胀机可相互独立地工作，以获得更高的压力比。

G-M 制冷机较索尔文制冷机更具优势。它使用的是排出器而非活塞。排出器仅要求低压密封，而活塞则要求高压密封。正是这一点细小的差别，使 G-M 制冷机在低温制冷机领域得到非常广泛的应用。

（5）索尔文制冷机。索尔文制冷机如图 5-2（e）所示。由压缩机、回热器和膨胀机组成。外功驱动压缩机将气体工质在常温下压缩到高压，压缩热 Q_a 通过冷却器在温度 T_a 下排到环境中去。高压工质通过回热器后温度降低，然后在膨胀机中膨胀，对外做功 W_0，工质的温度降低到 T_c，通过冷端换热器输出制冷量 Q_c。

索尔文制冷机与斯特林制冷机的区别在于前者是用阀门来控制工质流动的，后者不用阀门。用阀门来隔离压缩机和膨胀机是一个很大的改进，它使压缩机的工作频率和膨胀机的工作频率无关，从而使制冷机获得更高的压力比。此外，膨胀机可采用低频率运行，使噪声和振动减小，这对于低温电子领域的应用有重大意义，这是因为一些探测仪器的元件对机械振动和电磁干扰极为敏感的，对其有严格的要求。而此时，压缩机却完全可以高速运转，并不影响到在低温区工作的精密探测仪。通常可将常规的商品空气压缩机稍加改进，处理好润滑油问题，就可用做索尔文制冷机的压缩机，可以极大地降低制作成本。

根据以上得简单分类及分析，可以给出如图 5-3 所示的小型低温制冷机分类图。

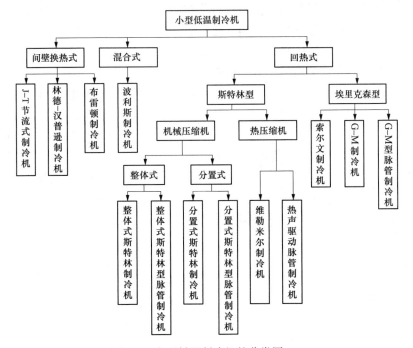

图 5-3　小型低温制冷机的分类图

5.2　斯特林制冷机

斯特林循环制冷机是一种回热式气体制冷机，它在结构上的一个重要特点就是在压缩机与膨胀机之间不用阀门配气，压缩机和膨胀机以相同的高频率运转，系统内压力的变化规律是由内部各种参数的相互影响所决定的，而不是像 G-M 制冷机那样，压力变化是由外部加以控制的。这类制冷机的优点是结构紧凑、效率高。按照斯特林制冷机的驱动方式可分为机械压缩机驱动（包括旋转压缩机和直线压缩机）和热压缩机驱动两类。压缩机驱动的又分为整体式和分置式两种。热驱动的也被称为维勒米尔制冷机。

5.2.1　斯特林制冷机的循环原理

1816 年，Stirling 提出了一种由一个等温压缩过程和一个等温膨胀过程与两个等容回热过程组成的闭式热力学循环，称为斯特林循环。斯特林循环最初是作为热机循环提出的，1862 年，Kirk 将其逆循环用于制冷，称为逆向斯特林循环，也称为斯特林制冷循环。

机械驱动的斯特林制冷机的结构可分为整体式和分置式两种。整体式斯特林制冷机是将压缩部分（包括压缩气缸、压缩活塞和冷却器）与膨胀制冷部分（包括膨胀气缸、排出器、回热器和冷量换热器）集成一体，并通过曲轴或其他动力机构耦合而成独立运转的制冷机。斯特林制冷机中的压缩活塞与排出器（也称膨胀活塞）之间有着重要区别。压缩活塞用来压缩气体，是一个承受高压力的构件，必须具有高压密封装置。排出器是一个承受大温度差的自由浮塞，其两端的压力近似相同，对气缸密封要求低，对轴向绝热要求高，因而排出器是一个质量轻和导热小的构件。

斯特林制冷机按压缩机气缸的数目可分为单缸机和多缸机两类，单缸式斯特林制冷机又有多种排列方式，例如，同轴排列、角式排列、平行排列和错位排列等。最常见的有将压缩活塞与排出器置于同一气缸的排列，称为同轴活塞-排出器排列或同轴结构；也有将活塞与排出器错角排列，称为双活塞结构或角式排列。

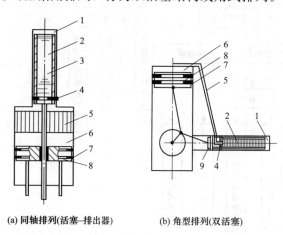

(a) 同轴排列(活塞–排出器)　　**(b) 角型排列(双活塞)**

图 5-4　整体式斯特林制冷机两种基本排列示意
1—膨胀腔；2—回热器；3—排出器；4、7—密封；
5—散热器；6—压缩腔；8、9—活塞

图 5-4 给出整体式斯特林制冷机两种基本的排列示意。图 5-4（a）表示同轴排列方式，压缩活塞和排出器置于同一个气缸内，排出器将气缸分成上下两个空间，排出器上部的空间为膨胀腔；排出器与压缩活塞之间的空间为压缩腔。膨胀腔和压缩腔之间通过回热器相连通。排出器本身不做功，其作用是改变上下两个空间的相对大小，按一定规律把气体从压缩腔推向膨胀腔。图 5-4（b）表示角型排列，压缩气缸和膨胀气缸成 $90°$ 布置，压缩活塞与压缩气缸顶端之间的空间为压缩腔 V_a；排出器与膨胀气缸底部之间的空间叫膨胀腔 V_c。回热器置于排出器之中，它既是冷、热流体与回热填料交换热量的换热器，又是压缩腔和膨胀腔间的连接通道。由此可见，不管是哪一种结构，气体在封闭系统中通过回热器在压缩腔和膨胀腔之间来回流动，没有任何阀门控制的限制。对于理想循环，可忽略气体通过回热器时的微小压力降，认为两个腔体内的压力完全相同。压缩活塞和排出器由一套曲柄连杆机构带动，它们的运动保持着合适的相位差，使膨胀腔的相位超前于压缩腔，以获得一定的制冷效应。

图 5-5 中给出斯特林制冷机的 p-V 图、T-s 图、工作容积变化图及排出器和压缩活塞的推移轨迹图。压缩气缸与活塞形成的工作腔叫压缩腔（室温腔）V_a；膨胀气缸与排出器形成的工作腔叫膨胀腔（冷腔）V_c。两个工作腔通过回热器连通，压缩活塞和排出器以一定的相位差运动。在稳定工况下，回热器中已经形成了温度梯度，冷腔保持温度 T_c，室温腔保持温度 T_a。

从图 5-5 中的状态点 1 开始，压缩活塞处于右止点，排出器也处于右止点。气缸内工质气体的压力为 p_1，容积为 V_1，循环所经历的过程如下。

（1）等温压缩过程 1—2。压缩活塞向左移动而排出器不动，气体被等温压缩，压缩产生的热量由冷却器带走，温度保持恒值 T_1 $=T_a$，压力从 p_1 升高到 p_2，容积从 V_1 减小到 V_2。这是一个等温压缩过程，过程 1—2 中的放热量等于压缩功，即

$$Q = \int_1^2 p\,\mathrm{d}V = mRT_a\ln\frac{p_2}{p_1} = mRT_a\ln\frac{V_1}{V_2}$$

$$(5\text{-}1)$$

（2）等容放热过程 2—3。压缩活塞和排出器同时向左移动，气体的容积保持不变，即 $V_2=V_3$，直至压缩活塞到达左止点。当气体通过回热器时，被回热器所冷却，将热量传给填料，因而温度由 T_a 降为 T_c，压力由 p_2 降到 p_3。这个过程称为等容放热过程。

（3）等温膨胀过程 3—4。压缩活塞停止在左止点，而排出器继续向左移动，直至左止点。温度为 T_c（$T_c=T_3=T_4$）的气体进行等温膨胀，通过冷量换热器从低温热源吸收制冷量 Q_c，容积增大到 V_4，压力降低到 p_4。过程 3-4 为制冷过程，理论制冷量（吸热量）等于膨胀功与热力学能 U 增加之和，即

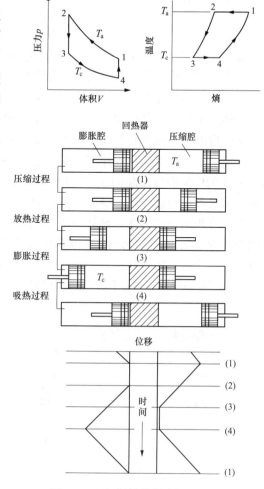

图 5-5　理想斯特林制冷循环示意

$$Q_c = \int_3^4 p\,\mathrm{d}V + U_4 - U_3 \qquad (5\text{-}2)$$

如果气缸内的气体为理想气体，其热力学能不变，则理论制冷量等于膨胀功，即

$$Q_c = \int_3^4 p\,\mathrm{d}V = mRT_c\ln\frac{p_3}{p_4} = mRT_c\ln\frac{V_1}{V_2} \qquad (5\text{-}3)$$

（4）等容吸热过程 4—1。压缩活塞和排出器同时向右移动直至右止点，气体容积保持不变，$V_1=V_4$，回复到起始位置。当温度为 $T_c=T_4$ 的气体流经回热器时从填料吸热，温度升高至 $T_1=T_a$，压力增加到 p_1。过程 4—1 为等容吸热过程。

气体在过程 4—1 中吸收的热量等于在过程 2—3 中所放出的热量，属于内部换热，与整个循环的能耗无关。在这两个换热过程中，回热器中的填料只起媒介作用，周期性地储存和释放热量。因此，循环所消耗的功等于压缩过程中向外界的放热量减去膨胀过程中从外界的吸热量，即压缩功与膨胀功之差

$$W = Q_a - Q_c = mR(T_a - T_c)\ln\frac{V_1}{V_2} \qquad (5\text{-}4)$$

循环理论制冷系数为

$$\varepsilon = \frac{Q_c}{W} = \frac{T_c}{T_a - T_c} = \varepsilon_{Carnot} \tag{5-5}$$

式（5-5）表明，斯特林循环的理论制冷系数与同温限的卡诺循环制冷系数相等。虽然上述结果是将工质看成为理想气体所得到的，但如果把两个等容过程看成是由无限多个卡诺循环所组成，不难证明，上述结论同样适合于实际气体循环。

上述关于斯特林制冷循环的分析是十分理想化的，这是因为：①要求活塞和排出器按循环规律进行跳跃式的间断运动是难以实现的，实际上，通常是由曲柄连杆机构带动活塞和排出器作简谐运动，其运动规律呈连续的正弦变化，这仅是一种近似的代替（如图 5-6 所示，相位角 ϕ 为膨胀腔体积超前于压缩腔体积的相位）；②回热器中作为气体流道的空容积以及气缸、换热器中的余隙容积等的存在，对热力过程有明显的影响，对于热力循环来说，是不希望有空容积的，因为随着循环中压力的变化，储存在空容积中气体的数量也随之变化，以致热力过程复杂化；③等温压缩和等温膨胀的假设要求气体与气缸壁间的传热性能无限好，这也是不现实的；④实际机器中存在由于回热器中流体与填料间存在传热温差而导致的不完全回热（见图 5-7）及流动阻力等不可逆损失。由此可知，实际斯特林循环比理想循环要复杂得多。

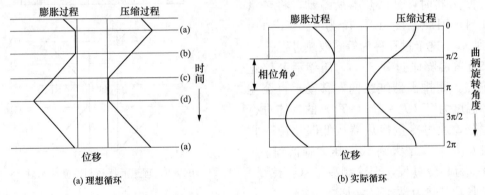

(a) 理想循环　　　　　　　　　　(b) 实际循环

图 5-6　理想斯特林循环活塞的间断运动与实际制冷机简谐运动的比较

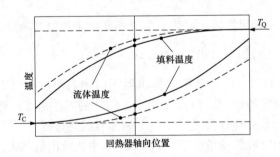

图 5-7　回热器在热吹期和冷吹期中流体和填料的瞬时温度变化

如果回热器的效率低于 100%，离开回热器进入膨胀腔的气体温度将会高于填料的最低温度，说明工质中有一部分热量未被填料所吸收，这将导致理论制冷量的损失。从冷负荷移除的能量（即实际制冷量）可表示为

$$Q_{\mathrm{a}} = Q_{\mathrm{a,ideal}} - \Delta Q \tag{5-6}$$

式中　$Q_{\mathrm{a,ideal}}$——理想制冷量；

　　　ΔQ——由于回热器的效率损失而未被吸收的热量。

如果将图 5-15 中回热器的效率表示为

$$\eta = \frac{Q_{\mathrm{actural}}}{Q_{\mathrm{ideal}}} = \frac{Q_{\mathrm{2-3,ideal}} - \Delta Q}{Q_{\mathrm{2-3,ideal}}} \tag{5-7}$$

则

$$\Delta Q = (1 - \eta) Q_{\mathrm{2-3,ideal}} = (1 - \eta) m c_V (T_2 - T_3) \tag{5-8}$$

式中　$Q_{\mathrm{2-3,ideal}}$——气体在过程 2-3 中对回热器的理想传热量；

　　　m——通过回热器的气体质量；

　　　c_V——气体的比定容热容。

如果假设工质为理想气体，在理想情况下从冷负荷移除的能量为

$$Q_{\mathrm{a,ideal}} = m T_3 (s_4 - s_3) = m R T_3 \ln \frac{V_4}{V_3} \tag{5-9}$$

或

$$Q_{\mathrm{a,ideal}} = (\gamma - 1) m c_V T_3 \ln \frac{V_4}{V_3} \tag{5-10}$$

式中，$\gamma = c_p / c_V$，为气体的比热容比。

由此可以得出由于回热器的效率损失引起理论制冷量损失的表示式为

$$\frac{\Delta Q}{Q_{\mathrm{a,ideal}}} = \frac{1 - \eta}{\gamma - 1} \frac{\dfrac{T_2}{T_3} - 1}{\ln \dfrac{V_4}{V_3}} \tag{5-11}$$

如果工质为理想氦气，则 $\gamma = 1.67$，假设 $V_4 / V_3 = V_1 / V_2 = 1.5$，制冷的温度区间为 300K 和 78K，那么制冷量损失量为

$$\frac{\Delta Q}{Q_{\mathrm{a,ideal}}} = \frac{1 - \eta}{0.67} \frac{\dfrac{300}{78} - 1}{\ln 1.50} = 10.48(1 - \eta) \tag{5-12}$$

如果回热器的效率 $\eta = 99\%$，那么制冷量的损失率 $\Delta Q / Q_{\mathrm{a,ideal}} = 10.48\%$，亦即由于回热器 1% 的效率损失将引起接近 10% 理论制冷量的损失。如果回热器的效率为 90%，则理论制冷量损失将达到 100%。由此可见回热器效率的重要性。

5.2.2　斯特林制冷循环的计算

施密特在 1861 年提出的等温分析模型已经成为斯特林循环的一种经典分析方法，即假设循环中的压缩和膨胀过程都是等温的，这种分析结果的准确性一般不大于 50%。但是，实际斯特林制冷机的运转频率在 15Hz 以上，其压缩和膨胀过程更接近于绝热过程而非等温过程。美国学者 Qvale 等在 20 世纪 60 年代末提出了绝热分析法，采用该方法获得的结果比等温法更接近实际。1960 年 Finkelstein 提出综合分析法，假设压缩过程和膨胀过程既不是等温的，也不是绝热的，即认为气缸中存在一定的传热过程，等温模型和绝热模型只不过都是其中的一个特例。随着计算机技术的发展，采用计算机模拟计算的方法对斯特林制冷循环进行普遍分析计算才成为可能。其中最简单的一维模型就是节点分析法，节点分析法的主要思想是：将整个系统划分成许多子系统，并通过各自的边界与外部进行热量、功和质量的交

换。对各个子系统列出连续方程、能量方程和动量方程，然后对这些方程进行联立求解。由于这些方程都非常复杂，包括一些偏微分方程，采用数值方法，经过多次迭代，最后得到压力、温度和质量流量在一个周期内的瞬时值及冷量、功耗等。

最近 10 年随着软件开发技术以及低温制冷机理论和实践经验关联式的发展，斯特林制冷机的模拟计算软件逐渐发展，如以美国国家标准与技术研究院开发了回热器模拟为主的 REGEN 软件，Gedeon Associates 推出了可以模拟斯特林制冷机及脉管制冷机的 SAGE 软件。对它们的学习和研究都有助于研究和开发斯特林制冷机。

由于施密特提出的等温模型相对简单，容易理解，有一套完整的理论公式可以使用和计算，因此，有必要详细介绍斯特林制冷机的等温模型。

1. 施密特等温模型的基本假设

（1）压缩腔和膨胀腔中进行的是等温过程，即等温压缩过程和等温膨胀过程。

（2）压缩腔和膨胀腔的容积按正弦规律变化。

（3）系统中存在死容积（也称空容积）。

（4）工质遵守理想气体方程，$pV = mRT$。

（5）回热过程是理想的，不考虑回热器的不可逆损失。

（6）整个系统中的瞬时压力相等，不考虑流动压降损失。

（7）各工作腔内的温度均匀一致。

（8）整个系统处于稳定状态运转。

2. 基本方程式

（1）容积变化。当压缩活塞和排出器做简谐运动时，其冷腔（膨胀腔）容积 V_c 和室温腔（压缩腔）容积 V_a 的变化分别为

$$V_c = \frac{1}{2}V_0(1 + \cos\alpha) \qquad\qquad\text{(a)}$$

$$V_a = \frac{1}{2}\omega V_0[1 + \cos(\alpha - \phi)] = \frac{1}{2}V_{a,\max}[1 + \cos(\alpha - \phi)] \quad\text{(b)}$$

（5-13）

$$V_0 = V_{c,\max} = (\pi/4)D^2 S$$

$$\omega = V_{a,\max}/V_0$$

式中　V_0——冷腔的最大容积；

S——行程；

D——缸径；

ω——容积比，即压缩腔扫气容积与膨胀腔扫气容积之比；

α——曲轴转角，当 $\alpha = 0$ 时，$V_c = V_0$；

ϕ——膨胀腔 V_c 超前压缩腔 V_a 的相位角，一般接近 $90°$。

当 $\alpha = \phi$ 时，$V_a = V_{a,\max}$。系统的总工作容积为

$$V = V_a + V_c + \sum V_{d,i} = \frac{1}{2}\omega V_0[1 + \cos(\alpha - \phi)] + \frac{1}{2}V_0(1 + \cos\alpha) + \sum V_{d,i}$$

式中　$\sum V_{d,i}$——系统中死容积之和，其中主要为回热器的空容积。

由 $(\partial V/\partial\alpha)_{\alpha - \phi} = 0$，求得最大总工作容积滞后于 V_0 的相角 ψ 为

$$\tan\psi = \frac{\omega\sin\phi}{1 + \omega\cos\phi} \qquad\qquad\text{(5-14)}$$

（2）压力变化。由于制冷机的循环是一个闭式循环，系统内气体工质总量不变，并由假

设不考虑流动阻力，可得制冷机内各处的气体压力相等。

由理想气体状态方程可得

$$m = \sum m_i = \frac{p}{R}\left(\frac{V_a}{T_a} + \frac{V_c}{T_c} + \sum \frac{V_{d,i}}{T_{d,i}}\right) \tag{5-15}$$

式中　　R——气体常数；

　　　　m_i——压缩腔、膨胀腔和各死容积中的气体质量；

$V_{d,i}$、$T_{d,i}$——各死容积及其气体温度。

令相对死容积为

$$s = \frac{T_a}{V_0}\sum \frac{V_{d,i}}{T_{d,i}} \tag{5-16}$$

温度比即压缩腔温度与膨胀腔温度之比为

$$\tau = \frac{T_a}{T_c} \tag{5-17}$$

将式（5-13）代入式（5-15）得

$$\begin{aligned}
m &= \frac{p}{RT_a}(V_a + \tau V_c + s V_0) \\
&= \frac{p}{RT_a}\left\{\frac{1}{2}\omega V_0[1 + \cos(\alpha - \phi)] + \frac{1}{2}\tau V_0(1 + \cos\alpha) + V_0 s\right\} \\
&= \frac{pV_0}{2RT_a}\{\omega[1 + \cos(\alpha - \phi)] + \tau(1 + \cos\alpha) + 2s\}
\end{aligned}$$

所以有

$$p = \frac{2RT_a m}{V_0}\frac{1}{\omega + \tau + 2s + (\omega\cos\phi + \tau)\cos\alpha + \omega\sin\alpha\sin\phi} \tag{5-18}$$

显然，系统中压力是呈周期性变化的。现在来确定出现压力极值时的相位角 θ。设 $p = p_{\min}$ 时的对应相位角为 $\alpha = \theta$。令

$$\left(\frac{\mathrm{d}p}{\mathrm{d}\alpha}\right)_{\alpha=\theta} = \frac{2RT_a m}{V_0}\frac{\tau\sin\theta + \omega\sin(\theta - \phi)}{[\tau + \omega + 2s + \cos\alpha + \omega\cos(\theta - \phi)]^2} = 0 \tag{5-19}$$

得到

$$\tau\sin\theta + \omega\sin(\theta - \phi) = 0 \tag{5-20}$$

展开 $\sin(\theta - \phi)$ 后，获得压力滞后于容积 V_0 的相位角为

$$\tan\theta = \frac{\omega\sin\phi}{\tau + \omega\cos\phi} \tag{5-21}$$

利用三角公式，并将式（5-21）代入得

$$\sin\theta = \sqrt{\frac{\tan^2\theta}{1 + \tan^2\theta}} = \frac{\omega\sin\phi}{\sqrt{\tau^2 + \omega^2 + 2\tau\omega\cos\phi}} \tag{5-22}$$

$$\cos\theta = \sqrt{\frac{1}{1 + \tan^2\theta}} = \frac{\tau + \omega\cos\phi}{\sqrt{\tau^2 + \omega^2 + 2\tau\omega\cos\phi}} \tag{5-23}$$

将式（5-22）和式（5-23）中的 $\omega\sin\phi$ 和 $\omega\cos\phi$ 代入式（5-18），有

$$p = \frac{2RT_a m}{V_0}\frac{1}{\omega + \tau + 2s + \cos(\alpha - \theta)\sqrt{\tau^2 + \omega^2 + 2\tau\omega\cos\phi}} \tag{5-24}$$

引入压力参数符号 δ，并定义为

$$\delta = \frac{\sqrt{\tau^2 + \omega^2 + 2\tau\omega\cos\phi}}{\omega + \tau + 2s} \tag{5-25}$$

δ 与 α 无关，其值为小于 1 的正数。

于是，压力公式（5-24）简化为

$$p = \frac{2RT_a m}{V_0} \frac{1}{\omega + \tau + 2s} \frac{1}{1 + \delta\cos(\alpha - \theta)} \tag{5-26}$$

当 $\alpha = \theta$ 时，即 $\cos(\alpha - \theta) = 1$ 时，压力有最小值，即

$$p_{\min} = \frac{2RT_a m}{V_0} \frac{1}{\omega + \tau + 2s} \frac{1}{1 + \delta} \tag{5-27}$$

当 $\alpha = \pi + \theta$，即 $\cos(\alpha - \theta) = -1$ 时，压力有最大值，即

$$p_{\max} = \frac{2RT_a m}{V_0} \frac{1}{\omega + \tau + 2s} \frac{1}{1 - \delta} \tag{5-28}$$

将式（5-27）和式（5-28）与式（5-26）比较，可得

$$p = p_{\max} \frac{1 - \delta}{1 + \delta\cos(\alpha - \theta)} = p_{\min} \frac{1 + \delta}{1 + \delta\cos(\alpha - \theta)} \tag{5-29}$$

所以，压力比 σ 为

$$\sigma = \frac{p_{\max}}{p_{\min}} = \frac{1 + \delta}{1 - \delta} \tag{5-30}$$

由式（5-26）可求出一个循环中气体的平均压力值为

$$p_{av} = \frac{p_{\max}(1 - \delta)}{2\pi} \int_0^{2\pi} \frac{1}{1 + \delta\cos(\alpha - \theta)} d\alpha = p_{\max}\sqrt{\frac{1 + \delta}{1 - \delta}} \tag{5-31}$$

同理可得

$$p_{av} = p_{\min}\sqrt{\frac{1 + \delta}{1 - \delta}} = \sqrt{p_{\max} p_{\min}} \tag{5-32}$$

可见，平均压力等于最高压力和最低压力的几何平均值。

用平均压力表示的循环中压力的变化为

$$p = p_{av} \frac{\sqrt{1 - \delta^2}}{1 + \delta\cos(\alpha - \theta)} \tag{5-33}$$

由上述公式可以看出，制冷机内工质压力的变化近似于正弦变化，若已知温度比 τ、容积比 ω、相对死容积参数 s 和 V_c 超前于 V_a 的相位角 ϕ，即可求得最小压力的相位角 θ 和压力参数 δ。若已知平均压力 p_{av}、$p_{\max}$ 或 $p_{\min}$，则可求出工作腔内的压力变化。

应该注意，循环参数 ω 和 ϕ 等因结构参数而异，即循环参数与结构参数之间的关系是随制冷机的结构特点和排列方式而不同的。

（3）质量变化。制冷机工作腔内的总气体量是不变的，但在一个循环内各腔体内的气体量则是变化的。总气量由各腔体的气体量之和表示，可由状态方程导出，参见式（5-15）。

压缩腔的气量可将式［5-13（b）］和式（5-33）代入状态方程求出，即

$$m_a = \frac{pV_a}{RT_a} = \frac{p_{av}\omega V_0\sqrt{1 - \delta^2}[1 + \cos(\alpha - \phi)]}{2RT_a[1 + \delta\cos(\alpha - \theta)]} \tag{5-34}$$

膨胀腔的气体量可利用式［5-13(a)］和式（5-33）代入状态方程导出，即

$$m_c = \frac{pV_c}{RT_c} = \frac{p_{av}V_0\sqrt{1-\delta^2}\,(1+\cos\alpha)}{2RT_c[1+\delta\cos(\alpha-\theta)]} \tag{5-35}$$

同理，死容积内的气体量用式（5-16）和式（5-33）代入状态方程求得，即

$$m_d = \frac{p}{R}\sum\frac{V_{d,i}}{T_{d,i}} = \frac{p_{av}V_0 s\sqrt{1-\delta^2}}{RT_a[1+\delta\cos(\alpha-\theta)]} \tag{5-36}$$

所以，一个循环的总气量可以由上述三个方程之和求出，可用平均压力 p_{av} 表示的总气量表达式为

$$m = m_a + m_c + m_d = \frac{p_{av}V_0 s\sqrt{1-\delta^2}\,(\omega+\tau+2s)}{2RT_a} \tag{5-37}$$

由式（5-34）～式（5-36）可以计算斯特林制冷循环中各腔体内气体质量的变化。

（4）制冷量和制冷系数。在前面循环原理中已经介绍了膨胀腔在一次循环中的制冷量，见式（5-3），将式（5-33）和式 [5-13（a）] 代入式（5-3）得

$$Q_c = \oint p_{av}\frac{\sqrt{1-\delta^2}}{1+\delta\cos(\alpha-\theta)}\mathrm{d}\left[\frac{V_0}{2}(1+\cos\alpha)\right] = \pi p_{av}V_0\frac{\delta\sin\theta}{1+\sqrt{1-\delta^2}} \tag{5-38}$$

由此可给出以转速 $n(\mathrm{r/min})$ 运转的斯特林制冷机的理论制冷量 Q_c 的计算式为

$$\dot{Q}_c = \frac{\pi n}{60}p_{av}V_0\frac{\delta\sin\theta}{1+\sqrt{1-\delta^2}} \tag{5-39}$$

式中的压力单位为 Pa，制冷量 $\dot{Q}_c$ 的单位为 W，$V_0 = V_{c,max}$，其单位为 $\mathrm{m^3}$。

为了讨论相位角 θ 对制冷量的影响，用压力比 σ 的公式（5-30）代入式（5-39）得

$$\dot{Q}_c = \frac{\pi n}{60}p_{av}V_0\frac{\sqrt{\sigma}-1}{\sqrt{\sigma}+1}\sin\theta \tag{5-40}$$

同理，利用式（5-22），可用容积相位差 ϕ 代入式（5-39）表示制冷量，即

$$\dot{Q}_c = \frac{\pi n}{60}p_{av}V_0\frac{\delta}{1+\sqrt{1-\delta^2}}\frac{\omega\sin\phi}{\sqrt{\tau^2+\omega^2+2\omega\tau\cos\phi}} \tag{5-41}$$

由式（5-41）可见，容积相位差 ϕ 对制冷量的影响表现在 $\sin\phi$ 和 δ 中，由于 ϕ 对 δ 的影响小，所以通常推荐 ϕ 接近 $90°$，以使 $\sin\phi$ 值接近于 1，以便获得更大的制冷量。由式（5-39）可知，制冷量随压力比和最大压力相位角 θ 的增大而增加，但机器的尺寸也随压力比的提高而增大。

压缩腔在一次循环中的放热量为

$$Q_a = \oint p_{av}\mathrm{d}V_a = \pi p_{av}\omega V_0\frac{\delta\sin(\theta-\phi)}{1+\sqrt{1-\delta^2}} \tag{5-42}$$

由此可给出以转速 n 运转的斯特林制冷机的理论放热量 $\dot{Q}_a$ 的计算式为

$$\dot{Q}_a = \frac{n}{60}Q_a = \frac{\pi n}{60}p_{av}\omega V_0\frac{\delta\sin(\theta-\phi)}{1+\sqrt{1-\delta^2}} \tag{5-43}$$

式中，压力的单位为 Pa，放热量的单位为 W，容积 V_0 的单位为 $\mathrm{m^3}$。Schmidt 等温模型导出的制冷系数可利用式（5-39）和式（5-43）推导出来，即

$$\varepsilon = \frac{\dot{Q}_c}{|\dot{Q}_a|-\dot{Q}_c} = \frac{1}{\dfrac{\omega\sin(\theta-\phi)}{\sin\theta}-1} = \frac{1}{\tau-1} = \frac{T_c}{T_a-T_c} \tag{5-44}$$

式中，温度比的表示式由式（5-19）和式（5-17）导出，即 $\tau = -\omega \sin(\theta - \phi)/\sin\theta = T_{\mathrm{a}}/T_{\mathrm{c}}$。在导出式（5-42）时，注意如果 $\dot{Q}_{\mathrm{c}}$ 为正值，即吸热，则 $\dot{Q}_{\mathrm{a}}$ 必为负值，即放热。

制冷机的理论功率消耗为

$$\dot{W} = \frac{\dot{Q}_{\mathrm{c}}}{\varepsilon} = \frac{T_{\mathrm{a}} - T_{\mathrm{c}}}{T_{\mathrm{c}}} \dot{Q}_{\mathrm{c}} = (\tau - 1)\dot{Q}_{\mathrm{c}} \tag{5-45}$$

由上可见，由施密特等温模型导出的制冷系数与同温限的卡诺循环的制冷系数相同。虽然施密特等温模型考虑了活塞做简谐运动和死容积这两个实际因素，但并没有考虑任何不可逆损失，所以仍然是一个可逆循环。由于施密特等温模型假设气缸中进行的过程是等温的，而且完全没有考虑系统内的不可逆损失，因此与实际情况差较大。实验表明，在 80K 温区，斯特林制冷机的实际制系数只有按等温模型计算值的 20%～30%。

3. 斯特林制冷机中的压力-质量-容积变化规律

根据施密特等温模型导出的上述计算公式，可以得到许多重要的信息。图 5-8 所示的为按上述公式计算的一台斯特林制冷机的内部参数变化规律图。从中可以看出，影响斯特林制冷机理论制冷量的基本要素为压力、容积和质量的变化及它们之间相位的差别。

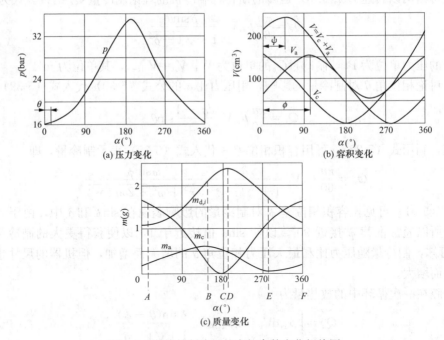

(a) 压力变化　　　　　　(b) 容积变化

(c) 质量变化

图 5-8　斯特林制冷机的内部参数变化规律图

首先，由图 5-8 可见各典型参数的相角位置及大小。当曲轴转角 $\alpha = \phi$ 时，压缩腔容积 V_{a} 达到最大值，而膨胀腔容积 V_{c} 在 $\alpha = 0$ 时出现最大值，故 V_{c} 超前 V_{a} 的相角为 ϕ。当 $\alpha = \phi + \pi$ 时，$V_{\mathrm{a}} = 0$；当 $\alpha = \theta$ 时，压力为最小值；当 $\alpha = \psi$ 时，总容积达最大值。比较最大总容积滞后于 V_0 的相位角 $[\tan\psi = \theta\omega\sin\phi/(1 + \omega\cos\phi)]$ 与最低压力滞后于 V_0 的相位角 $[\tan\theta = \omega\sin\phi/(\tau + \omega\cos\phi)]$ 的表达式可知，在制冷循环中，若 $T_{\mathrm{a}} > T_{\mathrm{c}}$，则 $\tau > 1$，即有 $\tan\psi > \tan\theta$，即 $\psi > \theta$。另外，膨胀腔的容积变化曲线与膨胀腔的质量 m_{c} 变化曲线是同相位的。在 $\alpha = 180°$，即 $V_{\mathrm{c}} = 0$、$m_{\mathrm{c}} = 0$ 时，开始进气，膨胀腔内的气体量随着膨胀腔体积的增

大而增加，直至 $\alpha=360°$ 达到最大。同样，在 $\alpha=0°\sim180°$ 排气期间，膨胀腔内的气体量随着膨胀腔体积的减小而减少。

其次，由图 5-8 可清楚看出斯特林机中存在的死容积对循环过程的影响。在排气过程中，当 α 在 A-B 期间，膨胀腔气体质量 m_c 减少，而压缩腔气体质量 m_a 和死容积气体质量 $m_{d,i}$ 增加，表明从膨胀腔流出的气体并不是全部流入压缩腔，而是有部分气体储存在死容积中，其中主要是回热器的空容积。在 α 处于 B-C 期间，m_c 和 m_a 都减少，而 $m_{d,i}$ 继续增加，说明气体从膨胀腔和压缩腔同时流向死容积。与此相反，在进气过程中，当 α 处于 C-E 期间，气体从压缩腔和回热器流向膨胀腔，但在 E-F 期间，由于死容积质量的相位滞后于压缩腔质量，因此 $m_{d,i}$ 继续减少，而 m_a 却开始增长，所以气流由死容积同时流向膨胀腔。结果，系统内的气体不是直接在压缩腔和膨胀腔之间来回流动，有一部分气体始终停留在回热器中来回振荡，并没有参加膨胀制冷，因而导致示功图面积减小。

5.2.3　斯特林制冷机的实际损失

低温制冷机的实际过程是偏离可逆过程的，存在着各种不可逆损失。大致上可以把斯特林制冷机的不可逆损失分为静损失和动损失两类。前者包括对流、导热损失和热辐射损失；后者包括穿梭损失、泵气损失、流体压降损失、换热损失和焦耳热损失等。

图 5-9 给出斯特林制冷机的冷头封装图。膨胀机冷头也被称作"冷指"，表示其实际形态和大小近似于手指，它的结构特点就是细长、壁薄、质轻，以获得最小的导热损失和快速预冷的效果。冷头一般都被安装在具有高真空绝热的玻璃或金属杜瓦中，器壁镀银后抛光。

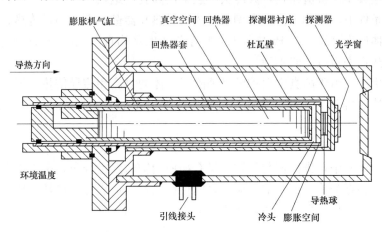

图 5-9　斯特林制冷机的冷头封装图

1. 轴向导热损失

轴向导热损失是静损失中最重要的一项损失，因为膨胀气缸、排出器等构件两端的温差较大，具有很大的温度梯度。凡是存在温度梯度的由导热材料制成的构件，都会发生热的传导，根据傅里叶定律，其值与材料的热导率 λ、传热构件的横截面积 A 及沿着传热途径的温度梯度 dT/dx 成正比。

图 5-9 中右侧为膨胀机的冷头，制冷温度为 T_c；左侧为排出器的热端，热腔温度 T_a 高于室温，以一定的温差将气体的压缩热排给环境。在稳定运行中，膨胀机组件的两端一直维持着温差（T_a-T_c），在此温差的推动下，沿轴向通过膨胀机气缸壁、回热器壁、回热器填

料、封装冷头的杜瓦壁以及所有来自冷头的测量引线等都会产生导热损失。

为了使导热减至最小，应采用高强度而低热导率的材料，以使气缸壁很薄，导热截面积很小。不锈钢是膨胀气缸的首选材料，它的性能质量好、价格合适、来源丰富、易于加工及焊接。环氧玻璃钢和聚酰亚胺材料具有很低的热导率，如玻璃钢 G-10 被广泛用作并不承受高压差的回热器壳套。

回热器填料是一些多孔隙的固体，工作流体通过这些间隙构成的流道流动，与固体填料换热。显然，理想的回热填料的径向热导率应无限大，以保证在与气流垂直的平面上温度均匀；而在气流流动的轴向热导率应为零，以免除轴向导热。采用金属丝网片垂直于气流方向堆叠而成的回热填料接近具有这种理想性能，这是因为较之丝网片的径向导热，丝网片之间的轴向接触导热几乎可以忽略不计。另外，金属粉末和金属微球也具有与丝网片填料类似的性质，比如在 20K 制冷温度以下，微型铅球经常被用做回热填料。

其他减少导热损失的方法还包括减少探测器的引线数，采用最小的导线直径，增长引线长度，将引线从冷头至热端方向盘绕在膨胀机缸体上再引出。

2. 冷头漏热损失

对流传热因流体的运动而起，当制冷机冷头附近的流体由于固体导热而被冷却时，就会发生自然对流，由于被冷却的流体密度增大，因重力作用而下沉，被周围密度较小的热流体所取代而形成对流。对流传热是所有冷却或加热过程中一种高效的自然传热方式。小型低温制冷机的制冷量较小而价值昂贵，其冷头一般采用高真空绝热。

在高真空条件下，漏热主要来自剩余气体的导热和器壁的室温辐射传热。计算表明，当真空腔内的气体压力降到 $10^{-3}\mathrm{Pa}$ 之下时，剩余气体的平均自由程已经超过真空夹套的间距，自由分子的传热损失可以忽略不计。

虽然制冷机冷头由于高真空保护已经消除了气体的对流和传导传热，但来自杜瓦外壁的室温辐射仍然造成可观的热漏。为此，可采用低发射率的光学抛光表面，并包扎多层绝热材料。

3. 穿梭损失

在斯特林制冷机中，排出器与气缸壁具有相似的轴向温度分布，由于排出器在气缸中做往复运动，其上各点与静止的气缸对应点之间存在温差，造成部分热量由热端传至冷端，导致冷量损失，称为穿梭损失，穿梭传热机理如图 5-10 所示。

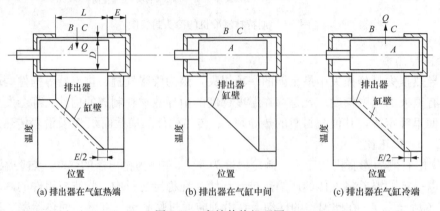

(a) 排出器在气缸热端　　　　(b) 排出器在气缸中间　　　　(c) 排出器在气缸冷端

图 5-10　穿梭传热机理图

图 5-10 中所示为排出器在气缸中的三个典型位置，各图的下部分为排出器和气缸壁上沿轴向的温度分布曲线，假设为直线分布。当排出器处于气缸的中间位置时，排出器上的点 A 处于气缸壁上的点 B 和点 C 之间，认为排出器和气缸壁的轴向温度梯度一致，亦即排出器上的任何一点的温度与其气缸壁相同，如图 5-10（b）所示。当排出器移向气缸的热端位置时，排出器上的点 A 对应于气缸壁上的点 B，其上各点温度都低于对应位置的缸壁温度，如图 5-10（a）中的虚线所示，因此热量从缸壁点 B 传向排出器点 A。同理，当排出器移动到冷端时，排出器上的点 A 对应于气缸壁上的点 C，如图 5-10（c）所示，排出器上各点的温度均高于气缸壁对应点的温度，如图中的虚线所示，热量又从排出器向气缸壁（点 A～C）传递。沿排出器长度方向上的每个点都存在着这样的热量传递。也就是说，排出器在气缸内的穿梭移动将热量从热端传递到了冷端，从而造成冷量损失。根据理论和实验分析，斯特林制冷机的穿梭损失一般可以采用式（5-46）来计算：

$$Q_{sh} = \xi \frac{\lambda_g \pi D S^2 (T_h - T_c)}{5.4 \delta L} \tag{5-46}$$

式中　T_h、T_c——排出器热端与冷端的温度；

　　　　δ——排出器和气缸间的环隙；

　　　　λ_g——环隙中气体的热导率；

　　　　S——排出器行程；

　　　　L——热端与冷端间的距离，即排出器长度；

　　　　ξ——修正系数，对于简谐运动为 0.52～0.73。

由式（5-46）可见，缩短排出器的行程可以减小穿梭损失，但这势必会使制冷量同时减小，除非将膨胀气缸的直径也相应增大。一般来说，为了减小穿梭损失，排出器的行程不能大于气缸直径的二分之一。有可能的话，可取行程为气缸直径的三分之一，这样还可减少密封的磨损，延长机器的寿命。

4. 泵气损失

泵气损失表示对排出器与气缸壁之间的环隙进行反复的充气和排气所引起的能量损失。在一个循环中气体压力是周期性变化的，这一环隙死容积中的气体质量也将周期地变化。随着系统压力的升高，将有一些气体从冷腔进入环隙内，气体在升压过程中从间隙两壁吸收热量。反之，当系统的压力降低时，气体将离开环隙返回冷腔，在气体离开环隙的流动过程中，气体向气缸壁和排出器壁放热，由于换热不完善，气体到达冷腔时的温度略高于冷腔温度，因而造成冷腔的附加热负荷，称为泵气损失。虽然环隙的容积是一个常数，但其中气体的平均温度却在周期性地变化，这是因为排出器在气缸中往复运动，它与气缸壁形成的间隙位置也在周期性地变化着。气体在环形间隙中的运动增强了气体与气缸壁间的对流传热，这是一个对体积固定的死空间进行周期性的充气和放气并伴随着气体和气缸间的相互传热问题。特别是在低温区，气体的密度较大，加之氢气的优良传热性能，环隙中的泵气热损失不能忽视。显然，把排出器与气缸间的间隙减小到符合实际的最小值，可使泵气损失减为最小。

5. 流体压降损失

在斯特林低温制冷机中，凡是工作流体流经的地方都会发生流体的摩擦损失。流体的摩擦引起压力的降低，使膨胀腔的压力比小于压缩腔，导致冷量的减少，增加了能量的消耗。

图 5-11 给出流体摩擦对制冷量的影响，即流体摩擦引起的压降导致膨胀腔中压力振幅的减少，膨胀腔的示功图面积及其相应的制冷量也随之减少。

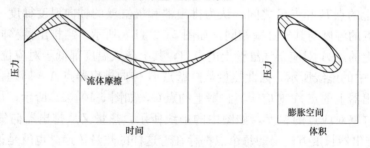

图 5-11　流体摩擦对制冷量的影响

压降损失主要发生在回热器填料，冷端换热器中的狭窄流道，以及与压缩腔和膨胀腔连接的进、出孔口等处，应该消除流道中会引起流态迅速变化的转角，进、出口处的锐边，减少它们的数目，以使流体摩擦损失降低。

6. 不完全换热损失

斯特林制冷机中主要包括三个换热器：冷端换热器、回热器以及热端换热器。一般带来损失最大的是回热器中填料与气体的不理想换热。当气体从回热器热端流向冷端时，气体向填料放热，如果传热速率和填料的热容量无限大，在任何部位气体和填料的温度都会达到相同，但实际情况并不如此。这是因为填料的传热速率虽然很高，但不可能达到无限大，因而当气体向填料传热时，气体的温度将高于填料温度；反之，当填料向气体传热时，气体的温度将低于填料。加之填料的热容也并不是无限的，在热吹期气体对填料的不断传热，将使填料的温度升高。结果，进入膨胀腔的气体温度将高于膨胀腔的表观工作温度，因此需要用制冷机的制冷量将这些气体的温度冷却到理想值。由于回热器工况十分复杂，回热器在回热式制冷机中的地位十分重要。

斯特林制冷机的冷量由冷端换热器导出，对于冷端换热器，气体与冷端换热器壁面的传热也不是无限的，因而膨胀腔内的气体温度要低于冷头壁面温度，形成了冷头壁面与气体间的温度差，增加了外界对膨胀腔气体的传热，最终导致冷量损失和增加单位制冷量对输入功的要求。同理，热端换热器把斯特林制冷机的压缩高温气体热量散发到环境，对于热端换热器，也会发生类似情况，由于传热速率的限制，热端换热器内气体的温度比环境温度高，这会引起压缩热进入冷却系统，增大了制取单位制冷量对输入功的需求。

7. 焦耳热损失

驱动低温制冷机的电动机的电转换效率总是低于 100%，一般为 $70\%\sim90\%$。这意味着从电动机输出去驱动制冷机的功率只占电机输入值的一部分，损失掉的那些功率大多是焦耳热（I^2R）损失，即绕组及导线的发热损失，其余还有电动机内的电涡流损失，磁滞损失等。在压缩机方面，除了电动机损失以外，还有间隙密封的泄漏损失，摩擦损失等。

5.2.4　斯特林制冷机的各种类型及结构

按照斯特林制冷循环原理进行工作的机器可称为斯特林制冷机。根据结构的不同，斯特林制冷机可分为不同的类型。图 5-12 所示斯特林制冷机按结构的分类。

1. 整体式斯特林制冷机

由于减少了分置式斯特林制冷机的连管，整体式斯特林制冷机具有结构紧凑、制冷效率高的特点。根据驱动电动机的不同分为回转电动机型和直线电动机型。

（1）整体式回转电动机型斯特林制冷机。如图 5-13 所示为微型整体式回转电动机型斯特林制冷机，压缩活塞和膨胀活塞的相位差一般为 90°。该斯特林制冷机可以完全回收膨胀功，因此制冷

图 5-12　斯特林制冷机按结构的分类

效率较高，结构比较紧凑。但是，由于曲柄连杆的传动带来压缩活塞和膨胀活塞的侧向力作用，导致容易磨损，因此该类型制冷机寿命很难超过 10 000h。同时，由于旋转压缩机和膨胀机集成在一起，导致冷头的振动较大。图 5-14 为大型整体式回转电动机型斯特林制冷机，该类型制冷机在 77K 下具有几百上千瓦的制冷量，输入功可以超过 10kW，主要用于低温气体的液化。该类斯特林制冷机的驱动电动机较大，一般需要外置，便于安装和维修。

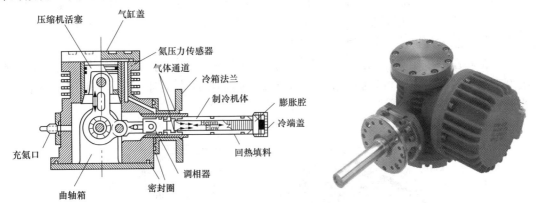

图 5-13　微型整体式回转电动机型斯特林制冷机

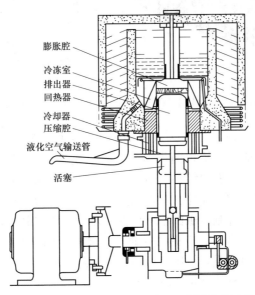

图 5-14　大型整体式回转电动机型斯特林制冷机

（2）整体式直线电动机型斯特林制冷机。整体式直线电动机型斯特林制冷机又称为整体式自由活塞斯特林制冷机（FPSC）。回转电动机型斯特林制冷机传动部分采用曲柄连杆，运动部件的相互磨损和对制冷工质的污染，使得制冷机的工作寿命受到限制。因此这种结构形式不能满足长寿命的应用要求。为了克服上述缺点，采用直线电动机取代旋转电机。直线电动机运动部件少、侧向力小、无油。如图 5-15 所示为整体式自由活塞型斯特林制冷机，该制冷机采用高效率的动磁式直线电动机驱动压缩活塞，板弹簧支撑压缩活塞和膨胀活塞，活塞与气缸之间采用静压气体轴承间以消除壁面摩擦，因此该型斯特林制冷机具有较高的使用寿命（可达 10 年）。自由活塞斯特林制冷机的膨胀机完全通过气体压力驱动，通过调节压缩活塞和膨胀活塞的弹簧刚度实现二者的相位设计，该类型斯特林制冷机同样具有结构紧凑，制冷效率高的优点。为了降低振动，一般在该制冷机压缩机尾部安装有动力吸振器。自由活塞斯特林制冷机在红外探测器、超导滤波器、医疗低温冰箱等领域已得到大量应用。

2. 分置式斯特林制冷机

分置式斯特林制冷机在结构上的主要特点就是压缩机和膨胀机分离，一般通过柔性金属管道连接。虽然连管会带来额外的流动损失，导致斯特林制冷机效率下降，但金属连管可以使压缩机远离冷头，因此可以消除压缩机给冷头带来的振动，同时减小压缩机电动机对冷头的电磁干扰，也方便冷头与杜瓦的集成安装。

（1）旋转压缩机驱动。如图 5-16 所示为旋转压缩机驱动的分置式斯特林制冷机，该制冷机由于采用了旋转电动机，因此工作寿命较短，但制作成本相对较低，一般用于要求不高的非航天制冷系统。

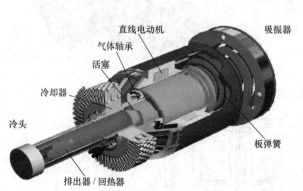

图 5-15　整体式自由活塞型斯特林制冷机

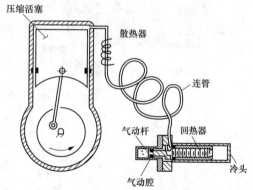

图 5-16　旋转压缩机驱动分置式斯特林制冷机

（2）直线压缩机驱动。如图 5-17 为双驱动牛津型斯特林制冷机，该型斯特林制冷机在20 世纪 70 年代由牛津大学首次提出而得名，其特点是采用板弹簧支撑压缩活塞和膨胀活塞，活塞与气缸之间采用间隙密封结构，通过直线电动机驱动压缩活塞，同时为了精确控制压缩活塞和膨胀活塞的相位差，在膨胀机上也安装有小型直线电动机，以控制膨胀活塞的运动振幅和相位。早期的斯特林制冷机由于可靠性和寿命问题限制了在空间的应用，直到"牛津型"斯特林的出现才大大提高制冷机的寿命和可靠性。图 5-18 为气动型分置式斯特林制冷机，该斯特林制冷机采用对置直线压缩机结构以消除压缩机活塞运动带来的振动，膨胀机部分采用纯气动结构，因而整体结构比较紧凑、质量轻且可靠性高。此类斯特林制冷机的设计和制作难度相对较大，可用于空间制冷场合。目前，气动分置式斯特林制冷机已成为小型低温斯特林制冷机的主流机型。

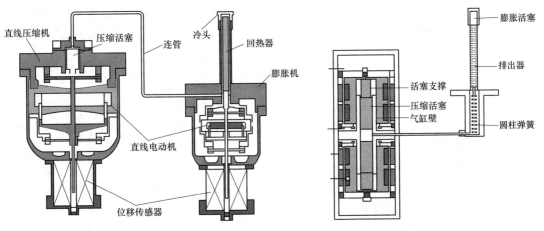

图 5-17　双驱动牛津型斯特林制冷机　　　图 5-18　气动型分置式斯特林制冷机

5.3　G-M 制冷机

1956 年，美国学者 Gifford 和 McMahon 发明了一种利用压缩气体绝热放气制冷的 G-M 制冷机，用一个不受力的排出器来代替承受膨胀功的活塞。G-M 制冷机首先在 Little 公司制成样机，由于采用了普通制冷用的标准压缩机，使成本大为降低，很快成为商品。经过几十年的发展，G-M 制冷机已经在现代科技、医学和低温物理实验等领域获得了广泛的应用。

5.3.1　G-M 制冷机的工作原理

G-M 制冷机的基本制冷原理是绝热放气降温，连续进行西蒙膨胀制冷的装置。当将室温高压气体绝热充入一个刚性容器时，容器中的压力和温度升高。若在充气的同时对容器中的气体进行冷却，使其仍保持原来的温度，然后将该容器中的气体向低压空间放气，容器内剩余气体的压力和温度便降低，从而产生制冷量。

利用放气过程来获得低温的方法，早在 19 世纪 80 年代就已经出现。1887 年 Cailletet 和 Pictet 分别用液体乙烯（170K）和液体二氧化碳（195K）来冷却 20MPa 的氧气，然后突然打开阀门放气降压，获得了少量雾状的液氧。

1932 年 Simon 采用单次绝热放气膨胀使氦气液化，西蒙膨胀法氦液化装置如图 5-19 所示。首先向一个处于室温的刚性容器充入（10~15）MPa 的氦气，通过液氮槽将刚性容器冷却到 77K，期间向包围着刚性容器的真空空间内充入氦气，作为刚性容器与液氮槽的传热媒介，再抽成真空，构成刚性容器的绝热。然后，将液氢注入刚性容器的上部空间，刚性容器被冷却到 20K，再将液氢减压至 0.23kPa，直至氢固化，对应的温度大约为 10K。最后，将刚性氦气容器与系统外的氦气柜接通，使其压力降低到大气压。在绝热放气过程中，容器中的氦气对排出的氦气做功，排出的氦气带走了热量，使留在容器中的氦温度降低到 4.2K 而液化。

西蒙膨胀是一个间歇的单次制冷过程，难以成为连续运转的制冷机。Gifford 和 McMahon 的创新之处在于采用了气缸及排出器组件，通过按给定相位工作的配气阀门来周期性地实现西蒙膨胀过程，成为连续运转的制冷机。图 5-20 为单级 G-M 循环制冷机示意。它由两大部分组成：左上边为压缩机系统，通常就是一台普通的制冷压缩机及其辅助设备；其余部分为膨胀机系统，由进气阀、排气阀、回热器和一个气缸及排出器组件组成。

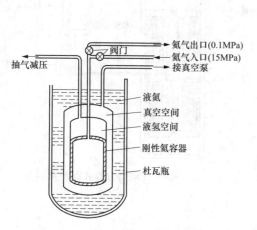

图 5-19　西蒙膨胀法氦液化装置

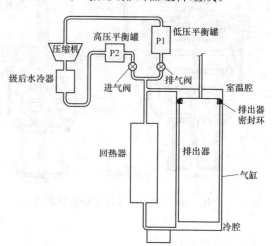

图 5-20　单级 G-M 循环制冷机示意

压缩系统是用全封闭式压缩机配上冷却系统、油分离系统、稳压系统、控制和安全系统构成。压缩机的作用是吸入低压气体，提供稳定的高压气体源。压缩机组常采用小型全封闭涡旋式氦压缩机，压缩机的级后水冷却器用来带走压缩热，将高压气体冷却到接近室温。油分离器由分子筛、过滤网等组成，用来净化工质，消除氦气中的油、水分和机械杂质，为制冷系统提供清洁的气体。气体净化系统往往是决定压缩机运行寿命的关键因素，现在一台高质量压缩机的运行寿命可以达到五年以上。

膨胀系统是产生冷量的装置，由配气阀、排出器、回热器、膨胀气缸和驱动机构组成。膨胀机以（1~2）Hz 的低速运转，由于排出器不受力，振动和磨损小，工作可靠，连续运转周期可达 10 000h 以上。膨胀机气缸是一个两端封闭的容器，其中包含着一个排出器，其长度约为气缸的 3/4。进气阀和排气阀的开启和关闭与气缸内排出器的上下移动是由一套凸轮机构带动。排出器把气缸内部空间分成上、下两个部分，上部处于室温下的空间称为热腔或室温腔；下部处于低温的空间叫冷腔或低温腔。在工作过程中，热腔和冷腔的容积在零与最大值之间变化，但两者的总容积保持不变。

热腔和冷腔通过回热器与供气系统连通。供气系统由进气阀和排气阀、气体压缩机及高、低压稳压器组成。进、排气阀门的开启和关闭与排出器的移动位置之间按一定的相位角配合，以保证实现制冷机的热力循环。

回热器与间壁式换热器相比具有结构简单、换热效率高、制作容易、成本低廉等特点。回热器中装有大量高热容的金属填料，用以冷却在热吹期流向冷腔的高压气体和加热在冷吹期从冷腔交替流出的低压气体，因而起着储存和回收冷量的作用。回热填料的基本特征是单位体积的比热容大、易加工成型。常用于 G-M 制冷机的填料有三大类：①在液氮温区以上一般选用 250~400 目的不锈钢丝网或磷青铜丝网；②在液氮温区到 20K 之间则用直径为（0.3~0.4）mm 左右的小铅球；③在液氦温区基本上采用磁性回热材料。

如果忽略气体通过回热器时很小的压降，那么排出器上下两端空间的压力完全相等。因此，带动排出器上下移动所需要的功几乎可以忽略不计。实际上，排出器对气体不做功；气体对排出器也不做功。系统中的压力增高或降低是通过进、排气阀门的动作而实现的。当排出器向上运动时，热腔容积减小，冷腔容积增大。这时，排出器驱赶热腔中的气体使之通过回热器后进入冷腔；反之，当排出器向下运动时，排出器驱赶冷腔中的气体反向通过回热器后进入热腔。由此可见，排出器的主要作用是改变气缸中热腔和冷腔的容积分配及气量分配，它与普通活塞的作用不同，故取名"排出器"或推移活塞。

排出器与气缸间为间隙配合（<0.5mm），在排出器热端顶部装有一个滑动密封环，防止热腔和冷腔间的气体通过两者间的环隙相互泄漏。由于热腔和冷腔的压力是近乎相等的，因而密封问题并不严重。

在实际使用中，考虑到安装方便、减少振动和隔离噪声的需要，将压缩机部分和膨胀机部分分置，采用数米长的金属软管将它们连接起来，从而构成封闭循环，实现连续制冷。

5.3.2　G-M 制冷机的工作过程及理论循环计算

假定 G-M 制冷机完成的循环为理想制冷循环：①制冷系统中的工质为理想气体；②回热器、换热器和管道的空容积及膨胀腔的余隙容积均为零；③回热器和换热器没有换热损失；④不计回热器、管道阀门及换热器的流阻损失；⑤气缸壁与排出器间无摩擦损失；⑥没有外泄漏损失；⑦压缩过程是可逆绝热的；⑧进、排气阀门提前关闭和开启的影响可忽略不计。

G-M 制冷机按下列四个过程进行循环，其冷腔的理想 $p\text{-}V$ 图及制冷机中气体工质的温度与时间的关系如图 5-21 所示。

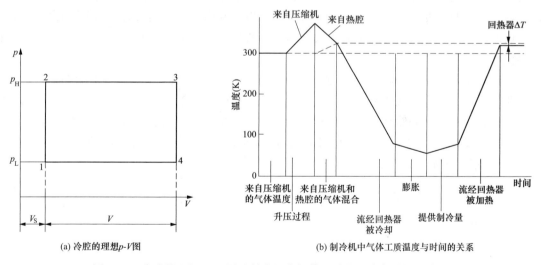

图 5-21　冷腔的理想 $p\text{-}V$ 图及制冷机中气体工质的温度与时间的关系

（1）升压过程（曲线 1—2）。开始时排出器处于气缸底部下死点，这时热腔的容积为 V，冷腔的容积为零。关闭排气阀，开启进气阀，来自压缩机的高压气体进入膨胀机，对排出器的热腔和回热器进行绝热充气，回热器和热腔的压力升高。从进气起始时刻至排出器开始向上移动为升压过程，在 $p\text{-}V$ 图上由曲线 1—2 表示。此时，高压气体进入，使热腔和回热器中的压力由 p_L 升至 p_H。原来残留在热腔和回热器的气体被绝热压缩，热腔气体的温度由 T_{hL} 升至

T_{hH}。但由于回热器填料的热容量远大于气体的热容量，回热器中各截面的气体温度无明显增加。此时，热腔处于最大容积 V。由假设①和②得知，热腔中残留的气体量为 $p_L V/(RT_{hL})$。

设升压过程充入的气量为 m_1，则绝热升压过程的能量平衡式如式（5-47）所示：

$$m_1 c_p T + \frac{p_L V}{RT_{hL}} c_V T_{hL} = \left(m_1 + \frac{p_L V}{RT_{hL}}\right) c_V T_{hH} \tag{5-47}$$

式中　T_{hL}——升压前的热腔气体温度；

$\quad\quad T_{hH}$——升压终了的热腔温度；

$\quad\quad T$——充入的高压气体温度；

$\quad c_p$ 和 c_V——比定压热容和比定容热容。

则充气后热腔和回热器内的总质量为

$$m_1 + \frac{p_L V}{RT_{hL}} = \frac{p_H V}{RT_{hH}} \tag{5-48}$$

将式（5-48）代入式（5-47）得

$$m_1 = \frac{(p_H - p_L)V}{RT} \frac{c_V}{c_p} \tag{5-49}$$

进而求得

$$T_{hH} = \frac{T_{hL}}{1 - \dfrac{p_L}{p_H} \dfrac{T_{hL}}{T} \dfrac{c_V}{c_p} + \dfrac{p_L}{p_H}} \tag{5-50}$$

（2）等压充气过程（曲线 2—3）。进气阀依然开启，当压力平衡后，排出器从气缸底部向上移动，将进入到热腔的高压气体推移通过回热器进入冷腔。气体在通过回热器时，向填料放热，气体的温度和压力降低。由于进气阀依然是开启的，必然又有一部分高压气体也经过回热器进入冷腔，以维持系统的最大压力。当排出器到达上死点时，热腔容积变为零，冷腔容积则变为 V。

从排出器开始向上移动到气缸顶部为止，是等压进气过程，在 p-V 图上由曲线 2-3 表示。在此过程中，高压气体从热腔经回热器被冷却到 T_c，进入冷腔。由于温度下降，压力不变，故容积减小，必然有另一部分高压气体补充进来。所以从热腔流到冷腔的气体，实际上是温度为 T、压力为 p_H 的高压气体 m_2 和温度为 T_{hH}、压力为 p_H 的热腔气体 $[m_1 + p_L V/(RT_{hL})]$ 之混合气体。由假设③可得混合气体的温度 $T_{mix} = T_{hL}$。因此有

$$T_{hL}\left(m_1 + m_2 + \frac{p_L V}{RT_{hL}}\right) = m_2 T_c + \left(m_1 + \frac{p_L V}{RT_{hL}}\right) T_{hH} \tag{5-51}$$

式（5-51）中

$$m_2 = \frac{p_H V}{RT_c} - \left(m_1 + \frac{p_L V}{RT_{hL}}\right) \tag{5-52}$$

（3）绝热放气过程（曲线 3—4）。绝热放气过程开始时，排出器已移动到气缸顶部，此时，进气阀关闭，排气阀开启，冷腔中的气体开始经历膨胀过程。高压气体经回热器与低压回路接通，向低压回路放气。绝热膨胀导致气体温度下降，产生制冷效应。制冷量从冷端换热器输出。从排气阀开启到排出器从气缸顶部开始向下运动为止，为绝热放气过程，在冷腔 p-V 图上由曲线 3—4 表示。绝热放气使气体的温度降至比 T_c 更低，经冷端换热器输出冷量后，气体温度又升至放气前的温度 T_{hL}。绝热放气时，系统不输出外功，即 $W_E = 0$。这

时，冷腔中剩余的气体量为 $p_L V/(RT_c)$。由上面的叙述可知，在升压过程和放气过程中排出器分别在下死点和上死点位置，所以理论上 G-M 制冷机的排出器是作"间歇式"运动的。

(4) 等压排气过程（曲线 4—1）。保持排气阀开启，排出器从气缸顶部向下移动，将气体从冷腔推移到热腔，气体由下而上通过回热器时，从回热填料吸热，填料的温度下降，气体的温度升高到 T_{hL}。其中一部分气体 $p_L V/(RT_c)$ 留在热腔，另一部分经排气阀排出的低压气体返回到压缩机的入口端。这时，关闭排气阀，制冷机完成一次循环。排出器从气缸顶部开始向下运动移动到气缸底部为止，为等压排气过程，在冷腔 $p\text{-}V$ 图上由曲线 4—1 表示。

上述四个过程组成一个循环。这样，周而复始地重复上面的循环过程，整个系统就能连续工作，不断地制取冷量。在气缸冷端设有热负荷吸收装置，即冷端换热器。在 G-M 循环四个工作过程中，整个系统内的工质总量是保持不变的，但内部各处工质的分布是不均匀的，而且是随时间作周期性变化的。在各个过程中都有工质流入或流出膨胀机，数量都不相同，所以其热力循环是一个变质量的热力过程。

为了便于分析和简化计算，通常把某些部件（如热腔、冷腔）视为处于"平衡态"，即内部各处的状态参数是一致的，只随时间而变。但要注意，这个假设并不适用于回热器，因为回热器在工作时其内部各处的温度、压力都是不同的，而且随时间而变。可见，回热器是 G-M 循环制冷机中热力过程最为复杂的部件。

为了计算 G-M 制冷机的制冷量，以图 5-2 右边所示的整个制冷部分作为热力系统，在稳定工况下，在升压和等压过程进入制冷系统的气体量（m_1+m_2）等于绝热放气和等压排气过程排到低压回路的气体总量。又因系统对外不做功，其能量平衡方程式为

$$(m_1+m_2)c_p T_{hL}=Q_c+(m_1+m_2)c_p T \tag{5-53}$$

即

$$Q_c=(m_1+m_2)c_p T_{hL}-(m_1+m_2)c_p T \tag{5-54}$$

由式（5-48）和式（5-51）得

$$(m_1+m_2)c_p T_{hL}=\left[m_2 T+\frac{(p_H-p_L)V}{R}\right]c_p \tag{5-55}$$

又由式（5-49）得

$$(m_1+m_2)c_p T_{hL}=\left[m_2 T+\frac{(p_H-p_L)V}{R}\frac{c_V}{c_p}\right]c_p \tag{5-56}$$

因此有

$$Q_c=\frac{(p_H-p_L)V}{R}\left(1-\frac{c_V}{c_p}\right)c_p \tag{5-57}$$

由热力学关系式 $R=c_p-c_V$ 得

$$Q_c=V(p_H-p_L) \tag{5-58}$$

式中　Q_c——一次循环的理论制冷量；

　p_H、p_L——充气压力（高压）和放气压力（低压）；

　　V——冷腔的最大容积。

这就是 G-M 循环制冷机的理论制冷量的计算公式。

由此可知，理论制冷量 Q_c 仅与系统中的压力差（p_H-p_L）及冷腔的最大容积有关，与制冷机的运行温度无关。需要指出的是，这是对理想循环而言的，实际循环中存在着各种不可

逆损失，这些损失一般直接与制冷温度 T_c 有关，T_c 越低，损失就越大。因此，实际制冷量是随制冷温度的降低而显著减少的。

式（5-58）的数值恰好等于图 5-21（a）所示的冷腔在 p-V 图上的"示功图"1-2-3-4-1 包围的面积，可见，利用示功图来分析计算制冷量是一种方便的方法。对于 G-M 制冷机来说，由于压力和容积的变化都是利用凸轮机构加以控制的，故 p 和 V 之间有确定的简单关系，而且示功图容易实验测定。对于理想的 G-M 制冷循环，简单地讨论冷腔的示功图就可以了。压缩机消耗的功，就是一个循环中将进出膨胀机的工质总量 (m_1+m_2) 从 p_L 压缩到 p_H 所需要的功，即

$$W_c=(m_1+m_2)\int_{p_L}^{p_H}v\mathrm{d}p \tag{5-59}$$

式中，压缩机吸入的气体量为式（5-49）和式（5-52）之和，即

$$m_1+m_2=\frac{V}{R}\left(\frac{p_H}{T_c}-\frac{p_L}{T_{hL}}\right) \tag{5-60}$$

则压缩功为

$$W_c=(m_1+m_2)c_pT_R\left[\left(\frac{p_H}{p_L}\right)^{\frac{\kappa-1}{\kappa}}-1\right]=\frac{\kappa}{\kappa-1}T_aV\left(\frac{p_H}{T_c}-\frac{p_L}{T_{hL}}\right)\left[\left(\frac{p_H}{p_L}\right)^{\frac{\kappa-1}{\kappa}}-1\right] \tag{5-61}$$

式中，T_R 代表压缩机入口气温，其值与室温 T_a 相近。于是，理想 G-M 循环的制冷系数 ε 为

$$\varepsilon=\frac{Q_c}{W_c}=\frac{\frac{p_H}{p_L}-1}{\frac{\kappa}{\kappa-1}T_a\left(\frac{p_H}{p_L}\frac{1}{T_c}-\frac{1}{T_{hL}}\right)\left[\left(\frac{p_H}{p_L}\right)^{\frac{\kappa-1}{\kappa}}-1\right]} \tag{5-62}$$

热力学完善度为

$$\eta=\frac{\varepsilon}{\varepsilon_c} \tag{5-63}$$

式中　ε_c——逆卡诺循环的制冷系数。

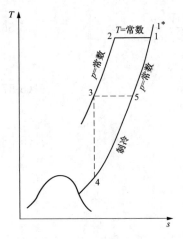

图 5-22　G-M 制冷机的 T-s 图

在实用中 G-M 制冷机有许多变种，例如，为了获得很低的温度，要采用多级膨胀。为了减少配气阀门的不可逆损失，采用具有精确时序的平面旋转阀配气。在排出器的驱动方式上，采用气压驱动来代替机械驱动。目前，G-M 制冷机的平均故障间隔时间（MTBF）可达数万小时。G-M 制冷机的缺点是制冷系数低，耗功大，装置的体积和质量相对较大。

例 5-1　一台 G-M 制冷机采用氦气为工质，工作压力：低压 0.101MPa，高压 2.02MPa。制冷温度为 90K，来自压缩机的进气温度为 300K。假设回热器和压缩机的效率均为 100%，膨胀过程为等熵过程。求系统的制冷效应和制冷系数。

解： G-M 制冷机的 T-s 图如图 5-22 所示。查氦物性图

可得氦的物性参数如下：

$$h_2(2.02\text{MPa},300\text{K})=1579\text{kJ/kg}$$

$$s_2(2.02\text{MPa},300\text{K})=25.2\text{kJ/(kg·K)}$$

$$h_5(0.101\text{MPa},90\text{K})=482\text{kJ/kg}$$

由于回热器的效率为 100%，气体在点 3 离开回热器的温度应该等于在点 5 的进入回热器的温度。在点 3 的热力学数据为

$$h_3(2.02\text{MPa},90\text{K})=486\text{kJ/kg}$$

$$s_4(0.101\text{MPa},90\text{K})=18.9\text{kJ/(kg·K)}$$

过程 3-4 假设为等熵膨胀过程，因而由点 3 向压力为 0.101MPa 的等压线做等熵线，求得点 4，其对应的温度为 27.1K。于是得

$$h_4(0.101\text{MPa},27.1\text{K})=155\text{kJ/kg}$$

（1）制冷效应。为了求解制冷机的制冷效应，首先得求出膨胀前后的质量比。由于在膨胀过程中膨胀腔的体积保持为常值，质量比可以用密度比或比体积比来表示：

$$\frac{\dot{m}_\text{e}}{\dot{m}}=\frac{\rho_4}{\rho_3}=\frac{v_3}{v_4}$$

式中，ρ 为密度；v 为比体积。

由氦的 $T\text{-}s$ 图可得 $v_3=95\text{cm}^3/\text{g}$，$v_4=555\text{cm}^3/\text{g}$，质量比为

$$\frac{\dot{m}_\text{e}}{\dot{m}}=\frac{\rho_4}{\rho_3}=\frac{95}{555}=0.171$$

制冷效应为

$$\frac{\dot{Q}_\text{c}}{\dot{m}}=\frac{\dot{m}_\text{e}}{\dot{m}}(h_5-h_4)=0.171(482-155)=56\text{kJ/kg}$$

（2）制冷系数。对图 5-22 所示的系统做热量平衡，有

$$\frac{\dot{Q}_\text{c}}{\dot{m}}=h_1-h_2=\frac{\dot{m}_\text{e}}{\dot{m}}(h_5-h_4)$$

因而，在回热器热端离开回热器的气体比焓为

$$h_1=h_2+\frac{\dot{Q}_\text{c}}{\dot{m}}=1579+56=1635\text{kJ/kg}$$

在 0.101MPa 下，比焓值 h_1 相当于 312K 时的 $s_1=31.6\text{kJ/(kg·K)}$。这表明离开回热器的气体在进入压缩机之前必须经过一个 300K 的平衡器或者在 312K 下进入压缩机等温压缩，然后在压缩后经级后冷却到 300K。假设压缩机的进口条件为 312K，压缩机所需的输入功为

$$\frac{-\dot{W}}{\dot{m}}=T_1(s_1-s_2)-(h_1-h_2)$$

$$=312\times(31.6-25.2)-(1635-1579)=1941\text{kJ/kg}$$

因而，该系统的制冷系数为

$$\varepsilon = \left(\frac{\dot{Q}_c}{\dot{m}}\right) \Big/ \left(\frac{-\dot{W}}{\dot{m}}\right) = \frac{56}{1941} = 0.029$$

5.3.3　G-M 制冷机实际循环的热力性能

表征低温制冷机制冷性能的主要热力指标有制冷温度、制冷量及制冷系数。实际 G-M 制冷机远较理想循环复杂，其性能是多个变量的复杂函数。而且，众多影响因素之间是相互矛盾，又相互制约的。低温制冷机的实际制冷量 $\dot{Q}_{ac}$，或称有效制冷量，是该制冷机的理论制冷量 $\dot{Q}_c$ 与制冷系统中所有冷量损失 $\dot{Q}_{loss}$ 之和的差值，即

$$\dot{Q}_{ac} = \dot{Q}_c - \sum \dot{Q}_{loss} \tag{5-64}$$

当制冷机的理论制冷量与系统中的所有损失之和刚好平衡时，制冷机的有效制冷量为零。此时，对应的制冷温度称为最低制冷温度，或称为无负荷制冷温度。

G-M 制冷机的实际损失，包括由回热器中换热不完全等因素引起的回热器损失，排出器往复运动造成的"穿梭"损失，气体流动产生的压力损失，冷端换热器中传热温差产生的传热损失，膨胀气缸与排出器之间的环形间隙中产生的"泵气"损失，因排出器密封圈漏气引起的泄漏损失，由膨胀气缸、排出器、回热器及填料的热传导所形成的导热损失，以及空体积损失，密封漏气及摩擦损失等。在这些损失中，有的是循环过程中产生的"内部"损失，如回热器损失等。有的是"外部"损失，如辐射热损失，热量是从外界环境导入的，但其数值较小，并不会显著影响制冷循环过程。还有一些损失虽然从原则上分析也属于"外部"损失，但是与制冷机的工作过程"耦合"在一起而起着"内部"损失的作用，如沿气缸的导热损失会使沿气缸壁的温度分布畸变而影响穿梭损失、泵气损失和泄漏损失等；沿回热器壁和填料的导热损失会改变回热器中的温度分布以及流体与填料之间的传热温差，直接影响回热器内部的过程。

为了避开上述难点，通常的方法是假定制冷过程和各项损失都是各自"独立"而互不相干的。先按选定的运行工况计算理论制冷量，然后分别计算各项损失，再将理论制冷量减去各项损失之和就得到了有效制冷量。这种方法也普遍应用于其他类型的回热式制冷机中。对 G-M 制冷机的分析计算表明，在诸多热损失中，回热器损失、穿梭损失和导热损失占有显著分量，其中回热器损失的影响最为重要。

除了上述讨论的损失之外，还有其他的若干损失也会影响制冷机的制冷性能。这些损失的来源包括用来控制时序的进、排气阀门不能按理想的配气相位图工作；配气阀门的节流效应及管道的流动阻力；冷端换热器存在的热阻；在深低温下工质的非理想效应等。

Ackermann 和 Gifford 在 1971 年报道了一台单级气动型 G-M 制冷机的实验性能数据。它的排出器直径为 19mm，长度 100mm，行程 12mm。采用氦气为工质，其压力范围为 $(0.689 \sim 1.96)$ MPa，最佳运转频率约为 3.17Hz。按式（5-58）计算的理论制冷量为 14.5W，但是实际 p-V 图与理论 p-V 图相差很大，在 77K 时的 p-V 图示功制冷量为 6.5W，由对膨胀腔的加热平衡法测量的实测值为 3.9W。其中，理论 p-V 图与实际 p-V 图的差值，即 14.5W 和 6.5W，是由于流动及阀门压降以及空容积等动力损失引起的 p-V 图面积减小。6.5W 与 3.9W 之间的差值由热力损失引起，包括运动热漏（穿梭损失、泵气损失、摩擦损失、密封漏气和回热损失）和静态热漏（轴向导热以及辐射损失）。

5.4　脉 管 制 冷 机

脉管制冷机又叫脉冲管制冷机，因采用了脉冲管而得名，脉冲管通常是由一根低导热率的薄壁管子制成。由于低温端没有运动部件，脉管制冷机具有结构简单、可靠性高等特点，在抗电磁干扰、降低振动和长寿命方面有明显的优势。本节主要介绍脉管制冷机的分类，讨论脉管制冷机的工作机理与热力学性能。

5.4.1　脉管制冷机的分类

脉管制冷机发展已有近 50 年历史，出现了不同结构和性能的脉管制冷机，因此脉管制冷机的种类繁多，可根据调相机构、驱动方式以及冷指结构的不同进行分类。

1. 按调相机构分类

脉管制冷机的引入之处在于它去除了在低温区的运动部件——排出器，因而使结构简化、运行寿命增长。但在传统的低温制冷机（例如斯特林制冷机或 G-M 制冷机）中，却依靠在膨胀气缸中往复运动的排出器为制冷工质提供正确的相位，以实现高效的制冷效应。因此，在脉管制冷机中必须附加有效的调相器来补偿被消除的排出器的功能，才能获得满意的制冷效率，这里的调相是指调节脉管制冷机中质量流与压力波的相位。

（1）基本型脉管制冷机。1963 年，美国的 Gifford 和 Longsworth 提出了基本型脉管制冷机，其结构如图 5-23 所示。基本型脉管制冷机由压缩机、切换阀、回热器、负荷换热器、导流器、脉管和水冷器组成。基本型脉管制冷机利用高压气体的绝热放气过程来获得冷效应，但在方法及过程方面与 G-M 制冷机和索尔文制冷机不同。当将室温下的气体充入一根一端封闭的管子时，使管内压力升高，则在该管子的中间部分就会沿管长出现温度梯度。如果流入的气体成层流，无紊流混合现象，当气体与管壁之间的热交换越小，这种温度梯度越显著。这是由于原来在管子内的气体被压缩至管子封闭端。在气体不互相混合的情况下，它可看作是等熵压缩，温度升高到 $T_2 = T_1(p_2/p_1)^{(\kappa-1)/\kappa}$；但在管子进口处的气体温度仍为室温 T_1，因此，沿管长便形成了温度梯度。脉管制冷设备就是应用这一原理与绝热放气过程相结合而制成。

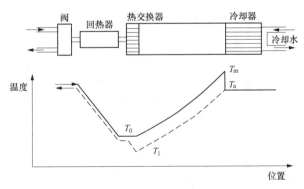

图 5-23　基本型脉管制冷机结构

脉管一端与称为层流化的冷却器相连，并形成气体的封闭端。层流化冷却器由许多尺寸相同的通道组成，每一通道流阻大体相同，保证从冷却器出来的气流为层流。它也可以由一个层流化元件加上一普通换热器组成。管子的另一端与层流化元件及热交换器相连，热交换器又与回热器及进、排气阀相连。层流化元件是一种多孔物，其作用是使气流通过它后消除紊乱度而成层流，以保证进气时从热交换器进入脉管的气流，以及排气时由冷却器出来进入脉管的气流都是层流。

基本型脉管制冷机的工作过程如下：打开进气阀，在稳定工况下，由压缩机来的高压气体经回热器被冷却到制冷温度 T。然后通过热交换器及层流元件进入脉管。进入脉管的气流是一股平行于管子轴线的层流气流，它一边向右移动，一边使管内原有的气体压缩；同时自己也依次经受不同程度的压缩，温度依次升高，形成温度梯度。温度分布如图 5-23 实线所示。进入冷却器时，气流具有温度 T_m。这实质是个充气过程。接着，是静止期。气体在冷却器中被冷却，温度降到 T_a，随后打开排气阀进行放气。离开冷却器进入脉管的气流同样也是层流，在它向左运动的同时，气体膨胀，温度下降。温度分布如图 5-23 虚线所示。当气体回到热交换器时，其温度 T_1 就低于进气时的温度 T。在热交换器中向外输出冷量，产生冷效应。然后再经回热器，冷却其填料，气体本身被加热，温度升高到接受室温，从排气阀排出。至此完成一个循环。为了减少紊乱混合和保证良好传热，要求进气和排气期的时间尽可能短，静止期足够长。以上所述为单级脉管，为了获得更低温度，还可做成多级。

基本型脉管制冷机没有专门的调相机构，制冷效率较低，并且制冷温度不能满足应用需要，在随后一个较长的时间内没有得到实际开发和应用。

（2）小孔型脉管制冷机。1984 年，苏联的米库林等提出了小孔型脉管制冷机，在基本型脉管制冷机脉管和热端换热器之间增加了节流小孔，并在脉管热端换热器后，连接了一个体积相当大的气库。小孔和气库的引入增加了脉冲管内气体工质数量，提高了脉管制冷机的性能，用氦气作为制冷工质，得到了 64K 的无负荷温度。1986 年，美国的雷德堡等对上述方案做了进一步的改进，改进型小孔脉冲管制冷机如图 5-24 所示，用调节阀代替节流小孔，并将调节阀移至脉管热端换热器和气库之间，用氦气作制冷工质，得到了 60K 的无负荷温度。

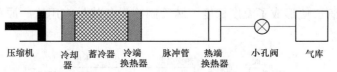

压缩机　　冷却器　蓄冷器　冷端换热器　脉冲管　热端换热器　小孔阀　气库

图 5-24　改进型小孔脉冲管制冷机

（3）双向进气型脉管制冷机。1990 年，西安交通大学朱绍伟等提出了双向进气型脉管制冷机，其利用可调小孔将一小部分气体从压缩机出口直接引至脉冲管热端，获得了 42K 的低温。双向进气型脉管制冷机的结构如图 5-25 所示，在压缩机出口和脉管热端之间附加一个旁通阀（双向进气阀），称之为第二进气口。这使来自压缩机的高压气体在进入回热器前就成两路，一股气体进入回热器；另一股气体经第二进气口直接进入脉管热端，从而旁通了部分原来流经回热器的气流，使得回热器的负荷相应减少。这股通过旁通进入脉管的质量流，不需要经过回热器预冷。分析发现，脉管中有部分"活塞"气体，既不参加膨胀制冷，也不流入气库。流经第二进气口的质量流在相位上与回热器压力降同相，即与流经回热器的平均质量流几乎保持同相。这股从第二进气口引入的气流，可抑制脉管热端质量流相位相对于压力波超前的现象，从而在脉管热端可能获得满足最佳制冷性能所需的相位差。

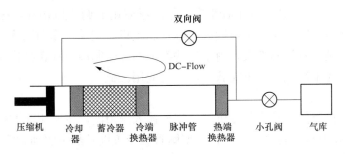

图 5-25　双向进气型脉管制冷机的结构

　　双向进气的引入使得通过回热器的气量减小，减小了回热器的损失，并且通过调节双向阀及小孔阀，可以获得更优的制冷机内部相位关系。双向进气的引入可以提高脉管制冷机的效率，获得更低的制冷温度，但是双向进气调相结构会引起直流现象，直流现象会引起脉管制冷机温度的波动。

　　（4）多路旁通型脉管制冷机。1992 年中科院理化技术研究所周远等在双向进气型脉管制冷机的模型基础上，提出了多路旁通型脉管制冷机，即是在回热器和脉冲管中部连接一旁通管路，如图 5-26 所示。1995 年，王超制作了一台单级多路旁通脉管制冷机，最低制冷温度为 23.8K，在 77K 制冷温度时有 3.6W 的冷量；1996 年，巨永林等人利用双向进气和多路旁通相结合的调相方式获得了 13K 的最低温度。多路旁通进气方式对直流效应（DC-Flow）有一定的抑制作用，但低温时旁通阀调节较为困难，整个制冷系统仍存在不稳定性。

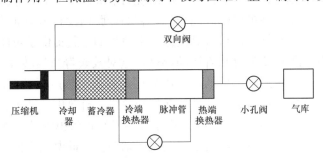

图 5-26　多路旁通型脉管制冷机

　　（5）惯性管型脉管制冷机。1994 年日本 Kanao 等在研究一台由热声驱动的 350Hz 小孔型高频脉管制冷机时，发现用一根毛细管代替小孔阀调相，可以提高制冷机的性能，如图 5-27 所示，其中的毛细管，也称作惯性管，可很好调节制冷机内压力波与质量流的相位关系。采用惯性管调相的斯特林型脉管制冷机无环路气流，不会出现直流现象，解决了双向进气带来的制冷机性能的不稳定现象，惯性管的使用是脉管制冷机调相理论的一次变革，目前在斯特林型脉管制冷机上广泛应用，适合用作可靠性要求较高的空间低温制冷机。

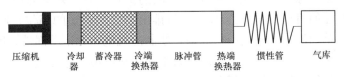

图 5-27　惯性管型脉管制冷机

除了小孔-气库、双向进气型和惯性管型等广泛应用的调相机构外，根据调相机构的不同，还提出了功回收型脉管制冷机，四阀型脉管制冷机，主动气库型脉管制冷机，内调相脉管制冷机等其他类型的脉管制冷机，由于这些类型的脉管制冷机存在结构复杂、增加运动部件等缺点，技术上还不够成熟，未能获得广泛的应用。

2. 按驱动方式分类

同斯特林制冷机类似，脉管制冷机中也需要输入压力波，按照驱动方式的不同，脉管制冷机可以分为 G-M 型脉管制冷机、斯特林型脉管制冷机以及热声驱动脉管制冷机。

(1) G-M 型脉管制冷机。G-M 型脉管制冷机（又称低频脉冲管制冷机）一般采用带吸排气阀的旋转式压缩机驱动，通过旋转阀调节充放气时间，工作在较低的频率（10Hz 以下）。G-M 型脉管制冷机类似于取消了低温端运动部件得 G-M 制冷机，虚拟的气体活塞代替了固体排出器，可以获得较低的冷端温度和较大的冷量。G-M 型脉管制冷机相对体积较大，压缩机采用油润滑结构，而且旋转阀带来了较大的能量损失，一般应用于液氦温区或要求大冷量的地面环境。

(2) 斯特林型脉管制冷机。斯特林型脉管制冷机（又称高频脉冲管制冷机）由无吸排气阀的直线压缩机驱动，直线压缩机采用直线电动机驱动、板弹簧支撑及间隙密封技术，工作在（12～200）Hz（主要是 30Hz 以上）的高频范围，相比 G-M 型脉管制冷机，其具有体积小、振动低、噪声低、效率高、可靠性高和寿命长等特点，高频脉冲管制冷机这些显著的优点使其成为近十年来最热门的小型低温制冷机。

(3) 热声驱动脉管制冷机。脉管制冷机的出现为解决制冷机的可靠性问题提供了一个新途径。脉管制冷机不同于以往的回热式制冷机，它的冷腔内没有运动部件，不存在密封材料的磨损问题，这就为消除传统制冷机可靠性差、寿命短的难题提供了可能。然而，脉管制冷机室温下采用的机械压缩机仍然存在着运动部件，这对其长寿命运转性能会有直接的影响。热声驱动器是一种没有机械运动部件的新型压缩机，若采用热声驱动器来取代机械压缩机，就能构成从室温至低温完全没有运动部件的新型制冷机。有热声发动机驱动的脉管制冷机称为热声驱动脉管制冷机（如图 5-28 所示）。由于热声发动机仅由管件和换热器构成，没有任何运动部件，因此热声驱动脉管制冷机是完全无运动部件的低温制冷机。由于热声发动机体积巨大，其不适合于空间应用，近年来一个研究热点就是将热声驱动脉管制冷机应用于液化天然气。

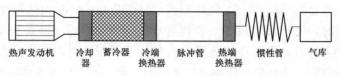

热声发动机   冷却器   蓄冷器   冷端换热器   脉冲管   热端换热器   惯性管   气库

图 5-28   热声驱动脉管制冷机

用热声驱动器驱动脉管制冷机具有两个突出的优点，其一是具有内在的简单性和和谐性，它无须提供外在的机械来保证压缩活塞与排出器之间合适的相位，而是采用内调相机制。这种内在的简单性消除了机械调相机构，使制冷机整体无运动部件，因而可提高其无维修使用寿命。其二是采用热能驱动，可以用太阳能集热或燃气作为热声驱动器的热源，具有很大的灵活性。采用低品位的热能不仅有利于提高系统的热力学效率，而且对于电能短缺或热能富集的场合具有实际意义。

3. 按冷指结构分类

脉管制冷机的冷指包括回热器、脉管以及冷头。脉管制冷机的冷指主要有三种布置方式：直线型、U 形和同轴型，其他还有螺旋形、环形、L 形等布置方式。如图 5-29 所示为三种主要布置的示意，表 5-2 对这三种结构形式进行了比较。

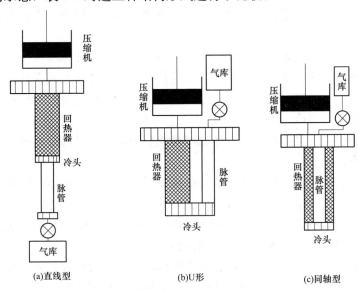

图 5-29　脉管制冷机的三种主要布置的示意

表 5-2　　　　　　　　　　　不同结构形式的脉管制冷机比较

结构形式	优　　点	缺　　点
直线型	气体通过回热器和脉管时气流平稳，流阻损失较小	制冷区位于制冷机中部，而很多的实际应用要求在制冷机的末端产生，其冷头与探测器的连接不方便
U 形	脉管冷头方便置于真空腔，与实际应用的要求一致	流阻损失比直线型大，但比同轴型的脉管制冷机小；占用空间大，结构不紧凑
同轴型	结构紧凑、尺寸小、重量轻、使用方便	①脉管和回热器中的温度分布不一致，脉管中的气体和回热器中的气体会通过脉管壁进行热交换，造成制冷机的性能下降；②在脉管和回热器的冷端，气体的急剧转折引起的流阻损失大；③制作工艺相对复杂

5.4.2　脉管制冷机的工作机理

1. 表面泵热原理

除了绝热放气制冷机理以外，表面泵热原理也可用于解释基本型脉管制冷的工作机理。图 5-30 是脉管表面泵热原理图，是气团温度与管壁温度关系的一种定性描述。图中过程 1-2 为绝热压缩过程。在点 1 进气阀开启，高压气体突然进入，将管内气体向热端挤压，经受绝热压缩，气团的温度从 T_1 升高到 T_2。然后，进气阀关闭，气体静寂，温度从 T_2 降为 T_3，并移动到点 3 位置。在点 3 排气阀开启，气体

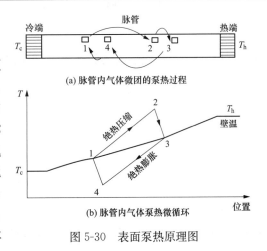

(a) 脉管内气体微团的泵热过程

(b) 脉管内气体泵热微循环

图 5-30　表面泵热原理图

压力降低，产生膨胀制冷，气团的温度从 T_3 降低到 T_4。此时，排气阀关闭，冷气体从管壁吸收热量，温度升高到 T_1，由此构成一个循环。气体微团在一次循环中的总效果是把热量从温度较低的表面泵送到温度较高的表面。

脉管中不同位置的一系列气体微团在交变流动过程中都经历着类似的过程，不断地将热量从冷端管壁传递到热端管壁，最后通过热端换热器释放到环境中，实现在脉管冷端制冷的目的。

由以上分析可知，实现表面泵热的一个必要条件就是泵热气体与管壁之间存在温差，或气体在径向与管壁间存在温度梯度。气体泵送的热量随着温度梯度的降低而减少，因而产生的制冷效应逐渐被系统内部的热损失所抵消。如果传热的温度梯度低于某一临界温度梯度值，则泵热效应为零，制冷效应消失；反之，过大的温差存在是导致不可逆热损失的来源。如果在管壁上施加很大的温度梯度，气体微团可能会把热量从热端经穿梭运动传递到冷端而造成显著的冷损失。

其次，表面泵热率随着气流脉动次数的增高而增大。但由于依靠气体黏滞层的导热过程需要一定的时间，根据气体热扩散系数的定义，传热过程将会随着运行频率的降低而增强。但是，脉管的工作频率不能过低，这是因为过低的频率会导致轴向导热的增大和制冷速率的降低。反之，过高的频率会造成气体和管壁的换热不充分。

此外，参加泵热的各个气体微团，在离管壁面不同的径向位置和离热端不同的轴向位置的传热性能是大不相同的，也是十分复杂的。一般说来，只有靠近管壁的处于黏滞层中的少数气体微团才有可能参加表面泵热，以致表面泵热的效率低下。在理想情况下，脉管冷端的制冷量等于热端的放热量，因而基本型脉管的制冷效率低下。

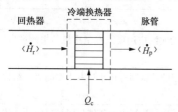

图 5-31　脉管冷端换热器部分的能流平衡图

2. 焓流相位理论

表面泵热理论无法解释小孔型脉管制冷机的工作机理。这是因为小孔型脉管制冷机的制冷效应并不全是表面泵热所致，而是由于小孔和气库的存在，能调节脉管内的压力波和质量流之间的相位差，从而产生制冷效应。焓流调相理论正确解释了小孔型脉管制冷效应的机制，图 5-31 给出脉管冷端换热器部分的能流平衡图。

对图 5-31 中的虚线框控制体应用热力学第一定律得

$$\dot{Q}_c = \langle \dot{H}_p \rangle - \langle \dot{H}_r \rangle \tag{5-65}$$

式中　$\dot{Q}_c$——冷端换热器的吸热量（即制冷量）；

$\langle \dot{H}_p \rangle$——脉管中的时均焓流；

$\langle \dot{H}_r \rangle$——来自回热器的时均焓流。对于理想回热器，回热器损失为零，则有

$$\langle \dot{H}_r \rangle = 0 \tag{5-66}$$

故有

$$\dot{Q}_c = \langle \dot{H}_p \rangle \tag{5-67}$$

由此可见，脉管制冷机的理论制冷量等于脉管内的时均焓流。由于脉管制冷机中的工作介质是做往复交变流动的，需要采用时均焓流来进行描述，它是一个时间周期内的平均效

应，表达式为

$$\langle \dot{H}_p \rangle = \frac{1}{\tau} \int_0^\tau \dot{m} h \, \mathrm{d}t = \frac{c_p}{\tau} \int_0^\tau \dot{m} T \, \mathrm{d}t \tag{5-68}$$

对于理想气体，有

$$T = \frac{p}{\rho R} \tag{5-69}$$

所以有

$$\langle \dot{H}_p \rangle = \frac{c_p}{\tau} \int_0^\tau \dot{m} \frac{p}{\rho R} \, \mathrm{d}t = \frac{c_p}{R\tau} \int_0^\tau p U \, \mathrm{d}t \tag{5-70}$$

以上式中　c_p、$\dot{m}$、T、p、ρ、h、U——工质的比定压热容、质量流速、温度、压力、密度、比焓和体积流速；

　　　　　　　τ——交变流动周期；

　　　　　　　t——时间自变量。

当压力与体积流速为正弦波时，式（5-67）可进一步变为

$$\dot{Q}_c = \langle \dot{H}_p \rangle = \frac{1}{2} \frac{c_p}{R\tau} p_1 U_1 \cos\theta \tag{5-71}$$

式中　p_1、U_1——压力波振幅和质量流振幅；

　　　　θ——压力波与质量流的相位差。

由式（5-71）可见，在 $0 \leqslant \theta < \pi/2$ 范围内，脉管具有制冷效应；当 $\theta = 0$ 时，脉管内的时均焓流最大，即脉管制冷机的理论制冷量最大；当 $\theta = \pi/2$ 时，时均焓流为零，没有制冷效应。

焓流调相理论成功地解释了小孔型脉管制冷机的工作机理，指出小孔和气库实际上取代了排出器的调相功能，为脉管制冷提供合适的相位。根据焓流调相理论，基本型脉管制冷机中的压力波和质量流的相位差接近 90°，因而其理论制冷量趋近于零。

图 5-32 所示为脉管制冷机的质量流 $\dot{m}$ 和压力波 p 之间相位关系。当小孔被关闭时，即脉管的热端封闭，表示基本型脉管，此时只有在 $\mathrm{d}p/\mathrm{d}t > 0$ 时，才有质量流从脉管的冷端进入脉管。在压力波前半波（$\mathrm{d}p/\mathrm{d}t > 0$），对应的质量流为正值；在压力波的后半波（$\mathrm{d}p/\mathrm{d}t < 0$），对应的质量流为负值。因此压力波与质量流曲线（虚线）的相位差大约为 $\pi/2$。在基本型脉管中，真正的相移（$\phi < \pi/2$）只是由于工作气体与脉管管壁的热接触引起的传热温差以及要求低频运行导致轴向热传导的损失所引起。这些因素导致的调相功能非常有限，因而基本型脉管制冷机的制冷性能不理想。

当图 5-32 中小孔开启时，表示小孔型脉管制冷机。由于气库的体积比脉管的体积大得

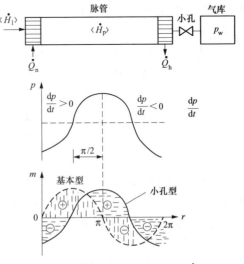

图 5-32　脉管制冷机中的质量流 $\dot{m}$ 和压力波 p 之间相位关系

多，气库中的压力始终处于全系统的平均压力 p_{av}。在这种情况下，质量流的方向不完全取决于脉管中的压力变化率，而是在很大程度上取决于气库与脉管之间的压力差。当脉管中的压力低于气库中的压力时，气流将从气库流向脉管，即此时脉管处于升压状态（$dp/dt >$ 0）。反而，当脉管中压力高于气库压力时，质量流从脉管流向气库。因此在一个压力波周期内，大于平均压力的波形部分对应的气体从脉管流向气库，小于平均压力的波形部分对应的气体则从气库流向脉管。结果，小孔型脉管的质量流与压力波之间为同相位，即 $\phi=0$，从而具有高的制冷效率。可见，小孔型脉管制冷机的制冷性能要比基本型脉管优越。注意，实际小孔型脉管制冷机的气库体积是有限的，存在一定的压力波动，而并非始终处于全系统的平均压力，因此，实际小孔型脉管的质量流与压力波之间不可能完全达到同相位。

　　3. 热力学非对称理论

　　热力学非对称理论认为脉管制冷机的制冷效应源于气体微团在脉管内前半周期（流向脉管热端）和后半周期（流向脉管冷端）所经历热力参数变化的非对称性。具体来讲，气体微团在流入和流出脉管冷端这两个时刻的热力参数是不相等的，当流出脉管的气流温度低于流入脉管气流的温度时，脉管冷端产生制冷效应；反之，则产生制热效应。

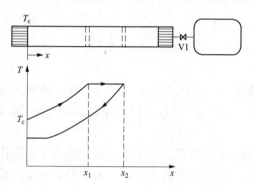

图 5-33 所示压力波为梯形波，是不考虑脉簪壁面影响情况下气体微元在脉管内的热力学过程示意。从图中可以看出，当压力达到最大值时，气体微团的温度不再升高，但是由于热端气体从脉管流向气库，该微团继续向热端移动。由于该位移量，气体微团在离开脉管时温度低于进入脉管时的温度，从而产生制冷温差。换言之，小孔和气库的作用使得脉管内气体微元前后两个半周期热力学过程对称性破损，由此产生制冷效应。双向进气由于在脉管热端引入了一质量流，

图 5-33　气体微元在脉管内的热力学过程示意

改变了气体微元的热力学过程，影响了其热力学非对称性，从而影响制冷性能。由此看来，不同类型的脉管制冷机的差别在于产生热力学非对称效应的方式不同。

　　热力学非对称理论从气体微元的基本热力学过程出发，建立了一个适用于不同卷型脉管制冷机的理论模型。图 5-34 为热力学非对称理论的复合脉管模型示意。由图可见，脉管内的气体可以划分为两个部分：一部分为沿着脉管壁面的环形热黏层气体，管壁的传热和黏滞作用对其热力参数的变化有着显著影响；另一部分为脉管中心层柱状空间内的气体，管壁的传热和黏滞作用对其热力参数变化的影响可以忽略不计。实际上，热黏层是包围在中心层外面的一层气膜。热黏层内的气体主要通过与管壁的作用获得热力学非对称性，而中心层气体的热力学非对称性则主要取决于脉管热端的调相结构，脉管的制冷效应为这两部分气体制冷作用之和。由图 5-34 可见，热黏层是厚度为 δ 的圆筒形气体，沿其轴向可以被分为若干圆环形气体传热微元，如图中左侧两小图所示。中心层气体柱的直径为 $D-2\delta$，如图 5-34 右侧两小图所示。

　　关于热黏层中气体与脉管壁面的泵热效应，Longsworth 等进行了大量的理论和实验研究，建立了基本型脉管表面泵热率的经验公式。由于在小孔型脉管制冷机中，热黏层中的表面泵热效应几乎不受通过小孔和双向进气阀的质量流影响，因而可以运用这些计算公式来估

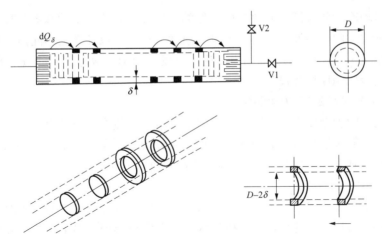

图 5-34　复合脉管模型示意

算出小孔型脉管的表面泵热率 Q_{sur}。中心层气体产生的制冷量可按下式计算：

$$\dot{Q}_{\text{cent}} = \left(1 - \frac{2\delta}{D}\right)^2 f \sum_{j}^{n} Q_j \tag{5-72}$$

式中　　$(1-2\delta/D)^2$——因热黏层而减少的微元气体质量因子；

　　　　　δ——脉管中热黏层的厚度；

　　　　　D——脉管的内径；

　　　　　f——运行频率；

　　　　　Q_j——气体微元 j 在一个循环中的制冷量。

$$Q_j = \Delta m_j c_p (T_c - T_j) \tag{5-73}$$

式中　　Δm_j——在进气的半个周期中第 j 个时间间隔进入脉管冷端的气体微元质量；

　　　　　c_p——气体工质的比定压热容；

　　　　　T_c——制冷温度；

　　　　　T_j——Δm_j 在排气周期中气体微元离开脉管冷端时的温度。

则理论总制冷量为

$$\dot{Q}_{\text{ref}} = \dot{Q}_{\text{sur}} + \dot{Q}_{\text{cent}} \tag{5-74}$$

实际制冷量等于总制冷量减去各种损失导致的冷损之和。

根据热力学非对称理论，对于基本型脉管制冷机，热黏层内的气体对其制冷量起决定性作用，而对于小孔型以及其他调相型脉管制冷机，中间层气体的制冷作用则为主导。不难看出，热力学非对称理论兼顾了表面泵热原理和焓流调相理论，是一个复合型的理论。基于上述制冷量计算方法，结合脉管制冷机各种冷量损失的计算以及绝热压缩机模型，可以方便地建立一个脉管制冷机的整机模型。

4. 热声理论

热声学认为可压缩流体的交变流动即为声波，交变流动工质与固体介质的热相互作用可产生时均能量效应，称其为热声效应。按能量转换方向的不同，热声效应可分为两类：一是由热能来产生声功，即由热能驱动的声振荡；二是由声能来产生热流，即由声能驱动的热量传输。只要具备一定的条件，热声效应在行波声场、驻波声场以及两者的混合声场中均能发生。热声理论认为，脉管制冷机或其他回热式制冷机都是依赖于工作流体的振荡与固体介质热相互作用的时均冷量效应即热声效应而工作的。通过求解热声学的基本方程，即振荡流体压力波动和速度波动的线性波动方程和能量－温度方程，可以计算出不同热交换边界条件下的时均能量效应。Swift 等基于线性热声理论，开发了数值计算程序 DeltaE，已经用于热声驱动器和热声制冷机的模拟和设计。

5.4.3 脉管制冷机的热力学性能

对理想小孔型脉管制冷机进行简要的热力学分析，在热力学角度上探明脉管制冷的工作原理，分析方法一般包括热力学循环分析法和能流分析法。在此节中，主要采用热力学循环分析法对斯特林型脉管制冷机和 G-M 型脉管制冷机进行分析。

1. 斯特林型脉管制冷机

假设在脉管制冷循环中工质的压缩和膨胀过程更加接近绝热过程而非等温过程；制冷工质在级后冷却器和回热器中的传热是等压过程。这个假设模型引出了由两个等熵过程和两个等压过程组成的循环，它在本质上是一个布雷顿循环，但传统的布雷顿循环采用的是间壁式逆流换热器、涡轮压缩机和涡轮膨胀机，也被称为透平-布雷顿循环，应用于航空器制冷系统。在脉管制冷机中，既没有涡轮膨胀机，也没有间壁式换热器，它们分别代之以脉管中的膨胀腔和回热器，于是可将该循环称为改进型脉管-布雷顿循环，用以预测脉管制冷的热力性能。

脉管制冷时采用回热器的制冷循环，下面来分析具有回热过程的脉管制冷循环的热力学效率表达式。

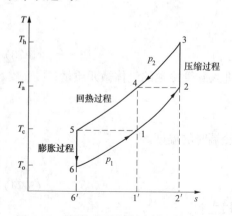

图 5-35 脉管-布雷顿制冷循环的 $T\text{-}s$ 图

图 5-35 给出具有回热过程的脉管-布雷顿循环的 $T\text{-}s$ 图。由图可见，工质以状态点 $1(p_1, T_1=T_c)$ 离开冷端换热器进入回热器，在等压 p_1 下被加热到状态点 $2(p_1, T_2=T_a$，环境温度)，接着在压缩机中从状态点 2 被绝热压缩到状态点 $3(p_2, T_3)$，并通过级后冷却到状态点 $4(p_2, T_4=T_2=T_a)$。然后，工质进入回热器在等压下被冷却到状态点 $5(p_2, T_5=T_1=T_c)$，经膨胀过程达到状态点 $6(p_1, T_6)$，在冷端换热器 $(T_1=T_c)$ 中等压吸热后，返回状态点 1，完成一个循环。其中，过程 1—2 和过程 4—5 为回热过程，过程 2—3 和过程 5—6 分别为压缩和膨胀过程。

在图 5-35 所示的制冷循环中，系统向周围环境的放热量为面积 3—4—1′—2′—3 所示，即

$$q_h = h_3 - h_4 \tag{5-75}$$

在等压 p_1 条件下，工质从冷端换热器的吸热量为面积 6—1—1′—6′—6 所示，也就是系统的制冷量，即

$$q_c = h_1 - h_6 \tag{5-76}$$

系统消耗的功为（如果考虑回收膨胀功）

$$\omega = h_3 - h_4 - (h_1 - h_6) \tag{5-77}$$

整个系统的热力学效率表示为

$$\varepsilon = \frac{q_c}{\omega} = \frac{h_1 - h_6}{h_3 - h_4 - (h_1 - h_6)} \tag{5-78}$$

可得

$$\varepsilon = \frac{c_p(T_1 - T_6)}{c_p(T_3 - T_4) - c_p(T_1 - T_6)} = \frac{1}{\dfrac{T_3 - T_a}{T_c - T_6} - 1} = \frac{1}{\dfrac{T_a}{T_c}\left(\dfrac{p_H}{p_L}\right)^{\frac{\kappa-1}{\kappa}} - 1} \tag{5-79}$$

同时，如果不回收膨胀功，则斯特林型脉管制冷剂的制冷系数为

$$\varepsilon = \frac{1}{\dfrac{T_a}{T_c}\left(\dfrac{p_H}{p_L}\right)^{\frac{\kappa-1}{\kappa}}} \tag{5-80}$$

2. G-M 型脉管制冷机

可以把 G-M 型脉管制冷机看作是用气体活塞来代替固体排出器的 G-M 制冷机的变体，参考 G-M 循环根据绝热放气原理导出的公式，给出 G-M 型脉管制冷机热力学效率的近似计算公式。G-M 循环的制冷效应来自于绝热放气过程，在膨胀过程中，所有的气体都处在膨胀腔里，脉管制冷机具有相似的性质。

在讨论双向进气调相原理时，提出了脉管中存在"气体活塞"或"气体排出器"的假设，并理论证明了组成脉管中气体活塞的这部分气体并不参加制冷，既不进入回热器，也不进入气库。假设气体活塞与脉管冷端之间的膨胀腔，其最大容积为 V，在无第二进气的条件下，脉管制冷机在一个循环中流入脉管的总气量可由下式估算

$$m = \frac{p_H V}{R T_c} \tag{5-81}$$

用于将该部分气体从 p_L 压缩至 p_H 的功即循环耗功，表示如下：

$$W = m\int_{p_L}^{p_H} V \mathrm{d}p = m c_p T_a \left[\left(\frac{p_H}{p_L}\right)^{\frac{\kappa-1}{\kappa}} - 1\right] = \frac{\kappa}{\kappa-1} p_H V \frac{T_a}{T_c}\left[\left(\frac{p_H}{p_L}\right)^{\frac{\kappa-1}{\kappa}} - 1\right] \tag{5-82}$$

采用 G-M 制冷机的计算式（5-58）近似估计 G-M 型脉管制冷机的制冷量有

$$Q_c = \oint p\,\mathrm{d}V = V(p_H - p_L) \tag{5-83}$$

故制冷系数可近似表示为

$$\varepsilon = \frac{Q_c}{W} = \frac{\dfrac{p_H}{p_L} - 1}{\dfrac{\kappa}{\kappa-1}\dfrac{p_H}{p_L}\dfrac{T_a}{T_c}\left[\left(\dfrac{p_H}{p_L}\right)^{\frac{\kappa-1}{\kappa}} - 1\right]} \tag{5-84}$$

热力学完善度为

$$\eta = \frac{\varepsilon}{\varepsilon_{\text{carnot}}} \frac{\dfrac{p_H}{p_L} - 1}{\dfrac{\kappa}{\kappa-1}\dfrac{p_H}{p_L}\dfrac{T_a}{T_c}\left[\left(\dfrac{p_H}{p_L}\right)^{\frac{\kappa-1}{\kappa}} - 1\right]} \frac{T_a - T_c}{T_c}$$

$$\eta = \frac{1 - \dfrac{p_H}{p_L}}{\dfrac{\kappa}{\kappa-1}\left[\left(\dfrac{p_H}{p_L}\right)^{\frac{\kappa-1}{\kappa}} - 1\right]}\left(1 - \frac{T_c}{T_a}\right) \tag{5-85}$$

　　注意，式（5-84）仅作为 G-M 型脉管制冷机性能的简单估算，实际情况要复杂得多。例如，由于气体活塞的可压缩型以及其运动受两端压力的影响等，脉管制冷机的制冷量可能偏离计算式（5-83）；对于采用双向进气结构的脉管制冷机，由于部分工质在近室温下分流道第二进气口进出脉管的热端，计算公式将会变得更加复杂。

　　图 5-36 给出了 $T_a = 300K$ 和 $T_c = 80K$，以氦为工质时热力学效率 ε 与压力比的关系。图 5-37 表示压力在 $p_H = 2.0MPa$ 和 $p_L = 1.0MPa$ 时，热力学效率 ε 与温度的关系。从图可以看出，斯特林型脉管制冷机的热力学效率曲线形状与布雷顿循环曲线相似，但由于其没有回收膨胀，因而热力学效率低于布雷顿循环热力学效率。G-M 型脉管制冷机的热力学效率曲线形状与索尔文和 G-M 循环相似，这是由于这些循环都基于绝热放气过程。必须指出，在上述计算中，脉管制冷机中由于小孔阀引起的不可逆损失尚未加以考虑。

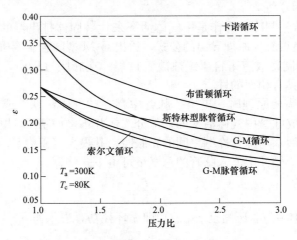

图 5-36　热力学效率 ε 与压力比的关系

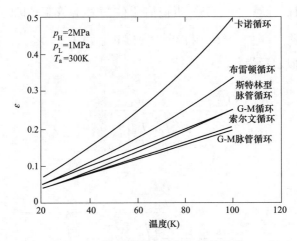

图 5-37　热力学效率 ε 与温度的关系

　　图 5-38 给出了各种制冷机热力学性能的比较。由图可见，脉管制冷机在液氮温区的热力学效率处于不回收膨胀功的绝热膨胀制冷机的水平。近来的研究结果表明，脉管制冷机的热力学性能在低温区可以接近斯特林制冷机的水平。由于脉管制冷机不存在低温下的运动部

件，比斯特林制冷机具有更大的可靠性。与节流制冷器相比，虽然 J-T 制冷也没有运动部件，但它需要采用压力比高达 100～200 的高压压缩机，其可靠性比脉管要低得多。而且，脉管制冷机的效率也比采用单组分工质的 J-T 制冷器高得多。

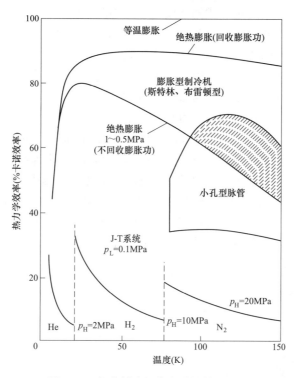

图 5-38　各种制冷机热力学性能的比较

5.5　微型气体节流制冷器

在第 2 章的获得低温方法中，已经详细地介绍了节流制冷的基本原理。节流微制冷器采用的热力学循环为林德-汉普逊循环（节流循环），与克劳特循环相比，节流循环存在固有的对能量利用效率较低等问题。但这种循环所需装置简单，运转可靠，在要求极高可靠性的红外探测和成像设备中应用很多。节流微制冷器可看作一种微型液化装置，其技术关键有几点：①利用高压非理想气体在特定温度下压力降低而产生的冷效应；②利用微型高效热交换器对此效应进行积累和放大，使工作物质达到低温，成为液化或半液化状态；③利用低温工作物质对电子器件进行射流冲击达到高速冷却的目的。

同样的压力下降低节流前工质的温度，积分节流效应的绝对值将随着节流初始温度的降低而逐渐增加。利用节流后的低压冷气体通过热交换器来冷却节流前的高压气体，会增强节流降温效应，这就是节流制冷器的基本工作原理。将节流元件与热交换器做成联合体，就成为节流制冷器。图 5-39 所示为应用最广泛的微型节流制冷器，它采用高压气体的等焓膨胀（J-T 效应）来获得低温，整个制冷器被安装在一个真空绝热的玻璃或金属的杜瓦内。

5.5.1　微型气体节流制冷器的基本形式

微型节流制冷器有开式和闭式两种型式。

1. 开式节流制冷器

微型节流制冷器最常用的是开式循环模型，采用高压储气器或高压气体钢瓶供气。这种系统不需要压缩机和制冷器之间的永久连接，对压缩机与低温恒温器的分隔距离没有限制。在多数情况下，对节流后返流的低压气体不作回收，而是简单地放空大气。循环系统工作时几乎没有噪声，除要求连续供给气体外，不需要功率输入。节流制冷器可以与小高压气瓶组装成一个完整的系统，其结构紧凑、质量小。开式节流器适于短期使用的装置，节流系统具有不耗电能、结构简单、启动时间短、可靠性高等特点。

图 5-40 是开式节流制冷器的一般结构和流程图。它由高压气源、毛细管换热器、芯子、节流阀和输气管等部分组成。流程见图 5-40（b），如制冷工质为高压氮气，其转化温度高于室温，当高压氮气由进口 7 进入换热器 8，通过节流阀 9 节流膨胀后，即产生降温。节流后降温的氮气，经回路 11 进入换热器外壁空间，与换热器管内温度较高的高压氮气换热，然后由排气口 12 排出。这样，经过预冷的高压氮气在较低的温度下节流，节流后可获得更低的温度，直至其中的一部分氮气被液化，获得 77K 的低温。

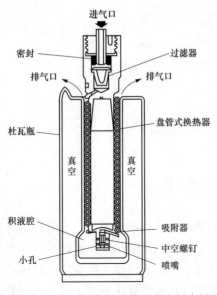

图 5-39　应用最广泛的微型节流制冷器

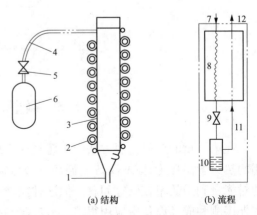

(a) 结构　　　(b) 流程

图 5-40　开式节流制冷器的一般结构和流程图
1—节流阀孔；2—毛细管换热器；3—芯子；4—输气管；
5—压力调节阀；6—高压气源；7—高压氮气进口；
8—换热器；9—节流阀；10—液氮储器；
11—冷氮气回路；12—排气口

2. 闭式节流制冷器

闭式节流制冷器将节流元件、换热器和气源设备等组成一个封闭的循环系统。在长期使用的装置中，采用闭式节流系统比较合理。在闭式系统中，压缩机与制冷器永久性地连接在一起，在间壁式换热器中被加热的返流低压气体将进入压缩机的进气口。闭式节流系统的特点是，利用高压压缩机作为压缩气源，系统中工质数量恒定，保证在制冷温度下长期连续循环制冷，消除了在开式系统中因将工质放空造成的浪费。

在许多情况下，节流制冷器依靠高压储气瓶作为气源，而不用压缩机。但这些高压储气瓶需要压缩机给以定期充气。这特别适用于装置在坦克或装甲车上的制冷器，用于夜视仪或热成像，由于工作时没有压缩机的运转噪声，可以进行"静寂观察"。到了白天，再进行加载、加压和充气。

5.5.2　微型节流制冷器的换热器

在节流制冷循环的流程中，高压正流气体在节流膨胀之前需经过间壁式逆流换热器，被节流后返回的低压冷气流预冷，高压气体在节流前的温度越低，节流后获得的温度也越低，返流气回收冷量的效率就越高。因此，换热器性能的优劣对制冷系统是非常关键，一般要求热交换器的效率为 96%～98%。

在节流制冷系统广泛应用的间壁式逆流换热器称为螺旋翅片管盘管换热器。图 5-41 给出装有该种换热器的 J-T 节流器的产品系列。

图 5-41　J-T 节流器的产品系列

翅片管盘换热器用外壁上焊有铜翅片的铜镍合金或不锈钢毛细管盘绕制成，用以盘绕细管的芯管一般采用薄壁金属（不锈钢）管或低热导的塑料棒。典型的换热器毛细管的外径为 0.5～1.0mm，内径为 0.3～0.7mm，焊在换热细管外面的铜翅片节距为 0.25～0.5mm，即大约为每厘米 40 圈。将翅片管在芯管上盘绕 18～30 圈，形成一个外径为 5～10mm、盘绕长度为 5～8cm 的翅片管盘换热器。每圈盘管之间采用棉线或塑料线作为间隔。间隔物起着减少流通面积，提高流速，加强传热的作用。

5.5.3　微型节流制冷器的节流喷嘴

经过换热器预冷后的高压气体的节流膨胀是借助于节流元件实现的。节流制冷器中的节流孔实际上就是喷嘴。气体绝热流经节流孔时，应遵循以下公式：

$$\frac{p_{cr}}{p_1} = \left(\frac{2}{\kappa+1}\right)^{\frac{\kappa}{\kappa-1}} \tag{5-86}$$

式中　p_{cr}——与气体最大流量相应的临界压力；

　　　p_1——节流前的气体压力；

　　　κ——气体的等熵指数。

对于节流制冷器，p_{cr} 始终大于回气压力 p_2，所以，通过节流孔的最大流量就等于临界压力下的气体流量 $\dot{m}$，即

$$\dot{m} = F \left(\frac{2}{\kappa+2}\right)^{\frac{1}{\kappa+1}} \sqrt{\frac{2\kappa\rho_1\rho_2}{\kappa+1}} \tag{5-87}$$

式中 F——节流孔出口处的横截面积；

ρ_1——节流孔前的气体密度。

节流喷嘴一般可分为固定孔型和变流量型两种。

1. 固定孔型喷嘴

开口型喷嘴是最简单的一种固定孔型喷嘴，它直接利用换热器翅片管，将管端部平面简单地切割成与轴向垂直或倾斜状，将管孔口对准装在杜瓦瓶冷阱底的探测器，高压冷流体沿着该换热管产生的压降过程就是 J-T 膨胀过程。如果换热器管较长、管径很细，就能正常工作。但通常更倾向于采用孔直径较大的短管，在这种情况下，需要将冷端的质量流率限制在许可值，并提供高摩擦件（J-T 喷嘴）来消散流体的压力能。最简单的方法就是将管端压延成鱼尾状，如图 5-42（b）所示，喷嘴口为一条狭窄的矩形槽。图 5-42（c）是一种改进型式，它通过压延将喷嘴从矩形狭缝过渡到圆形口。

另外一个喷嘴方案如图 5-42（d）所示，在管冷端插入一根细金属丝，其直径比管孔径略小，在金属丝与管壁之间形成一条环形间隙作为流体喷流通道。采用这种方法可以精密控制流体的流动。插入金属丝的直径和长度就是控制流体的变量。气体的质量流率取决于环形缝隙的体积，是插入管子内深度的线性函数。

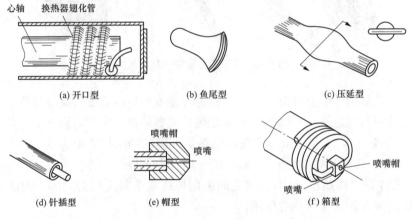

图 5-42 几种固定孔型的节流喷嘴结构

图 5-42（e）表示焊在换热管端的一个喷嘴帽，其上沿轴向钻有一个小孔作为膨胀喷嘴，采用这种型式可以获得高精度的流动控制。图 5-42（f）是一种改进型喷嘴，将未开孔的喷嘴帽套进压力管（5~10)mm 处焊接，压力管因而被封闭，然后将喷嘴帽焊在换热器芯棒端面上，再用钻头穿过喷嘴帽和压力管壁钻上小孔，作为膨胀孔。

固定孔型喷嘴具有简单、容易制作和便宜等优点，但并不适合许多实际应用的要求。最严重的问题是压缩气体中的杂质在膨胀降温时会被液化和固化而将喷嘴的小孔堵塞。污染物主要是水蒸气，其他还有二氧化碳、烃类蒸气，它们来源于压缩机润滑剂、塑料中的溶剂、油漆等。将所有的污染物全部消除通常是不实际的，除非采取特别的方法来清洁压缩机下游的气流。对于工艺装置，可将压缩气体清洁后储存在高压气体钢瓶里使用。然而，对于小型的封闭循环系统，采用分子筛过滤器来清洁气体不但装置复杂，而且还增加了尺寸和质量。

常用的可调换式小型过滤器的维护要求很高，过滤器越小，工作周期越短。

固定孔型膨胀喷嘴的主要缺点是其气流质量流率的变化刚好与要求的条件相反。这是因为流体的密度和通过小孔的气体质量流率随着温度的降低而增大。在开始时，整个装置都处于环境温度下，气体的密度较低，质量流率也较小。但在理想情况下，启动时应该有较高的质量流率来产生最大的制冷效应，使装置被快速预冷到操作条件；反之，在启动以后，换热器冷端变冷了，气体的密度和质量流率随着温度的下降而增大。但理想的稳定工作条件要求流体的质量流率应该降低，因为维持稳定工作条件所需的制冷量比预冷时要小得多。因此，按预冷要求设计的固定孔型节流制冷器在稳定工作时会提供过多的制冷量而造成浪费。

还有一个重要的问题是固定孔型制冷器不能适应环境温度的变化。这是因为单位质量流率气体产生的制冷量是随着环境温度的升高而逐渐下降的。在规定的最高环境温度下，必须增大节流制冷器的质量流率才能保证产生足够的制冷量用于预冷。反之，在较低的环境温度下工作时，制冷器提供的气体质量流率将会过大，造成制冷量的浪费。

总之，固定膨胀喷嘴节流器结构简单、造价低，但是由于它的流动特性不够理想，需要消耗过多的流体，并且要求使用无污染的清洁气体，因此喷嘴成本的减低经常全部被压缩机、钢瓶和过滤器的消耗所抵消。

2. 自调式变流量型节流喷嘴

自调式变流量型节流喷嘴是为克服固定孔型的缺点而发展的快速预冷喷嘴。这种装置的特点是在环境温度下膨胀孔开度最大，因而获得启动阶段的快速预冷。随着冷端温度的降低，膨胀孔的开度逐渐减小，气体的质量流率也随之减少。在工作温度下，当部分膨胀气体被液化之后，膨胀孔可能全部被关闭或提供一个很小的固定开度，保持小流率流动。冷头温度升高时，控制机构会将膨胀孔开启，以提供足够的气量将冷头冷到工作温度。当冷头出现液体时，膨胀孔会再次关闭。因此，变流量型节流器的气体耗量要少得多，有时只有固定喷嘴装置的 10%。

通常，当控制的气体质量流率达到最小值时，冷头的温度波动不超过 10℃。如果需要，虽然有些复杂，但可以使冷头温度保持不变，这取决于膨胀气体的背压，即外部环境的压力。冷头压力与环境压力间需要有一个小压差，以保证膨胀气体通过换热器排到环境。

变流量膨胀喷嘴很容易适应冷凝污染物在膨胀孔口的积累。一旦累积的污染物固体限制或甚至阻塞了气体流劫，控制机构就会增大孔口开度，以保持气体流动。这个特点放宽了对工质绝对无污染的要求。附加变流量控制系统的额外成本可由因采用变流量喷嘴导致的尺寸、质量和气体清洁设备成本的节省所抵消。

变流量膨胀喷嘴的另一个优点是它的工作与气体的供给压力无关，这是因为其控制参数是冷头的温度而不是压力。因此，当供给压力降低时，单位质量气体产生的制冷量降低，喷嘴的关闭时间将缩短，但冷头的温度仍维持不变。变流量喷嘴的采用减少了气体流率，因而使噪声（也称颤噪特性）和振动明显低于固定喷嘴的水平，噪声值可降低一个数量级。

图 5-43 给出自调式节流恒温器的示意。图中给出盘绕在芯管上的高压管，冷头的结构布置与图 5-42（f）所示的箱型固定喷嘴类似。由图 5-43 可见，一个伸入小孔的阀针用以控制通过小孔的气体流率，阀针拉杆安装在一个固定于芯管冷端的金属弹性波纹管上。弹性管内充有高压气体。当冷端的温度降低时，弹性管内的气体压力下降，引起弹性管收缩，拉杆将阀针移动进入节流小孔，限制了气体的流动。弹性管内通常充入超临界压力的制冷剂气

体，在控制气流的过程中，其中的部分气体由于温度降低而被液化，导致管内压力降低。弹性管的最大容积不变，其内的气体压力变化仅是冷端温度的函数。为了降低弹性管的充气压力，有些系统也采用氮和氩的混合物在其压力低于纯氮充气压力下就能出现液化现象，使弹性管发生收缩位移。弹性波纹管的直径应该与节流器的芯管相匹配，通常恒温器的外径为5mm，高压传热管的外径为 0.5mm，加上翅片高 0. 25mm，因而芯管的外径不能大于 3mm。

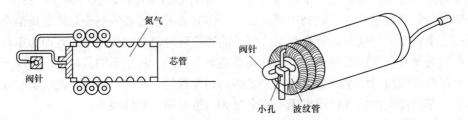

图 5-43　自调式节流恒温器示意

图 5-44 给出美国 GE 公司开发的变截面感温膨胀阀结构图。翅片管换热器用通常的方法盘绕在中心管上，中心管由两部分组成，管芯由最低膨胀系数的材料（例如殷钢、34％镍铁合金或 G-10 环氧玻璃钢）制成，管芯外面的管套则由高膨胀系数的材料（如铝）制造。中心管冷端的芯体是一段殷钢的截头锥体，锥角为 $15°\sim20°$。高压管的冷端管套的连接处开有一个小孔，使高压管能穿过小孔进入锥体。离开高压管的冷气体在锥形管芯体和外套形成的锥形环隙中作等焓膨胀。

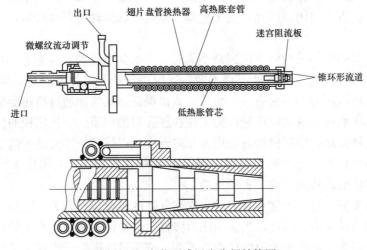

图 5-44　变截面感温膨胀阀结构图

启动时，相对较大的环形间隙能获得最大的气流，但一旦冷端温度降低了，有高热膨胀系数的管芯外套锥管发生冷收缩，使环形流道变小，限制了气体流动。锥形管芯和管套可以与热端刚性连接，也可以制成微螺纹进行轴向调节。整个节流器可装于一个冷端具有液体储器的绝热外套中，也可按传统的方式将之装入真空绝热的杜瓦探测器容器中。

图 5-45 给出一种抗污染的自调式 J-T 喷嘴的结构图。通过锥形芯套形成渐缩的环形流

道，使流动处于湍流状态，有利于破碎和清除污染物。在锥形芯棒上车有迷宫槽，获得了比流道面积大的空间，提供了克服污染物阻塞的流动特性。

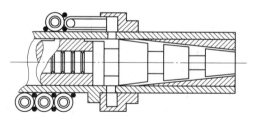

图 5-45　抗污染的自调式 J-T 喷嘴的结构图

5.5.4　微型节流制冷的节流工质

多数实际气体的最高转化温度都高于环境温度，因而可以将之作为等焓节膨胀制冷的工质。但由于氖、氢和氦等气体的转化温度低于室温，它们必须首先被预冷到转化温度以下，才能进行节流制冷。在微型节流制冷机中使用最为广泛的是氮气和氩气。

1. 氩气和氮气

图 5-46 给出氩和氮制冷性能的比较。图中制冷量的单位为每升气流产生冷量（W·min/L），压力坐标指进口压力，同样做了理想循环和理想换热器的假设。气体的进出口温度设为 300K，进口气体容积用标准状态（273K 和 1atm）值表示。

一些研究指出，如果进、出口气体在热端换热器的温差为 5.5℃，采用氮工质的换热器面积需要比相应的氩换热器大 50％。如果采用给定的换热器和给定的体积流率，氩产生的制冷量要比氮大。氩和氮属于空气分离产品，两者的价格也是相差不大（氩的价格略高）。由此可见，氩作为节流制冷剂比氮更为优越。

2. 混合气体

采用多元混合工质可以大幅度提高节流制冷器的效率，并使采用单级油润滑压缩机驱动的节流制冷机获得液氮温度成为可能。混合工质节流制冷主要研究采用氮的多元混合工质替代纯氮节流制冷，以获得较高的性能。此外，基于外部复叠节流制冷的思想，研究内复叠节流制冷在天然气液化和更高温区制冷的应用。

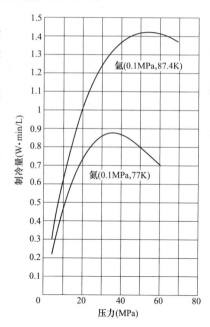

图 5-46　氩和氮制冷性能的比较

当采用液氮温区的混合物工质节流制冷循环时，首先需要筛选出合适的混合物工质组元。在一次节流制冷循环中，混合物工质的所有组元都需要经过低温区，所以混合物工质组元应具有较低的凝固温度，由于大多混合物组元的凝固温度均高于 80K，需要根据气-液-固相平衡特性，通过混合物合理的配制而得到具有低凝固温度的混合物制冷工质。其次，为获得高效率的混合物，混合物的纯工质组元的正常沸点应介于液氮温度至环境温度，在每一个温度段都应该加入组元。最后，还有一些非热力学要求，如毒性小，对大气无污染以及原料来源充足、价格便宜等。

5.6 逆布雷顿制冷机

布雷顿循环是在 1876 年由 Brayton 提出的用于热力发动机的循环。与斯特林热机循环相类似，逆向布雷顿循环可用来制冷，简称为逆布雷顿（Reverse Brayton）制冷循环。逆布雷顿循环制冷机的主要特点是采用间壁式换热器进行冷热流体间的热交换，这与采用回热器的制冷机明显不同。其次，布雷顿循环采用透平膨胀机绝热膨胀制冷，这与 G-M 制冷机采用西蒙放气膨胀制冷不同。因而，布雷顿制冷循环也被称为透平-逆布雷顿制冷循环。

5.6.1 理想的制冷过程

图 5-47 表示采用逆流式间壁式换热器的制冷机流程。对应的 p-V 图和 T-s 图如图 5-48 所示。该制冷系统由以下六个过程组成：

（1）绝热压缩过程 1—2。在环境温度下运行的压缩机进行绝热压缩。

（2）级后冷却过程 2—3。压缩气体通过水冷式换热器在等压下被冷却到环境温度。

（3）等压冷却过程 3—4。压缩气体在逆流式间壁换热器中被等压冷却到低温。

（4）绝热膨胀过程 4—5。压缩气体在低温膨胀机中绝热膨胀制冷到 T_5 是该制冷循环获得的最低制冷温度。

（5）等压吸热过程 5—6。离开膨胀机的冷气流在冷量换热器中等压吸热，吸收的热量就是该循环用以冷却热负荷的有效制冷量。

（6）等压复热过程 6—1。低压流体通过逆流间壁式换热器的低压流道被等压复热到环境温度。

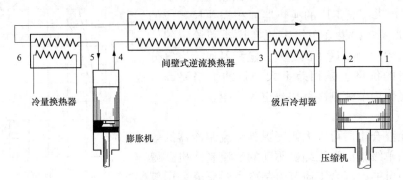

图 5-47 采用逆流式间壁式换热器的制冷机流程

由以上介绍可知，理想布雷顿制冷循环是一个由两个绝热压缩和绝热膨胀过程与两个等压传热过程组成的循环，加上一个回热过程，使循环的热效率提高。可以看出，布雷顿制冷循环具有回热过程的洛伦兹循环的一个特例，因此，有关具有回热过程的洛伦兹循环的热力学公式均适用于布雷顿制冷循环的分析和计算。如图 5-48 所示的理想布雷顿制冷循环的制冷系数可表示为

$$\varepsilon = \frac{T_4}{T_2 - T_4} = \frac{1}{\frac{T_2}{T_4} - 1} = \frac{1}{\frac{T_1}{T_4}\left(\frac{p_2}{p_1}\right)^{\frac{\kappa-1}{\kappa}} - 1} = \frac{1}{\frac{T_a}{T_c}\left(\frac{p_H}{p_L}\right)^{\frac{\kappa-1}{\kappa}} - 1} \tag{5-88}$$

式中，κ 为等熵指数。可见，降低环境温度和提高制冷温度都会使制冷系数得以提高；采用

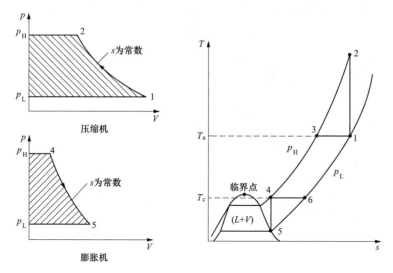

图 5-48　采用逆流式间壁式换热器的制冷循环的 p-V 图和 T-s 图

低压力比将会获得较高的制冷系数。

5.6.2　实际循环的性能

图 5-49 给出逆布雷顿循环制冷系统的流程和 T-s 图。从图 5-49（a）可见，制冷系统由压缩机、级后冷却器、间壁式换热器、膨胀透平和冷量换热器等部件组成。压缩机将处于环境温度的气体压缩到高压，通过级后冷却器将压缩热释放到环境。然后，高压气体通过回热式间壁式换热器被返流的低压气流冷却，最后通过气体透平膨胀刮冷，制冷量在冷量换热器中被负荷吸收后，通过间壁式换热器返回压缩机。

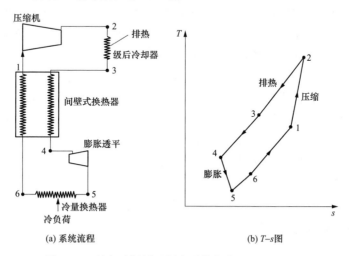

图 5-49　逆布雷顿循环制冷系统的流程图和 T-s 图

从图 5-49（b）可见，制冷系统高压气体的放热过程和低压气体的吸热过程基本上沿着高、低压的等压线进行，但压缩机的压缩过程和膨胀机的膨胀过程比较严重地偏离了绝热的等熵过程。这说明如果考虑透平膨胀机效率和压缩机效率的影响时，其循环的 T-s 图和图 5-48 所示的理想循环不再相同。加之系统中的各种不可逆损失都会引起熵的增大，因而使制冷循环中各过程曲线的形状发生变化，使之不同于理想过程曲线。图 5-50 所示的开式逆布雷顿制冷系统的流程图、$T\text{-}s$ 图和 $p\text{-}h$ 图给出了这种变化。

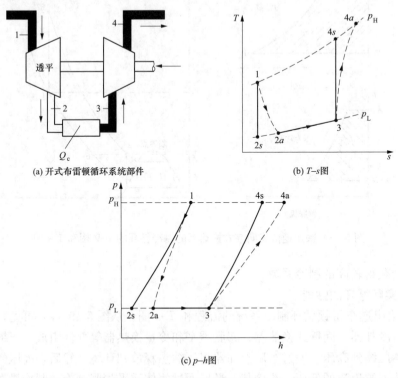

(a) 开式布雷顿循环系统部件　　　　　　　(b) $T\text{-}s$图

(c) $p\text{-}h$图

图 5-50　开式逆布雷顿制冷系统的流程图、$T\text{-}h$ 图和 $p\text{-}h$ 图

图 5-50（b）给出膨胀机的理论等熵膨胀过程曲线为 $1\text{-}2s$，实际过程为 $1\text{-}2a$，熵值增大。同样，压缩机的绝热压缩过程曲线为 $3\text{-}4s$，实际过程为 $3\text{-}4a$，熵值增大。图 5-50（c）表示由于不可逆损失造成压缩功的增大和制冷量的减少。

在图 5-49 所示的整个循环中，膨胀后的工质有时为气态，有时会有部分液体出现。当进入膨胀机的气体温度较高时，膨胀后的点 5 是气体状态，整个循环为气体循环；当进入膨胀机的气体温度较低时，膨胀后的点 5 将进入两相区，工质以两相混合物状态离开膨胀机，有部分工质呈液体状态。工质在两相区温度下输出冷量，实质上就是这部分液体工质制取冷量。两相膨胀机的循环应采用两相膨胀机。

根据系统的热平衡，图 5-49 所示布雷顿循环可用制冷量的计算式为

$$q_c = h_6 - h_5 - \sum q \tag{5-89}$$

式中　　$\sum q$——各种冷损之和。

系统消耗的功率为

$$w = q_a - q_e \tag{5-90}$$

式中　　q_a、q_e——压缩机消耗的功率和膨胀机输出的功率。

因此，性能系数为

$$COP = \frac{q_c}{w} \tag{5-91}$$

用于逆布雷顿制冷系统的压缩机和膨胀机通常有活塞式和透平式两种，机器类型的选择应视使用条件、装置大小及制造条件而定。对于制冷量较大的装置，采用透平机械较为合适，特别是具有气体轴承的高转速透平膨胀机具有效率高、运行可靠、连续运转时间长等优点。

5.6.3　逆布雷顿制冷机的应用

由于采用气体轴承的透平机械具有长寿命的潜力，美国在 20 世纪 70 年代就开始开发 10K 级透平-布雷顿制冷机，要求在 12K 提供 1.5W 制冷量，在 60K 提供 30W 制冷量。工作寿命为 30 000h，最大的功耗为 4kW。该制冷机为具有气体轴承的四级透平-布雷顿制冷机，于 1978 年制成。

图 5-51 为美国 Creare 公司开发的小型透平制冷机叶轮，Creare 公司在 1987 年开始研发小型透平-布雷顿制冷机，制冷性能为在（4.2～70）K 制冷温度下，制冷量为（1～5）W。其中，用于空间传感器冷却的单级透平-布雷顿制冷机，在 65K 具有 5W 制冷量。该制冷机曾于 1998 年作为哈勃轨道系统试验部件上天。2002 年，这种透平-布雷顿制冷机用于近红外照相机和多目标分光仪的无振动冷却。在增加了一个透平-泵送流体回路以后，通过原来冷却杜瓦中制冷剂的盘管将仪器冷却到 77K。

我国 20 世纪 90 年代研制了液氮预冷的逆布雷顿制冷系统，该系统用于空间模拟系统 KM6 中，在（16～20）K 制冷温度下有 1200W 制冷量。AIR LIQUIDE 公司开发了用于国际空间站的－80℃低温冰箱用逆布雷顿制冷机，如图 5-52 所示，该逆布雷顿制冷机采用了高速旋转电机、气体轴承以及膨胀功回收技术，转速为（50 000～300 000）r/min，在 800W 输入电功时，可以在 190K 的制冷温度下获得 100W 的制冷量，总质量为 8.5kg。

图 5-51　小型透平制冷机叶轮

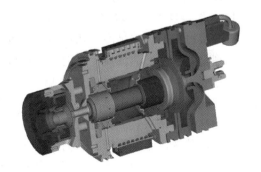

图 5-52　国际空间站的－80℃低温冰箱用逆布雷顿制冷机

第 6 章　低温换热器

随着制冷、气体分离、低温技术的迅速发展，低温换热器的应用越来越广泛。低温换热器作为低温设备的主要组成部分，其性能直接影响到低温设备的经济指标、安全可靠与发展前途。低温换热器作为换热器的一个分支，它既具有一般换热器的共性，又具有低温传热的某些特点。低温换热器由于其特定的工作环境及对它的严格要求，使它成为目前所有换热器中发展最活跃的一个分支。许多崭新换热表面的出现，换热表面性能数据的研究及换热器设计的探讨都和低温换热器的使用、发展紧密相关。

6.1　换 热 器 的 分 类

在低温装置的各种设备中，换热器占很大的比重，起着很重要的作用。大多数的低温换热器是为了完成气体液化循环或实现气体分离必不可少的，没有这些换热器，循环就无法完成，装置就无法连续运转；另外一些低温换热器则是为了改善装置的工作条件，或提高装置的经济性。换热器性能的好坏直接影响着装置运转参数及经济性的高低。根据低温换热器的工作原理、用途、传热面形状和结构，低温换热器可进行以下分类。

6.1.1　按作用原理分类

1. 直接接触式换热器（混合式换热器）

直接接触式换热器是冷、热流体直接接触，相互混合传递热量。其特点是结构简单，传热效率高，适于冷、热流体允许混合的场合，如冷却塔、洗涤塔、空分中的氮水预冷器等。

2. 蓄热式换热器（回流式换热器、蓄热器）

蓄热式换热器借助于热容量较大的固体蓄热体，将热量由热流体传给冷流体。当蓄热体与热流体接触时，从热流体处接受热量，蓄热体温度升高，然后与冷流体接触，将热量传递给冷流体，蓄热体温度下降，从而达到冷热流体间换热的目的。蓄热式换热器的特点是结构简单，可耐高温，体积庞大，不能完全避免两种流体的混合。其特点适于高（低）温气体热量的回收或冷却，如回转式空气预热器、低温蓄冷器。

3. 间壁式换热器（表面式换热器、间接式换热器）

间壁式换热器是冷、热流体被固体壁面隔开，互不接触，热量由热流体通过壁面传递给冷流体。间壁式换热器形式多样，应用广泛，适于冷、热流体不允许混合的场合，如各种管壳式、板式结构的换热器。

6.1.2　按用途分类

按用途可以把热交换器分为以下几类：

（1）加热器：用于把流体加热到所需温度，被加热流体在加热过程中不发生相变。

（2）预热器：用于流体的预热，以提高整套工艺装置的效率。

（3）过热器：用于加热饱和汽，使其达到过热状态。

（4）蒸发器：用于加热液体，使其蒸发汽化。

（5）再沸器：用于加热已被冷凝的液体，使其再受热汽化。

（6）冷却器：用于冷却流体，使其达到所需温度。

（7）冷凝器：用于冷却可凝结性饱和蒸汽，使其放出潜热而凝结液化。

6.1.3　按传热面的形状和结构分类

1. 管式换热器

通过管子壁面进行传热的换热器。按传热管的结构形式可分为管壳式换热器、蛇管式换热器、套管式换热器、翅片管式换热器等，应用最广。

2. 板式换热器

通过板面进行传热的换热器。按传热板的结构形式可分为平板式、螺旋板式、板翅式、热板式换热器等。

3. 特殊形式换热器

根据工艺特殊要求而设计的具有特殊结构的换热器。如回转式、热管、同流式换热器等。

6.2　管式换热器种类及结构

管式换热器的传热面由光管或翅片管组成。管式换热器因用途不同而有多种结构形式，低温装置中所使用的管式换热器可分为列管式及绕管式两类。

6.2.1　列管式换热器

列管式换热器是指由直管管束构成的换热器，它的管束用管板固定，并装入一个封闭的外壳中。壳管式换热器的结构类型较多，在低温装置中应用的有固定管板式，U 形管式及浮头式等几种。

1. 固定管板式换热器

（1）卧式壳管式换热器。卧式壳管式换热器是固定管板式换热器中应用最广的一种。其主体结构如图 6-1 所示，在一个钢制圆筒形外壳的两端焊有两块固定的管板，在两块管板上钻有许多位置相对应的小孔，在每对相对应的管孔中装入一根传热管，这样便形成了一组直管管束。管板上的管孔一般采用正三角形排列，也可采用正方形排列，管孔的中心距一般取为 $s \geqslant 1.25d_0$（d_0 为管外径），但管孔边缘的距离应不小于 4mm，最外部的管孔边缘与外壳内表面的距离应不小于（3～5）mm。

传热管与管板的连接可采用胀接、焊接及铺锡焊等方法，其方式如图 6-2 所示。胀接是使用较早的一种方法，现在对于铜管及小口径钢管还广泛采用。采用胀接法时管子与管孔间的间隙须较小（0.2～0.4mm），而且在管孔中一般挖有两道槽，以使胀接牢固（直径较小的铜管或工作压力较低时也可采用光管胀管）。胀管法对管孔的加工要求较高，需要用专用的胀管设备，而且在胀管后的管子要弯曲，管板会鼓起，影响换热器的装配。故胀管法不宜用于直径大的换热器以及直径大的无缝钢管。焊接法对管孔加工要求低，但焊接处易被腐蚀，管子损坏后不易更换。空分装置用的换热器多采用铺锡焊法，它是指在管板上铺一层焊锡，将管子与管板钎接起来。采用铺锡焊时管子可以密排，但不能用于工作压力较高的装备，以防管子由于高压松脱。

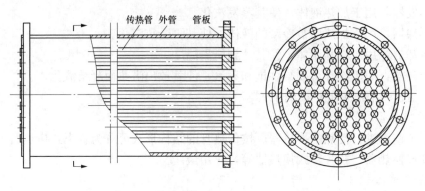

图 6-1 卧式壳管式换热器的立体结构

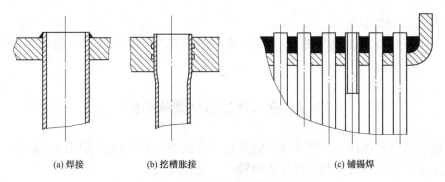

(a) 焊接　　　　　(b) 挖槽胀接　　　　　(c) 铺锡焊

图 6-2 传热管与管板的连接方式

　　参加换热的两种流体分别在管内（也称管侧）和管间（也称壳侧）流动。管侧一般可分成几个流程，即流体在换热器内往返几次，然后流出换热器。管侧流程的划分借助于端盖中的隔板来实现，每个流程的管数可以相等，也可以不等，依流体在换热过程中的特性而定。壳侧如果是有相变的对流换热过程，则一般不对壳侧空间进行分隔；如果只是液体流动（无集态变化），一般采用折流板对壳侧空间进行分隔，以提高液体的流速。折流板有圆缺形及环盘形之分，如图 6-3 所示，前者较常使用。圆缺形折流板是将圆板去掉一块弓形，故也称弓形折流板；这种折流板有上下之分，且是相间装配。折流板的数量取决于液体流速的大小，用圆缺形折流板时一般在 20 块左右，且常取奇数，以便流体的进出口接管可以布置在换热器的同一侧。管侧流道的流通面积是容易计算的，即等于每个流程中管子数目与每根管子截面积的乘积。当装有折流板时，壳侧的通道截面积是不断改变的，且有横向和纵向之分，情况比较复杂，因而计算中通常是取一个有代表性的截面或有代表性的流速。

　　图 6-4 表示一个结构完整的固定管板式换热器，其用途是用冷却水冷却经过压缩的石油气或天然气，冷却水在管侧流动。为了提高冷却水的流速，管侧可采用单流程、两流程、四流程、六流程等。管侧流程的划分借助于端盖中的隔板来实现，但管子的排列须同端盖的结构相适应。原料气在壳侧流动，因在冷却过程中较重分子的烃类要凝结成液体，故在壳体上设有排放凝析液的管接头。为了提高原料气的流速并改善换热器的传热效果，在壳侧装有若干个圆缺形折流板（或称弓形折流板）。如果壳侧是具有相变的蒸汽冷凝过程或液体蒸发过程，则不需加折流板。但管子比较长时，可装一个或几个支撑板，以免管子下垂。

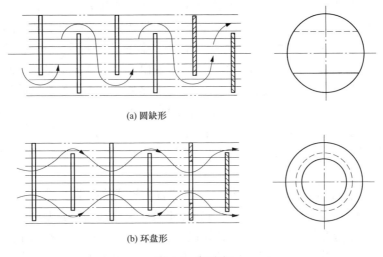

(a) 圆缺形

(b) 环盘形

图 6-3   折流板

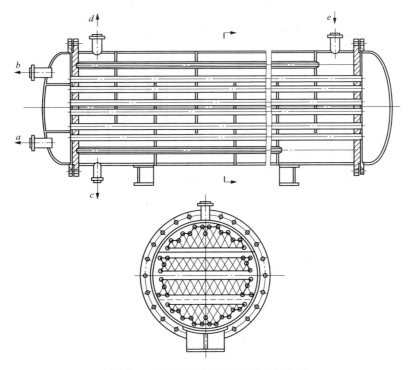

图 6-4   结构完整的固定管板式换热器

固定管板式换热器的优点是：结构紧凑，加工工艺简便，传热效果较好。其缺点是：①壳侧无法进行检查，清洗也较困难；②当两种换热流体温差较大时在外壳与传热管之间会出现较大的热应力；③胀管时因管子弯曲方向不同，会引起管子互相碰磨。

（2）空分装置用管式冷凝蒸发器。空分装置的冷凝蒸发器是联系上塔及下塔的主要设备，用来使下塔中的气氮冷凝，使上塔中的液氧蒸发，以实现上、下塔的精馏过程，并对外供应气氧。空分装置的冷凝蒸发器有管式和板式两种，管式冷凝蒸发器一般采用固定管板式结构，管子按同心圆排列，且管子与管板之间采用铺锡焊连接方式，管式冷凝蒸发器有两种型式，图6-5为其结构示意，图6-5（a）所示的蒸发器是装在上塔与下塔之间的，气氮在管内冷凝后一部分作为回流液，另一部分由液氮槽导出输往上塔顶部；液氧在管外蒸发后一部分沿上塔上升参加精馏过程，另一部分作为产品氧输出。液氧产品也是从冷凝蒸发器的底部导出。在这种冷凝蒸发器中，液氧系大空间沸腾，换热强度较小，且液氧的静液压力会使下部液氧的蒸发温度升高；在管内，气氮与冷凝液膜逆向流动，使液氮导出不很流畅。所有这些均对传热起阻碍作用。为了减轻这些因素的影响，一般均采用短管（管长不超过1200mm），故这种蒸发冷凝器只适用于中小型空气分离装置。冷凝蒸发器的传热系数一般为 $580W/(m^2 \cdot K)$。

图6-5（b）所示为用于 $6000m^3/h$ 空气分离装置的管式冷凝蒸发器，由 16 212 根 $\phi10\times0.5mm$ 的不锈钢管组成，管子长度为 3000mm。这类冷凝蒸发器可以做成大型，适应于大型空分装置。大型空分装置的分离设备采用散装式，故它的管道连接不同于图6-5（a）的适用于中小型空分装置的管式冷凝蒸发器。气氮是从外壳侧面的接管进入，在管外冷凝后由底部导出，未蒸发的液氧由中心管落下而自循环。为了防爆需要，在中心管下方抽出部分液氧，用液氧泵驱动液氧进入液氧吸附器，将其中的乙炔吸附后再送回至冷凝蒸发器的底部。这种管式冷凝蒸发器底部的传热系数约为 $800W/(m^2 \cdot K)$。

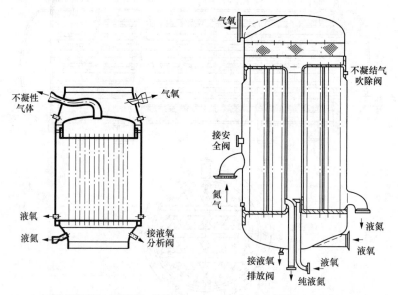

(a) $150m^3/h$ 空分装置用冷凝蒸发器（管外蒸发）   (b) $150m^3/h$ 空分装置用冷凝蒸发器（管内蒸发）

图 6-5   管式冷凝蒸发器结构示意

2. U形管式换热器

U形管式换热器结构如图6-6所示，这种换热器的传热面是由U形管组成的管束，它只需要一个管板，外壳的另一端用半球形封头封死。这种换热器的管侧一般分为两流程或四流程，壳侧根据需要可以装设或不装折流板，其传热效果与固定管板式换热器相近。U形管式换热器的管束可以从外壳中抽出，检查和清洗都比较方便。同时U形管可以自由胀缩，因而不会产生热应力。但U形管的弯管工艺比较麻烦，需要较多的弯模，现在应用较少。

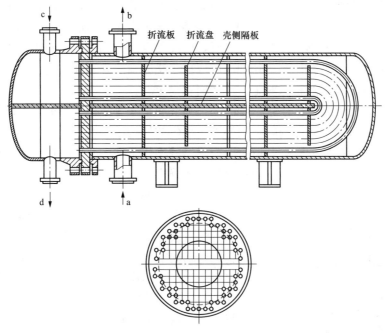

图 6-6　U 形管式换热器结构

3. 浮头式换热器

图 6-7 示出浮头式换热器结构图。浮头式换热器也采用直管管束，但它只有一个固定管板，另一个管板在端盖内可以轴向滑动，且具有一个尺寸较小的可随活动管板移动的封头。因此结构比固定管板式要复杂一些，但在传热管与外壳之间不会产生热应力。

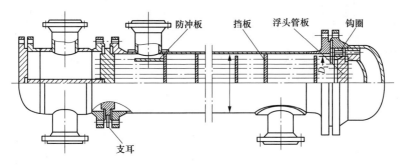

图 6-7　浮头式换热器结构图

6.2.2　绕管式换热器

绕管式换热器的管组通常由螺旋形盘管组成。这种换热器通常用来冷却高压气体（用水冷却），或用来进行高、低压气体之间的热交换。在这种换热器中，高压气体在管内流动。

1. 结构特点

绕管式换热器的结构尺寸主要取决于绕管束的结构尺寸，绕管束中心筒在结构中起支承作用，因而要求具有一定的刚度，中心筒的外径由换热管的最小弯曲半径决定，管束由多层螺旋缠绕的换热管用垫条隔开，垫条厚度由工艺计算的流体通道要求确定，并采用异型垫条控制换热管的螺旋升角。在设计盘管时同一层使用相同长度的管子绕制，在同一管程的流道上管子均匀布置。在多股流体时，各个通道本身具有相同的管长，同时可根据工艺要求选择各通道管子的长度，这样就大大地增加了调整各股流体传热面积的适应性和灵活性。

管束绕制完成后用薄钢板夹套捆扎包紧，由此夹套还起到了导流作用，夹套与设备壳体间保持一定的间隙，设备壳体的直径和高度取决于绕管束的外径和高度。上下管板及管箱的尺寸由管孔的排列、管程的程数和工艺流通面积而定。

绕管式换热器的结构设计还包括中心筒，夹套和垫条等结构元件的设计以及中心筒与管板间、换热管与管板间、壳体与管板间等连接部位的焊接结构设计、这些部件和部位的设计可采用多种方案，选择何种方案则取决于换热器的操作条件、介质特性和管束结构特点，还应根据所设计的换热器的具体条件进行分析后而确定。

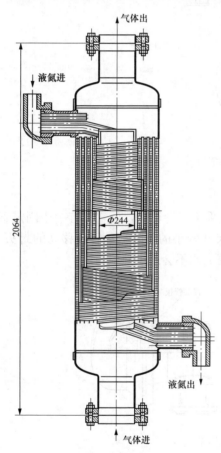

图 6-8　液氮过冷器的典型结构

2. 典型绕管式换热器

（1）空分装置用的绕管式换热器。中、小型空分装置的主换热器、液化器及过冷器等均采用绕管式，它们在结构上大体相近。图 6-8 所示为液氮过冷器的典型结构，它的作用是用由上塔顶部引出的气氮来冷却进入上塔之前的液氮，以改进上塔的精馏工况。液氮在管内从下而上盘旋流动，而低压气氮在管外从上到下径直通过。盘管是用 $\phi10\times1mm$ 的铜管分五层绕在中心管上，从内向外，每层的管子数分别是 3、3、4、4、5。外层同时盘绕的管子数之所以增多，是为了使每根管子的长度接近相等，使液氮在各条管中的分配比较均匀。管层之间及管层与中心管和外壳之间均用垫条隔开，以形成气流通道。相邻两层管子的盘绕方向是相反的，这样可使管子绕的紧密，也可增加管子间气体的扰动。在设计时每根管子的长度都须经过计算。若管层长度为 l_{∞}，则管长为

$$l = \frac{l_{\infty}}{\sin\alpha} \qquad (6\text{-}1)$$

式中　α——盘管的螺旋角。

若纵向管子中心距为 s_2，管层的平均直径为 D_{∞}，同时有 n 个管子盘绕，则螺旋角可按下述关系式确定：

$$\tan\alpha = \frac{ns_2}{\pi D_{\infty}} \qquad (6\text{-}2)$$

在这种绕管式换热器中，因相邻两层管子的盘绕方向不同，各层中同时盘绕的管子数不同，各层中纵向管距也会有变化，故在各个方位上相邻两层中相邻的两根管子的实际中心距是变化的。

图 6-9 示出标准状态下 300m³/h 制氧装置的液化器的结构图，它的传热管组由两部分组成，由主换热器出来的高压空气及在膨胀机中经过膨胀降压的空气分别在其中被排出的气氮冷却，使温度进一步降低，并有少量空气液化。气氮（由液氮过冷器来）从下部进入，一次

流经液化器的两个部分,再由上部导出,去主换热器继续回收其冷量。

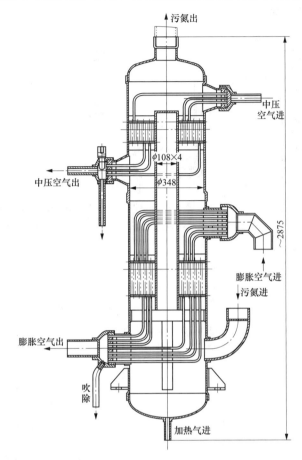

图 6-9 300m³/h(标准状态下)制氧装置的液化器的结构图

主换热器的结构及功用与液化器基本相同,是利用气氧及气氮的冷量使高压空气降温,只是空气的温度比较高,没有达到液化的温度。中型及大型空气分离装置通常是将氧换热器与氮换热器分开,小型装置则是设计在一起,管外被分成两个隔层,分别让气氧和气氮流过。

(2)林德型换热器。1885 年德国林德公司首次在工业规模实现空气液化时采用绕管式换热器,也称为套管式或同心管式换热器,林德型换热器如图 6-10 所示。它由同心套管盘绕而成,用套管时可以有一根、三根或者更多根,一般高压气体在内管中,低压气体或液氮在管腔中。用管束时一般将三根、四根或更多根管子钎接在一起,其中一根管子用于高压气体,其余管子内流低压气体。用管束绕换热器时先将管子绕成型,用铜丝捆扎牢固,再慢慢通过软焊料的熔池即被钎接在一起。

(3)Giauque-Hampson(吉奥克-汉普逊)换热器。Giauque-Hampson 换热器通常应用在大规模空气和天然气液化系统中(其典型结构如图 6-11 所示)。这种换热器是由一个中心筒,和在中心筒上按螺旋状多层缠绕的小直径管子组成的。中心筒在制造和换热器运行过程中提供机械稳定性和支撑。中心筒的最小直径由小管子在缠绕中心筒时开始出现扁塌时的直径所决定。相邻两层管缠绕方向相反,且被间隔条分开。多个小管子在换热器两端分别被集中到一根管头里，使得流体在进入和离开换热器时只有一根流道。在螺旋管的外表面紧贴一层外套，并使整个装置绝热。

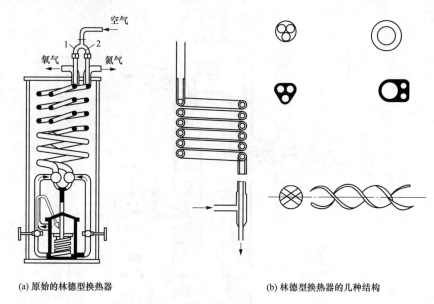

(a) 原始的林德型换热器   (b) 林德型换热器的几种结构

图 6-10 林德型换热器

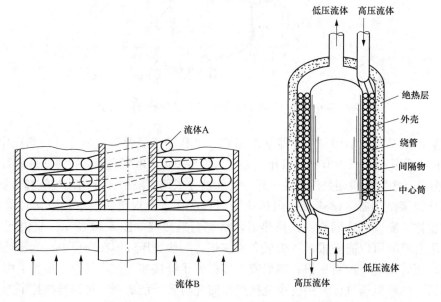

图 6-11 Giauque-Hampson 换热器的典型结构

在 Giauque-Hampson 换热器中，高压流体在小管子内流动，低压流体则在中心筒和外壳间的环形空间里从绕管的管间缝隙中横向流过绕管。多层盘管可用来为高压流体提供多个并行流道从而减少阻力压损。Giauque-Hampson 换热器可设计为三种或三种以上流体，高压和中间压力流体在小管内流动。为了维持小管中流体流量分布均匀，每层的每个流体流道长度通常都是相同的，这可以通过改变每层的螺距来实现。

确保管间径向间距均匀是非常重要的，否则低压流体将会沿着最宽的间隔或摩擦阻力最小的通道流过，因而在热交换器的横截面上流体分布不均匀。Giauque 利用冲压黄铜间隔条解决了保持管间径向间距均匀分布的问题。当缠绕管子时，将醋酸纤维素薄条放置在间隔条和管子之间，醋酸纤维在管子缠绕之后用丙酮溶解，就达到了控制管间距的目的。

　3. 绕管式换热器的特点

（1）传热系数大，流程布置比较紧凑，传热效率高。用 1 台同体积的绕管换热器可替代几台标准管式换热器（TEMA），减少了设备数量，使因设备泄漏而引起停车的可能性减少。

（2）投资比 TEMA 换热器高（目前制造价格有了较大的降低），但运行费用比较经济。

（3）允许在较小的温差下运行，系统的压力降比较小，从而减少了甲醇的循环量，降低了电、冷量和蒸汽的消耗。

（4）系统阻力比较小。

但绕管换热器的使用也是有条件的，所以一般在下述情况下采用：

（1）几股工艺物流必须同时冷却或加热时，用于几股工艺物流之间的热交换（多股流绕管式换热器如图 6-12 所示）。

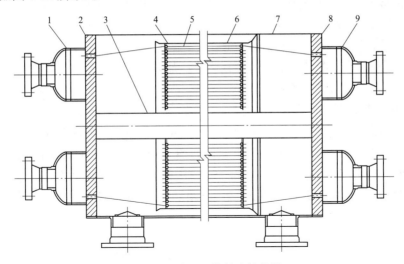

图 6-12　多股流绕管式换热器

1—下管箱；2—下管板；3—中心管；4—换热管；5—隔条；6—夹套；7—外壳；8—上管板；9—上管箱

（2）几股不同物流之间的温差小，但是热负荷大。

例如，用于解吸时加热甲醇富液，有大量的蒸汽气流解吸出来，在出口处气液比可以达到 20。

6.3　板翅式换热器

板翅式换热器是一种高效、紧凑、轻巧的换热设备，要比传统的管壳式换热器的传热效率提高 20%～30%，成本降低 50%。板翅式换热器以铝合金材料为主。可满足对流、错流、逆流、错逆流和多股流换热，可进行气-液、气-气、液-液间的冷却、冷凝和蒸发等换热过程。目前，高、中、低各种压力等级、各种规格尺寸、各种翅片形式、各种材料的板翅式换热器已经广泛应用于空气分离、石油化工（乙烯、合成氨、天然气分离和液化），动力机械、航空航天等领域。近年来，由于一些新技术和新理念的渗透，使得板翅式换热器在设计理论、制造工艺、模糊评价、开拓应用等方面有了进一步的发展。

板翅式换热器的主要特点如下。

（1）传热效率高：由于翅片对流体的扰动使边界层不断破裂，因而具有较大的换热表面传热系数；同时由于隔板、翅片很薄，具有高导热性，所以使得板翅式换热器可以达到很高的效率。

（2）紧凑：由于板翅式换热器具有扩展的二次表面，使得它的比表面积可达到 $1000m^2/m^3$。

（3）轻巧：原因为紧凑且多为铝合金制造，现在钢制，铜制，复合材料板翅式换热器也已经批量生产。

（4）适应性强：板翅式换热器可适用于：气-气、气-液、液-液、各种流体之间的换热以及发生集态变化的相变换热。通过流道的布置和组合能够适应：逆流、错流、多股流、多程流等不同的换热工况。通过单元间串联、并联、串并联的组合可以满足大型设备的换热需要。工业上可以定型、批量生产以降低成本，通过积木式组合扩大互换性。

（5）制造工艺要求严格，工艺过程复杂。

（6）容易堵塞，不耐腐蚀，清洗检修很困难，故只能用于换热介质干净、无腐蚀、不易结垢、不易沉积、不易堵塞的场合。

6.3.1 板翅式换热器的结构

板翅式换热器由多层金属隔离平板和皱褶型的金属片（翅片）交替层叠构成。它的基本结构由平隔板、波形翅片和封条三部分组成，如图 6-13 所示。在相邻两隔板之间放置翅片及封条，组成一夹层，称为通道。将这样的夹层根据流体的不同流动方式叠置起来，钎焊成一整体，便组成板束。板束是板翅式换热器的核心部分，配以必要的封头、接管、支承就组成了板翅式换热器。

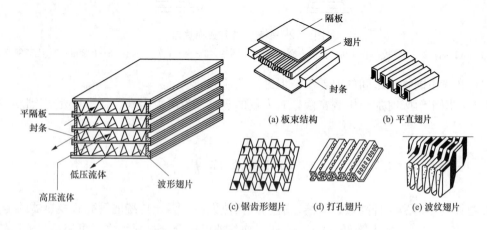

图 6-13 板翅式换热器的基本结构

1. 板翅式换热器的基本元件

（1）翅片。翅片是板翅式换热器的基本元件。板翅式换热器中的传热过程主要是通过翅片的热传导以及翅片与流体之间的对流换热来完成的。翅片的作用是：①扩大传热面积，提高换热器的紧凑性，翅片可看作是隔板的延伸和扩大，同时由于翅片具有比隔板大得多的表面积，因而使比表面积明显地增大；②提高传热效率，由于翅片的特殊结构，流体在通道中形成强烈的扰动，使边界层不断地破裂或更新，从而有效地降低热阻，提高了传热效率；③提高换热器的强度和承压能力，由于翅片的支撑加固，使板束形成牢固的整体，所以尽管隔板与翅片都很薄，但却能承受一定的压力。

根据不同的工质和不同的传热情况，可以采用不同的结构形式的翅片。常用的几种翅片结构形式如图 6-13（b）～图 6-13（e）所示。

1）平直翅片由薄金属片冲压或滚轧而成，其传热特性与流体动力特性和管内流动相似。相对其他结构形式的翅片来讲，其特点是：表面传热系数、流体阻力系数都比较小。这种翅片一般用在要求比较小的流体阻力而其自身的表面传热系数又比较大（例如液侧或者发生相变）的传热场合。平直翅片一般具有较高的强度。

2）锯齿形翅片可看作平直翅片切成许多短小的片段并相互错开一定间隔而形成的间断式翅片。这种翅片对促进流体的湍动，破坏热阻边界层作用十分有效，属于高效能翅片。但流体通过锯齿形翅片时其流动阻力相应地增大。锯齿形翅片普遍用在需要强化传热（尤其是气侧）的场合。

3）多孔翅片先在薄金属片上冲孔，然后再冲压或滚轧成形。翅片上密布的小孔使热阻边界层不断地破裂，从而提高了传热性能。小孔的存在也有利于流体均布，但在冲孔的同时，也使翅片传热面积减少，翅片强度降低。多孔翅片主要用作导流板以及流体中夹杂着颗粒或相变换热的场合。

4）波纹翅片是将薄金属板冲压或滚轧成一定的波形，形成弯曲流道，不断改变流体的流动方向，以促进流体的湍动，分离和破坏热阻边界层，其效果相当于翅片的折断。波纹愈密、波幅愈大、越能强化传热。

（2）隔板。隔板的作用在于分隔并形成流道，同时承受压力。隔板起一次传热表面的作用。故其厚度应在满足承压的条件下尽可能减薄。隔板通常使用两面涂覆铝硅合金薄层的复合板。隔板与翅片、隔板与封条之间的钎焊连接就是依靠这一薄层铝硅合金作为焊料钎焊成牢固整体的。

（3）封条。封条也叫侧条，它位于通道的四周，起到分隔、封闭流道的作用。

板翅式换热器的封条有多种形成，常用的有如图 6-14 所示的燕尾型、燕尾槽型、矩形截面型等。封条上、下两面侧具有斜度为 3% 的斜面，这是为了在与隔板组合成板束时形成缝隙，便于钎焊焊料渗入而形成饱满的钎接焊缝。

封条与封条之间采用图 6-15 所示的连接方式。

（4）导流板与封头。导流板位于流道的两端，其作用是为了引导经进口管、封头流入板束的流体，使之均匀地分布于流道之中；或是汇集从流道流出的流体，使之经过封头由出口管排出。此外，导流板尚有保护翅片与避免通道堵塞的作用。导流板结构设计的原则可以概括为：①保证流道中流体的均匀分布，流体由进、出口管到流道之间的顺利过渡；②在导流板中流体阻力与传热应保持在最小的恒定值（在板翅式换热器的设计计算中，有效长度通常采用板束全长扣除导流板长度以后的数值）；③导流板的耐压强度应该与整个板束的承压能力匹配；④便于制造。

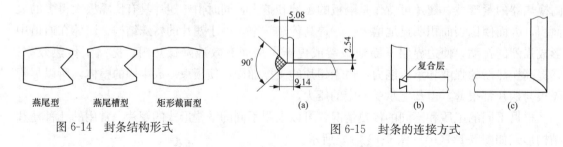

图 6-14　封条结构形式　　　　　　　图 6-15　封条的连接方式

导流板的布置形式与封头及换热器的结构密切相关，如图 6-16 所示。

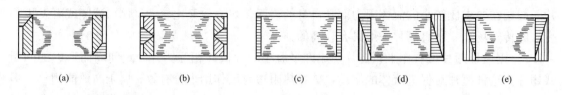

图 6-16　导流板的布置形式

封头的结构设计主要取决于工作压力、气流数、换热器的流道布置以及是否切换等。对于工作压力较高的板翅式换热器以及频繁切换的切换式换热器，其封头的结构设计尤应注意连接断面的强度，一般应采用小封头的结构或其他加强措施，以保证强度。

2. 流道布置

板翅式换热器可以通过流道的不同组合，布置成逆流、错流、顺流、多股流、多层流，其结构示意如图 6-17 所示。

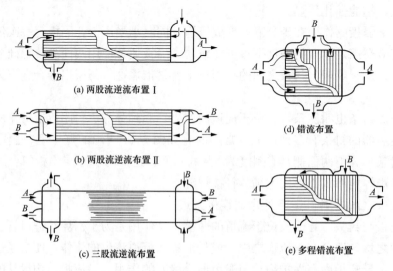

图 6-17　板翅式换热器的流道布置结构示意

　　逆流是用得最普遍，也是最基本的流道布置形式。错流一般用在其有效温差并不明显地低于逆流温差的场合，或一侧流体的温度变化不大于冷、热流体最大温差之半的情况。例如空气分离设备中的液化器，采用错流布置可以向低压气流提供较大自由流通截面的通道和较短的流道长度，而有效温差并不明显降低。多股流用于压力相差很大的两种流体之间的热交换，高压侧布置成多回路、小截面，以保持较高的流速。

　　3. 单元组合

　　板翅式换热器由于工艺条件的限制，单元尺寸不能做得很大（目前最大的板束单元尺寸约为 1200×1200×7000mm）。大型板翅式换热器需要通过许多单元板束的串联、并联进行组合。在单元组合时，很重要的一个问题就是如何使流体在这些单元板束中均匀分配。

　　单元组合基本上有如图 6-18 所示的三种方式。从流体均匀角度应尽量采用对称形，避免并流形。同时，由于各单元气体阻力可能不相等，组合时应注意匹配得当。工艺管道布置也要注意这一点。

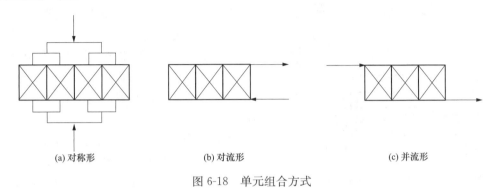

(a) 对称形　　　　　　　　(b) 对流形　　　　　　　　(c) 并流形

图 6-18　单元组合方式

串联组装、并联组装及串并联组装示意如图 6-19～图 6-21 所示。

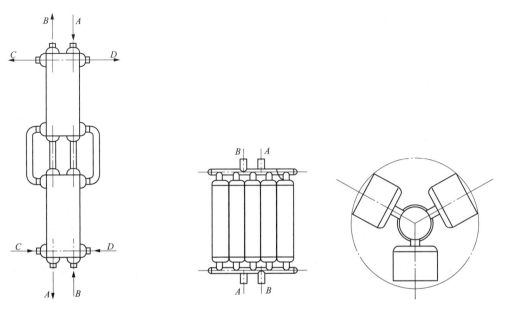

图 6-19　串联组装示意　　　　　　　　　　　　图 6-20　并联组装示意

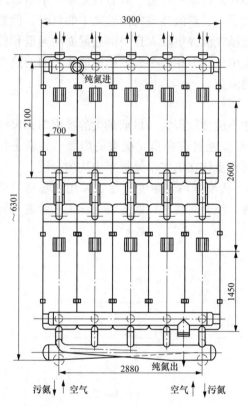

图 6-21　串并联组装示意（单位：mm）

6.3.2　板翅式换热器在空分设备中的应用

铝制板翅式换热器在空分设备中有着广泛的应用，主要有进行多股流换热的主换热器和过冷器等，还有作为上下塔、粗氩塔和精氩塔的冷凝器、蒸发器以及制氩系统中的液化器等。

1. 主换热器

主换热器的作用是实现作为原料气的空气、增压空气和氧气、氮气、污氮气等返流气体之间的热交换。空气由常温冷却到 100K 左右，增压空气由常温冷却至膨胀机前温度，各返流气体由低温复热至常温。

主换热器流道布置主要采用复叠布置，即一层热流对应两层冷流。但在特殊情况下（如高压流体或有相变的情况下），也可以不必严格遵循热、冷通道 1:2 的比例。某些高压热流或有相变的冷流可以采用单叠布置，即一层热流对应一层冷流。具体如何布置流道还是应该根据具体情况来确定。

在通道排布时，应考虑各流体在芯体中尽可能均匀、分散地排布。在整体热平衡的前提下，兼顾局部的热平衡，避免出现一个芯体中冷热不均的现象。这里需要注意的是空分设备开车启动时，返流氧气、氮气还未产生，只有返流污氮气能够提供冷量。为了加快启动速度，使增压空气尽快降温进入透平膨胀机，理论上可将污氮气布置在增压空气的旁边，但还是应该注意综合考虑局部热平衡状况，在合适的情况下多采用这样布置。

2. 液空液氮过冷器

液空液氮过冷器是利用冷流氮气、污氮气使液空、液氮过冷，以减少液空液氮节流时的汽化率，从而增加上塔回流，改善精馏工况。一般液侧采用低而疏的锯齿形翅片，气侧则采用高而密的锯齿形翅片。由于空分设备等级提高致使板翅式换热器尺寸加大，也可选用其他类型翅片，从而在不加大阻力的情况下减小芯体截面尺寸，方便生产制造。

3. 液化器

液化器主要用来调节切换式换热器冷端温差，保证不冻结性以及产生与积累液空。在液化器中空气被冷却液化，污氮（或氧、氮）则被加热。$6000m^3/h$ 空气分离设备的液化器如图 6-22 所示。液化器采用板翅式的特点是：①采用错流布置，液空一侧温度基本维持不变；②液空侧发生相变，表面传热系数液侧比气侧大得多，所以除液侧采用低而厚的翅片，气侧采用高而薄的翅片以外，尚采用复叠式布置，气侧通道数为液侧的两倍。

4. 冷凝蒸发器

冷凝蒸发器（以下简称主冷）的作用是使下塔顶部氮气冷凝，上塔底部液氧蒸发，以提

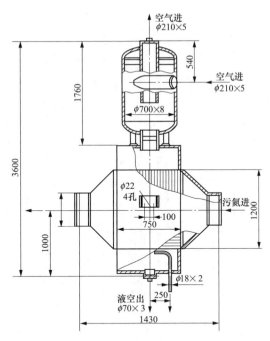

图 6-22　6000m³/h 空气分离设备的液化器（mm）

供下塔的回流液和上塔的上升蒸汽。杭氧主要采用的主冷形式为：与上、下塔连接的整体冷凝蒸发器，换热器单元一般采用星形单层布置，方便与精馏塔组装。在需要较大换热面积时，会采用立式双层的形式。随着杭氧生产的空分设备等级不断提高，板翅式换热器尺寸也不断增加，立式单层甚至双层都已无法满足要求。考虑运输极限，近年一些特大型空分设备的主冷已开始采用卧式。

除以上形式外，还有高热流管壳式主冷和膜式主冷等形式，有文献对大型空分设备中主冷的典型结构进行了介绍和总结，并重点介绍了杭氧与西安交通大学合作开发的狭缝微膜双层冷凝蒸发器。

板翅式主冷的两侧均为相变换热，表面传热系数较大，故采用翅片高度相对小的多孔形翅片。液氧蒸发通道上下两端敞开，液氧蒸发形成上塔的上升蒸汽。氮气由下塔顶部引出进入芯体单元，冷凝液氮在芯体下部的封头汇集由出口管导出。考虑到液氧操作的安全性，液氧侧采用全浸方式并采用较大的翅片节距。

老的 6000m³/h 空气分离设备的冷凝蒸发器的结构如图 6-23 所示。新的 6000m³/h 空气分离设备的冷凝蒸发器由 5 个单元组成，星形排列，单元尺寸为（2100×750×560）mm。每个单元 81 层通道，其中奇数 41 层为氧通道，偶数 40 层为氮通道，与老式结构相比，其主要改进在于：改善了板束在冷凝蒸发器中的分布，这有利于传热与流体动力工况。

冷凝蒸发器采用板翅式的特点是：①两侧均为相变换热，表面传热系数较大，故采用相对低而厚的 [（6.5×0.3×2.1）mm] 打孔翅片或平直翅片；②一般采用星形单层或多层排列结构，便于与精馏塔一起组装。

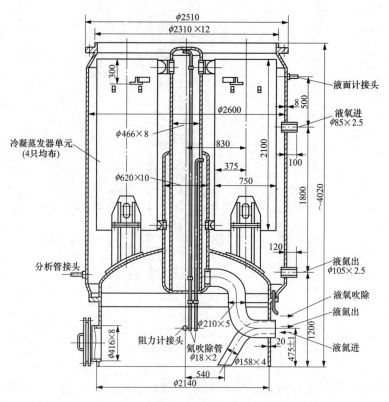

图 6-23　6000m³/h 空气分离设备冷凝蒸发器结构（单位：mm）

6.4　小型低温换热器

随着低温技术的发展，它所能达到的温度水平日益降低，装置日趋微型化，对各种小型低温换热器的研究也日益广泛深入。低温换热器作为低温技术装置的主要组成部分，它的性能对装置的特性及发展前途具有举足轻重的影响，许多微型制冷机与液化器的发展水平直接地取决于小型低温换热器所能达到的水平。

对小型低温换热器的要求可以概括为：①小的传热温差、很低的工作温度；②良好的流体阻力特性；③极高的传热效率；④紧凑而又十分轻巧。

本节将简单介绍小型低温换热器中的三种：网格式、孔板式与多孔表面式换热器。

6.4.1　网格式换热器

20 世纪 60 年代，荷兰菲利浦斯公司首先在氦液化装置中成功的使用了网格式换热器。[14]这种换热器是用细目铜丝网与浸渍有低温胶的开孔纸垫交替叠合组成的具有一定通道的网格式结构。这种换热器横向传热能力很强，而由于浸渍低温胶纸垫的间隔使纵向导热很弱。菲利浦斯公司 1968 年提出的网格式换热器特性如下：比表面积 3000（m²/m³），气流通道数 49，在间壁厚为 2.5mm 时可承受压差 19.6MPa，当时用作为氦液化设备的三股流换热器。网格式换热器以铜丝网作为传热元件，使用特种纸、棉、尼龙制品，玻璃布、玻璃片等为隔热垫，应用环氧树脂、低温胶等黏接剂黏接加热、加压制成。网格式换热器的基本结构如图 6-24 所示，它是将许多方形铜丝网与浸渍有低温胶的开孔纸质垫片（浸胶纸垫如图 6-25 所示），交替叠合组装在夹具里，然后施加一定的轴向压力，并在一定温度下（150℃）固化成型，形成具有许多平行流道的刚性结构。

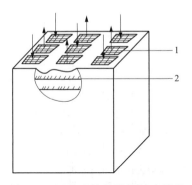

图 6-24　网格式换热器的基本结构
1—铜丝网；2—浸胶纸垫

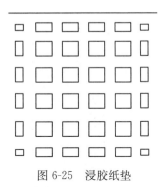

图 6-25　浸胶纸垫

进行换热的气流沿平行流道流动，气流方向与铜丝网垂直。流道分隔由浸胶纸垫与铜丝网组成的间壁来实现。这种结构具有足够的强度，经上千次室温—液氮温度的反复加热与冷却仍能保持密封并承受足够的差压。

流道的布置要使得每一股气流与周围的 4 股逆向流动的气流保持最佳的逆流接触传热（如图 6-24 所示）。至于各个流道的流向则由网格式换热器两端端盖的气流分配通道引导，端盖的结构由换热器使用条件决定，端盖与网格式换热器本体的连接可以是机械连接或者黏接。

垫片开孔的大小按：边缘开孔面积为中间开孔面积的 1/2，四角的 4 个孔开孔面积为中间开孔面积的 1/4 进行设计。这是由于边缘通道只与三个通道毗邻，而四角的流道只与两个流道毗邻的缘故（如图 6-25 所示）。

6.4.2　孔板式换热器

孔板式换热器的工作原理与网格式换热器基本相同。其结构采用开有密集细孔的薄铜片或薄铝片作为传热元件，在两个传热元件之间插入不锈钢或塑料制的隔热板，使用钎接、扩散焊接或黏接制成。孔板式换热器结构形式之一如图 6-26 所示，平行断面结构如图 6-27 所示，指型断面结构如图 6-28 所示。指形断面具有缩短热传导距离，减少热阻的优点，指形端部连通尚可促进流体均布。除平行断面、指形断面外，还有棋盘格型断面（如图 6-25 所示）、同心脚断面等其他形式的断面（如图 6-29 所示）。

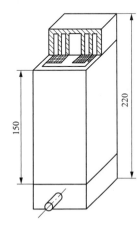

图 6-26　孔板式换热器
结构形式

圆筒形孔板式换热器如图 6-30 所示，在不锈钢制的薄壁圆筒中，铜制孔板与尼龙制隔热垫错层叠置。隔热垫除了起纵向隔热作用以外，还形成正、返气流的通道，正向流体通过中心部分，而返流则逆向通过由隔热垫外壁面与不锈钢薄壁圆筒内壁面所组成的环形空间。由于隔热垫还同时形成气流通道，故安装时要求严格同心，隔热垫做成如图 6-30 中断面 A-A 所示的带三个定位凸肩的结构。其主要参数为：高度 1080mm；外壳内径

37mm；外壳壁厚 0.7mm；孔板厚度 0.38mm；隔热垫直径 26.2mm；隔热垫厚度 0.76mm；孔板孔眼直径 0.38mm；孔眼间距 0.76mm；孔板层数 55；隔热垫层数 54；正流压力 2MPa；返流压力 0.1MPa。

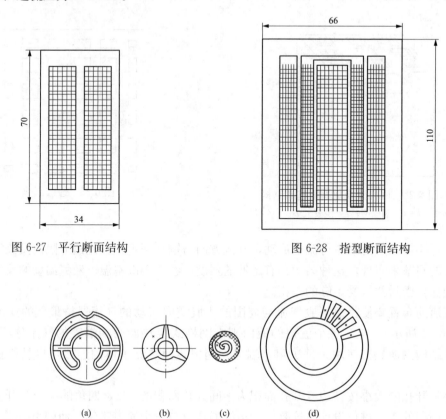

图 6-27　平行断面结构　　　　　　　图 6-28　指型断面结构

图 6-29　孔板式换热器的其他形式断面（—正流通道 ×返流通道）

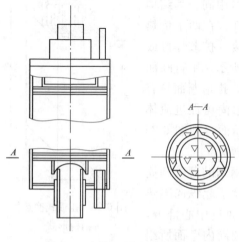

图 6-30　圆筒形孔板式换热器

带扁簧式隔热垫的孔板式换热器如图 6-31 所示，它用于带膨胀机的低温设备中。该换热器的外壳与内筒由两个同心的不锈钢制薄壁圆筒构成。在两个同心不锈钢制薄壁圆筒之间用螺旋形铜带缠绕并焊在内筒壁面。在内筒中，孔径 0.75mm、孔板厚 0.8mm 的铜制孔板与厚度为 0.75mm 不锈钢制的扁簧隔热垫错层叠置，孔板与内筒壁焊接以减少热阻。正流气体通过内、外筒之间的环形空间，而返流气体则通过充填有孔板与隔热垫的内筒空间。径向热交换具有很小的热阻，而纵向导热却可以降到很低的数值，在精细制造时，换热器效率可达 97%～98%。

孔板式换热器的特点：①当量直径很小，具

有很大的比表面积与表面传热系数；②轴向间隔减少了纵向导热；③孔板与孔板之间的重集流效应（即气流穿过孔板之后，在衬垫开孔的空间混合重新分配）以及孔板的横向高导热性减轻了因气流不均匀分布而引起的效率下降；另外，尚可以设计成指型断面隔热衬垫，使热传导距离缩短，同时使同一股气流流道之间互相串通，每对孔板之间的压力均等，从而进一步改善了气流均布；④对于某一侧流道而言，多孔板既是该侧流道的内翅片，同时又是另一侧流道的外翅片，它可以显著地提高换热器的紧凑度；⑤孔眼的长径比小，不能形成稳定的边界层，加上开孔率高、相邻孔板开孔率不等、孔眼错位等因素，使得孔板式换热器具有很高的效率；⑥使用镀银不锈钢片作为绝热衬垫的焊接结构，虽然解决了低温胶的老化开裂问题，但纵向导热增大，换热器的效率略有降低。

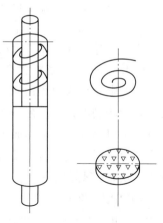

图 6-31 带扁簧式隔热垫
的孔板式换热器

6.4.3 多孔表面换热器

强化换热有两条重要途径：一是采用扩展受热面；二是采用相变换热。多孔换热表面就是同时采用上述两种强化换热措施的理想结构。在冷凝蒸发器中采用毛细微孔表面强化沸腾换热可以进一步提高冷凝蒸发器的热流密度，减小传热温差，使换热器更加紧凑、高效。这个重要的结构变革具有十分光明的前景。因此要大力开展微孔材料中的流动、换热特别是相变换热的研究。

为了强化冷凝蒸发器沸腾侧的换热，可采用气热喷镀、烧结、电镀和机械加工的手段，在管壁表面覆盖一层多孔覆盖层，这个微孔覆盖层既使得换热面大大扩展，同时又使得汽化核心数大量增加，使沸腾换热得到进一步强化。在管外沸腾侧使用不同厚度的毛细微孔覆盖层所进行的低温液体沸腾换热试验表明，其效率为光管的 5～8 倍。带多孔覆盖层沸腾表面的冷凝蒸发器可以在 $\Delta T = 1.1～1.6K$ 的温差下可靠地工作。

冷凝蒸发器性能比较见表 6-1。

表 6-1　　　　　　　　　　冷凝蒸发器性能比较

冷凝蒸发器结构形式	加工空气量（m³/h）	所需换热面积（m²）	总重量（kg）	温差（K）	每立方米加工空气所分担的换热器重量（kg/m³）
管式	180000	4160	40000	2.5～2.7	0.222
	360000	8320	80000		
板翅式（立式安装）	180000	7400	16000	2.0～2.2	0.089
	360000	14800	32000		
板翅式（卧式安装）	180000	5540	11000	1.6～2.0	0.061
	360000	11080	22000		
多孔表面	180000	1720*	14000	1.1～2.0	0.078
	360000	3440*	28000		

* 指基管表面。

关于多孔覆盖层沸腾换热目前正在积极开展的研究工作有：①多孔表面沸腾放热机理；②多孔覆盖层的材料与加工工艺；③多孔覆盖层的结构参数；④多孔换热表面的应用等。

多孔换热表面在超导电机、电缆中已得到应用。

6.4.4　印制电路板式换热器

印制电路板式换热器如图6-32所示，与密封板式换热器一样，仅有一次换热表面。采用工艺与印制电路板工艺一样，板上刻有细小的沟槽。一组化学蚀刻的板扩散黏结，再与流体进、出口箱焊接起来形成了换热器。对于两种不同的流体，通过不同的刻蚀模式，可以形成交叉流、逆流或多道交叉流的换热器。单块板路上可以有多流程、多流体。大负荷时，可以将多块板路焊接在一起。流道深度为 0.1～2mm［（0.004～0.8）in］。在工作压力为50～10MPa［（7250～290）psi］，工作温度为 150～800℃时，面密度高达 650～1300m²/m³［（200～400）ft²/ft³］。此类换热器可用材料较广，包括不锈钢、钛、铜、镍，以及镍合金。目前已经成功地应用于化学工艺、燃料加工、废热回收、电力能、制冷及空气分离方面，主要针对相对清洁的气体、流体和相变液体。它们广泛应用于海洋采油平台方面，作为二次冷却压缩机、气体冷却器、分离惰性气体的低温处理过程等。由于流体通道小，对于低中压应用，流体有压降限制。然而，该类换热器的主要优点是高压、高强度，设计灵活，效率高。

6.4.5　板圈式换热器

板圈式换热器的基本部件为板圈和凹凸板，压型凹凸印制板如图6-33所示。根据其内的流体被冷却或被加热，板圈用作热沉或热源。板圈做成与系统相适应的形状或尺寸，扁形板圈插入容器或者放入空气中，用于传热。一般来讲，板圈有三种制作方法：冲压、电焊、辊压结合。在冲压过程中，流道在一块或两块钢板中冲压成形。压出槽道的板与平板（未压）连接，即形成单边刻槽的板圈。当板两边都刻槽时，就形成了两边带槽的板圈。两板通过电阻焊相连，详见图6-33（a）及图6-33（b）所示。

图6-32　印制电路板式换热器

(a)

(c)

(b)

(d)

图6-33　压型凹凸印制板

在点焊工艺中，两平板点焊于设计模型上（无压槽），然后利用高压液体膨胀形成流道，通过熔核相互连接，如图 6-33（d）所示。

辊压结合工艺是指两块金属板（铜或铝）采用纯冶金结合，除非一些"特定槽道"要采用专门的非焊接材料。用非焊接材料做好设计流型的金属板与未加非焊接材料的板叠放并加热，迅速在高压下进行热辊，进行冶金结合。随后采用冷压，以适当增加长度。然后板圈退火，在边沿插入微细管道，使阻焊材料曝光，平面板圈放在两板之间，在高的液压下，高压气体在设计位置膨胀流出流道。这种工艺限制了板圈的形状为扁平状。

最常用的板圈材料有碳钢、不锈钢、钛、镍及其合金、蒙乃尔合金。板圈金属板规格为 1.5～3.0mm［（0.06～0.12）in］，这取决于材料以及所用板单面刻槽还是双面刻槽。材料采用碳钢、不锈钢时，双面板最大工作压力达 1.8MPa；采用蒙乃尔铜-镍合金、钛时，双面板最大工作压力达 0.7MPa。

相对来说，板圈式换热器并不贵，在任何的工作压力下，都可以做成预定形状及厚度的热沉或热源。因此，在工业中应用广泛，如低温、化学、光纤、食品、颜料、制药，以及太阳能吸热器。

6.5　板翅式换热器计算

换热器的计算大体上可分为两种情况：一种情况是两种传热介质的流量及进出口温度已经给定，要求计算换热器的传热面积及结构尺寸，这就是设计计算。另一种情况是在现有的换热器中两种介质的流量及进口温度给定而要求计算它们的出口温度；或者其中一种介质的流量及温度给定而要求计算另一种介质的流量及出口温度（其进口温度也已给定），这种计算称为变工况计算。无论在哪一种计算中，计算内容应包括：①传热计算确定传热系数、传热面积或流体的进出口温度；②流体动力计算（确定结构尺寸）及强度校核计算。在这些计算内容中，主要的是传热计算及流体动力计算，而结构计算往往是与传热和流动计算交织在一起，且随换热器的结构型式而有所不同。下面重点介绍传热计算及流体动力计算所使用的方法。

6.5.1　板翅式换热器的翅片结构参数

板翅式换热器是间壁两侧都加有翅片的换热器，它能使间壁两侧的换热都得到加强，翅片的几何尺寸如图 6-34 所示。图 6-34 中，翅片高度 h_f，翅片厚度 δ_f，翅片间距 s_f，翅片有效宽度 w，通道层数 n，隔板厚度 δ_p，翅片内距 $x=s_f-\delta_f$，翅片内高 $y=h_f-\delta_f$。

根据几何尺寸，翅片结构参数的计算公式如下：

水力半径

$$r_h = \frac{A}{U} = \frac{xy}{2(x+y)} \tag{6-3}$$

当量直径

$$d_e = 4r_h = \frac{4A}{U} = \frac{2xy}{x+y} \tag{6-4}$$

每层通道自由截面积

$$A_i = \frac{xyw}{s_f} \tag{6-5}$$

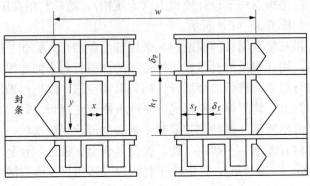

图 6-34　翅片的几何尺寸

每层通道传热表面积

$$F_i = \frac{2(x+y)wL}{s_f} \tag{6-6}$$

式中　L——板翅式换热器的有效长度。

板束 n 层通道自由截面积

$$A = \frac{xywn}{s_f} \tag{6-7}$$

板束 n 层通道传热表面积

$$F = \frac{2(x+y)wLn}{s_f} \tag{6-8}$$

6.5.2　板翅式换热器传热计算

1. 传热过程

图 6-35 是冷流体翅片通道上一个翅片的传热情况和温度分布，H 为翅片高，δ 为翅片厚度。图中与冷流体相邻的是两个热流体翅片通道。翅片两端的翅根部分分别与相邻的平隔板焊成一体，平隔板外侧就是热通道。通过平隔板直接对流体的传热称为一次换热，如图 6-35 中 Q_1 所示，其表面称为一次换热面。

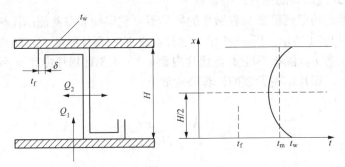

图 6-35　冷流体翅片通道上一个翅片的换热情况和温度分布

通过平隔板，热量以传导方式传给翅片，通过翅片表面再传热于流体的传热称为二次传热，如图 6-35 中 Q_2 所示，其表面称为二次换热面。令平隔板壁温为 t_w，流体温度为 t_f，一次换热面积为 F_a，二次换热面积为 F_b，则

一次表面面积

$$F_a = \frac{x}{x+y} F_0 \tag{6-9}$$

二次表面面积

$$F_b = \frac{y}{x+y} F_0 \tag{6-10}$$

设平隔板和翅片表面对流体的传热系数为 α，则一次换热面上的传热量为

$$Q_1 = \alpha F_a (T_w - T_f) \tag{6-11}$$

通过翅片的二次传热量为 Q_2，由于翅片的高度 H 远远大于厚度 δ，翅片的热阻不能忽略。并且热量从翅根导入后，沿途传给周围流体，所以翅片上的温度不呈线性分布，而是呈余弦双曲函数分布，翅根温度最高，等于平隔板的温度 T_w，沿翅高而渐渐下降，翅片中部温度最低，上、下两半的温度分布曲线呈对称。令翅片表面的平均温度为 T_m，则二次换热面上的传热量为

$$Q_2 = \alpha F_b (T_m - T_f) \tag{6-12}$$

由于 $T_m < T_w$，为了便于处理，把二次换热面上的传热温差以翅根和流体间的温差 $(T_w - T_f)$ 乘以系数 η_f 来表示，即

$$Q_2 = \eta_f \alpha F_b (T_w - T_f) \tag{6-13}$$

式中　η_f——翅片效率，它表示由于翅片热阻而引起的温差损失，即 $\eta_f = (T_m - T_f)/(T_w - T_f)$，其值与翅片几何尺寸、翅片的热导率和流体的传热系数有关。

板翅式换热器的传热量是一次换热面和二次换热面上传热量的总和，即

$$Q = Q_1 + Q_2 = \alpha F_a (t_w - t_f) + \alpha F_b (t_w - t_f) \eta_f \tag{6-14}$$

为计算方便，令一次换热面和二次换热面的总和为 F_0，即 $F_0 = F_a + F_b$，则

$$Q = \alpha F_0 (t_w - t_f) \eta_0 \tag{6-15}$$

式中　η_0——表面效率。

显然，η_0 和 η_f 间的关系为

$$\eta_0 = \frac{F_a + F_b \eta_f}{F_0} = 1 - \frac{F_b}{F_0}(1 - \eta_f) \tag{6-16}$$

η_0 值始终比 η_f 要大，在工程计算中为方便和安全起见，常取 $\eta_0 = \eta_f$。

通过对热、冷流道的分析，可得

热流体通道的传热方程

$$Q_1 = \alpha_1 F_{01} \eta_{01} (t_{f1} - t_w) = \alpha_1 F_{01} (t_{f1} - t_{m1}) \tag{6-17}$$

冷流体通道的传热方程

$$Q_2 = \alpha_2 F_{02} \eta_{02} (t_w - t_{f2}) = \alpha_2 F_{02} (t_{m2} - t_{f2}) \tag{6-18}$$

在稳定传热的情况下，有 $Q = Q_1 = Q_2$，即

$$Q = \frac{(t_{f1} - t_{f2}) - (t_{m1} - t_{m2})}{\dfrac{1}{\alpha_1 F_{01}} + \dfrac{1}{\alpha_2 F_{02}}} = \frac{t_{f1} - t_{f2}}{\dfrac{1}{\alpha_1 F_{01} \eta_{01}} + \dfrac{1}{\alpha_2 F_{02} \eta_{02}}} \tag{6-19}$$

假定热、冷通道翅片的几何参数相同，翅片材料相同，并且 $\alpha_1 = \alpha_2$，则 $\alpha_1 F_{01} = \alpha_2 F_{02}$，$\eta_{01} = \eta_{02} = \eta$，上式可简化成

$$\frac{t_{m1} - t_{m2}}{t_{f1} - t_{f2}} = 1 - \eta = 1 - \frac{\tanh \frac{mH}{2}}{\frac{mH}{2}} \tag{6-20}$$

式中 t_{m1}、t_{m2}——热、冷流道中的翅片平均温度；

  t_{f1}、t_{f2}——热、冷流体温度。

式（6-20）左边代表热阻使温差减小的相对值。

国产标准翅片的结构参数见表 6-2。

表 6-2   国产标准翅片的结构参数

翅片型式	翅高 h_f (mm)	翅厚 δ_f (mm)	翅距 s_f (mm)	通道截面积 A_i(m²)	传热面积 F_i (m²)	当量直径 d_e (mm)	二次表面所占的面积比例 F_b/F
平直形	9.5	0.2	1.7	0.00821	12.7	2.58	0.861
	6.5	0.3	2.1	0.00531	7.61	2.79	0.775
	4.7	0.3	2.0	0.00374	6.1	2.45	0.772
锯齿形	9.5	0.2	1.7	0.00821	12.7	2.58	0.861
	6.5	0.3	2.1	0.00531	7.61	2.79	0.775
	4.7	0.3	2.0	0.00374	6.1	2.45	0.722
	3.2	0.3	3.5	0.00265	3.49	3.04	0.476
打孔形	6.5	0.3	2.1	0.00531	7.61	2.79	0.775
	4.7	0.3	2.0	0.00374	5.6	2.45	0.696
	3.2	0.3	3.5	0.00265	3.3	3.04	0.445

总传热系数 K 可由传热方程求出，以热通道面积或冷通道面积为计算基准，有

$$Q = K_1 F_{01} \Delta t = K_2 F_{02} \Delta t \tag{6-21}$$

$\Delta t = t_{f1} - t_{f2}$ 为冷热流体温差；将式（6-19）代入，略去壁面热阻后的传热系数 K_1 和 K_2 分别为

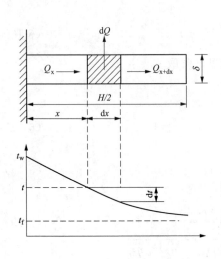

图 6-36   翅片传热分析

$$K_1 = \frac{1}{\frac{1}{\alpha_1 \eta_{01}} + \frac{F_{01}}{\alpha_2 F_{02} \eta_{02}}} \tag{6-22}$$

$$K_2 = \frac{1}{\frac{1}{\alpha_2 \eta_{02}} + \frac{F_{02}}{\alpha_1 F_{01} \eta_{01}}} \tag{6-23}$$

2. 翅片效率

由图 6-35 可知，翅片上的温度是以翅高的一半（$H/2$）处为中心呈对称分布的，对称面上温度梯度为零，无热量传导。因此，只分析从翅根到翅高的 1/2 的处的翅片上的温度分布及传热即可。作长为 dx、宽为 L、厚为 δ 的翅片微元体上的热平衡；翅片传热分析如图 6-36 所示。

从微元体左边传入的热量为

$$Q_x = -\lambda \frac{\mathrm{d}t}{\mathrm{d}x} L\delta \tag{6-24}$$

从微元体右边传出的热量为

$$Q_{x+\mathrm{d}x} = -\lambda \frac{\mathrm{d}}{\mathrm{d}x}\left(t + \frac{\mathrm{d}t}{\mathrm{d}x}\right)L\delta = -\lambda\left(\frac{\mathrm{d}t}{\mathrm{d}x} + \frac{\mathrm{d}^2 t}{\mathrm{d}x^2}\right)L\delta \tag{6-25}$$

从微元体周围以对流方式传给流体的热量为

$$\mathrm{d}Q = \alpha(t - t_\mathrm{f})2L\,\mathrm{d}x \tag{6-26}$$

按热量守恒，有

$$Q_x = Q_{x+\mathrm{d}x} + \mathrm{d}Q \tag{6-27}$$

将以上诸式代入式（6-27），得

$$\frac{\mathrm{d}^2 t}{\mathrm{d}x^2} = \frac{2\alpha}{\lambda\delta}(t - t_\mathrm{f}) \tag{6-28}$$

令 $t - t_\mathrm{f} = \theta$，$2\alpha/\lambda\delta = m^2$，上式可化简为

$$\frac{\mathrm{d}^2\theta}{\mathrm{d}x^2} = m^2\theta \tag{6-29}$$

求解上式，得

$$\theta = c_1 e^{mx} + c_2 e^{-mx} \tag{6-30}$$

代入边界条件：（1）$x = 0$ 时，$t = t_\mathrm{w}$；（2）$x = H/2$，$(\mathrm{d}\theta/\mathrm{d}x)_{x=H/2} = 0$，得

$$c_1 + c_2 = t_\mathrm{w} - t_\mathrm{f} = \theta_1 \tag{6-31}$$

$$c_1 m e^{m\frac{H}{2}} - c_2 m e^{-m\frac{H}{2}} = 0 \tag{6-32}$$

解出 c_1 和 c_2，得

$$c_1 = \frac{\theta_1}{1 + e^{mH}}, \quad c_2 = \frac{\theta_1 e^{mH}}{1 + e^{mH}} \tag{6-33}$$

代入式（6-30），得

$$\theta = \theta_1 \frac{e^{-m\left(\frac{H}{2}-x\right)} + e^{m\left(\frac{H}{2}-x\right)}}{e^{-\frac{mH}{2}} + e^{\frac{mH}{2}}} = \theta_1 \frac{\cosh m\left(\dfrac{H}{2} - x\right)}{\cosh \dfrac{mH}{2}} \tag{6-34}$$

式（6-34）为翅片上沿翅高温度分布的规律，它呈双曲余弦函数形式。

翅片传给冷流体的热量，应等于翅根上从平隔板以传导方式传给翅片的热量，即

$$Q = -\lambda\delta L\left(\frac{\mathrm{d}t}{\mathrm{d}x}\right)_{x=0} = -\lambda\delta L\left(\frac{\mathrm{d}\theta}{\mathrm{d}x}\right)_{x=0}$$

$$= -\lambda\delta L \frac{\theta_1}{\cosh\dfrac{mH}{2}} \times \frac{\mathrm{d}}{\mathrm{d}x}\left[\cosh m\left(\frac{H}{2} - x\right)\right]_{x=0} = \lambda L\delta m\theta_1 \tanh\frac{mH}{2} \tag{6-35}$$

令 $\alpha\delta/\lambda = Bi$，其中 λ 为翅片材料的热导率，α 为流体对翅片壁的传热系数，则 $m = (2\alpha/\lambda\delta)^{1/2} = (2Bi)^{1/2}/\delta$，代入式（6-35），得

$$Q = \alpha L H \theta_1 \frac{\tanh\sqrt{2Bi} \cdot \dfrac{H}{2\delta}}{\sqrt{2Bi} \cdot \dfrac{H}{2\delta}} = \alpha F_\mathrm{f}\theta_1 \eta_\mathrm{f} = \alpha F_\mathrm{f}(t_\mathrm{w} - t_\mathrm{f})\eta_\mathrm{f} \tag{6-36}$$

式中，$F_\mathrm{f}=LH=LH/2\times2$，即翅高为 $H/2$，宽为 L 的翅片两个传热面积，则翅片效率为

$$\eta_\mathrm{f}=\frac{\tanh\sqrt{2Bi}\cdot\dfrac{H}{2\delta}}{\sqrt{2Bi}\cdot\dfrac{H}{2\delta}}=\frac{\tanh\dfrac{mH}{2}}{\dfrac{mH}{2}} \tag{6-37}$$

令 $H/2=b$，则

$$\eta_\mathrm{f}=\frac{\tanh mb}{mb} \tag{6-38}$$

当翅片效率 $\eta_\mathrm{f}>0.75$ 时，可用简化式求 η_f，即可将 $\tanh\cdot mH/2$ 展开，得

$$\tanh m\frac{H}{2}=m\frac{H}{2}-\frac{1}{3}\left(m\frac{H}{2}\right)^3+\frac{2}{15}\left(m\frac{H}{2}\right)^5-\frac{17}{315}\left(m\frac{H}{2}\right)^7+\cdots \tag{6-39}$$

将上式各项除以 $mH/2$，并略去大于 3 次方的以后各项，得

$$\eta_\mathrm{f}=\frac{\tanh m\dfrac{H}{2}}{m\dfrac{H}{2}}=1-\frac{\dfrac{1}{3}\left(m\dfrac{H}{2}\right)^3}{m\dfrac{H}{2}}$$

$$=1-\frac{1}{3}\left(m\frac{H}{2}\right)^2\times\frac{1+\dfrac{1}{3}\left(m\dfrac{H}{2}\right)^2}{1+\dfrac{1}{3}\left(m\dfrac{H}{2}\right)^2}=\frac{1-\dfrac{1}{9}\left(m\dfrac{H}{2}\right)^4}{1+\dfrac{1}{3}\left(m\dfrac{H}{2}\right)^2}=\frac{1}{1+\dfrac{1}{3}\left(m\dfrac{H}{2}\right)^2} \tag{6-40}$$

应用式（6-40）就可很快地计算出翅片效率。

翅片效率的物理意义表示翅片的热阻对换热的影响：

（1）翅片材料的影响。翅片材料的热导率越大，翅片效率越高，翅片的平均温度越接近于翅根温度 t_w。目前制造板翅式换热器的材料主要用铝及其合金。铝的导热性能较好，且有良好的延展性和一定的抗拉强度，兼有质量轻、来源方便等优点，所以是板翅式换热器的良好材料。

（2）翅片几何尺寸的影响。翅片高度 H 越小，厚度 δ 越大，则翅片效率越高。流体的传热系数 α 越小，翅片上的平均温度与翅根温度 t_w 越接近。因此，对于传热系数较大的翅片流道，宜采用低而厚的翅；对于传热系数较小的流道，则宜采用高而薄的翅，以增加换热面来弥补传热系数小的不足。

在通常的板翅式换热器中，热、冷流道大多采用交替排列，即热、冷流道的通道数是相等的，称之为单迭布置。当两股流体的传热系数相差悬殊时，有时采用增加传热系数较小的一股流体的流道数目，这时就会出现热—冷—冷—热，或冷—热—热—冷等的复迭流道布置情况，这相当于翅高增大了 1 倍，翅片效率要用来计算。单迭布置时的翅片效率比复迭布置时要高。

$$\eta_\mathrm{f}=\frac{\tanh\sqrt{2Bi}\cdot\dfrac{H}{\delta}}{\sqrt{2Bi}\cdot\dfrac{H}{\delta}} \tag{6-41}$$

（3）翅片效率对翅片平均温差的影响。图 6-37 是以 $(t_{m1}-t_{m2})/(t_{f1}-t_{f2})$ 为纵坐标，以 mH 为横坐标，按式（6-20）所得的曲线。由图 6-37 可知，当 mH 值很小时，温差的减小 $(t_{m1}-t_{m2})$ 值也很小；当 mH 值较大时，$(t_{m1}-t_{m2})$ 增长的很快。例如，当 $mH=3.8$，$(t_{m1}-t_{m2})$ 为 $(t_{f1}-t_{f2})$ 值的一半，即由于翅片热阻，温差减小达流体温差的一半。由此可见，采用高翅的翅片能使二次换热面增加，强化换热，但随着翅片高度的增加，翅片效率要降低，或温差损失要增大。图 6-37 所示，建议取 $mH \leqslant (0.8 \sim 1.0)$，在这种情况下，温差损失不大于 $3\% \sim 5\%$。

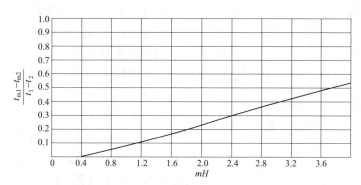

图 6-37　温差相对变化与 mH 的关系

6.5.3　板翅式换热器的传热系数和流体阻力计算

翅片的几何参数影响换热器的传热性能和流体阻力。

1. 传热系数和流体阻力系数

流体在板翅式换热器通道中作强制对流时，它的传热情况与流体在小管道中作强制对流时十分相似，也应具有 $Nu = f(Re, Pr)$ 的函数形式，其中

$$Nu = \frac{\alpha d_e}{\lambda}, \quad Re = \frac{d_e u \rho}{\mu} \tag{6-42}$$

式中　d_e——当量直径；

　　　μ——动力黏度；

　　　λ——导热系数；

　　　u——流速；

　　　ρ——密度。

在习惯上，传热系数 α 通过柯尔本传热因子 J 来求得：

$$J = St \cdot Pr^{2/3} = \phi(Re) \tag{6-43}$$

式中

$$St = \frac{Nu}{Re \cdot Pr} = \frac{\alpha d_e}{\lambda} \Big/ \left(\frac{d_e u \rho}{\mu} \cdot \frac{c_p \mu}{\lambda} \right) = \frac{\alpha}{u \rho c_p} \tag{6-44}$$

式中　c_p——比定压热容。

板翅式换热器的流体阻力可用下式计算：

$$\frac{\Delta p}{\rho} = 4f \frac{L}{d_e} \cdot \frac{u^2}{2} = f \frac{F_i}{A_i} \cdot \frac{u^2}{2} \tag{6-45}$$

式中　f——范宁摩擦因子。

而

$$\frac{F_i}{A_i}=\frac{2(x+y)LW}{P}\Big/\frac{xyW}{P}=\frac{2(x+y)L}{xy}=\frac{4L}{d_e} \tag{6-46}$$

传热因子和摩擦因子都只是流体流动雷诺数的函数，对给定的翅片形式，可将 J 和 f 与 Re 的关系表示在同一图上。

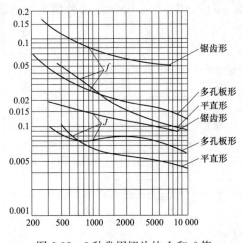

图 6-38 3种常用翅片的 J 和 f 值

2. 传热因子和摩擦因子的实验值

图 6-38 是 3 种常用翅片的 J 和 f 值。实验数据表明，即使属于同种类型的翅片，几何尺寸的不同能影响 J 和 f 的数值。凯斯和伦敦收集了 56 种板翅式换热器的 J 因子和 f 因子对 Re 的关系，并作成数表和图线可供查阅。摩擦因子与 Re 的关系，通常以曲线的形式由制造厂商提供。

板翅式换热器中，关于液体沸腾和蒸汽冷凝的传热系数方面的工作做得很少。液体沸腾时，由于翅片通道小，单位体积的受热面大，两相流的速度大，属于强制对流沸腾换热，目前多按管内沸腾的有关关联式来计算。蒸汽冷凝时，同样由于单位体积的受热面大，冷凝强度大，蒸汽流冲刷着液膜，对液膜产生剪应力，冷凝换热可比大空间冷凝时要好。在没有资料可以借鉴时，沸腾换热表面传热系数可在 $3000W/(m^2 \cdot K) \sim 4000W/(m^2 \cdot K)$ 间选取。在空气分离设备中，板翅式冷凝蒸发器的传热系数 K 值在 $800W/(m^2 \cdot K)$ 左右。

6.6 管式换热器计算

换热器的计算大体上可分为两种情况：一种情况是两种传热介质的流量及进出口温度已经给定，要求计算换热器的传热面积及结构尺寸，这就是设计计算；另一种情况是在现有的换热器中两种介质的流量及进口温度给定而要求计算它们的出口温度，或者其中一种介质的流量及温度给定而要求计算另一种介质的流量及出口温度（其进口温度也已给定），这类计算称为变工况计算。无论在哪一种计算中，计算内容均包括：①传热计算，确定传热系数、传热面积或流体的进出口温度；②流体动力计算，确定结构尺寸及强度校核计算。在这些计算内容中，主要的是传热计算及流体动力计算，结构计算往往是与传热和流动计算交织在一起同时进行的，且随换热器的结构型式而有所不同。下面着重介绍传热计算及流体动力计算所使用的方法。

6.6.1 管式换热器的传热计算

管式换热器的计算可以用不同的方法，其中最基本的是按传热方程进行计算。

1. 按传热方程计算

换热器的传热量可表示为

$$Q=kF\theta_m \tag{6-47}$$

式中 k、F、θ_m——换热器的传热系数、传热面积及平均传热温差。

式（6-3）称为换热器的传热方程。用传热方程进行换热器的计算时，必须依据给定的条件首先计算出三个量，才能按式（6-47）计算第四个量。

传热量 Q 即是任一个传热介质进出口的焓差（或比热容与温差的乘积），传热面积 F 可按换热器的结构尺寸去计算，这两个量是易于求得的。平均传热温差 θ_m 的计算与换热器的型式有关。对于顺流式及逆流式换热器，一般应采用对数平均温差；当冷、热端部温差相近时也可采用算术平均温差。对于交叉流及混合流形式的换热器，通常是按逆流计算对数平均温差，然后再按辅助量予以修正；但当温差较小时（例如在制冷机的换热器中）也可不予修正。对于低温装置用的换热器，当介质的比热容随温度的变化较大时，则需采用积分平均温差。比较困难的是传热系数 k 的计算，它不仅与传热管的型式有关，还随传热面的结构形式有关，故需按光管及翅片管分别予以说明。

（1）光管对于光管换热器，可以按内表面计算，也可以按外表面计算，因而其传热方程可表示为

$$Q = k_i F_i \theta_m = k_o F_o \theta_m \tag{6-48}$$

其中下角标 i 和 o 表示管内侧和管外侧。由此可看出 k_i 与 k_o 之间的关系是

$$k_i = k_o \frac{F_o}{F_i} = k_o \times \frac{f_o}{f_i} = k_o \frac{d_o}{d_i} \tag{6-49}$$

式中　f——时单位长度表面积；

　　　d——管径。

而根据传热学的理论，传热系数可按下式计算：

$$k_i = \frac{1}{\dfrac{1}{\alpha_i} + r_i + \dfrac{\delta}{\lambda} \dfrac{f_i}{f_m} + \left(r_o + \dfrac{1}{\alpha_o}\right) \dfrac{f_i}{f_o}} \tag{6-50}$$

$$k_o = \frac{1}{\left(\dfrac{1}{\alpha_i} + r_i\right) \dfrac{f_o}{f_i} - \dfrac{\delta}{\lambda} \dfrac{f_o}{f_m} + r_o + \dfrac{1}{\alpha_o}} \tag{6-51}$$

式中　f_m——是管壁的平均表面积；

　　　r_i、r_o——管壁内外侧的污垢系数；

　　　δ、λ——管壁的厚度及导热系数。

对于铜管，管壁的热阻 δ/λ 值较小，一般可以略去不计。污垢主要是指水垢和油膜，污垢系数的经验值见表 6-3。对于气体及低温液体，污垢系数的值相对较小，通常可忽略不计。

表 6-3　　　　　　　　　　污垢系数的经验值

部位及介质	污垢系数（m² · K/W）
氨冷凝器氨侧	0.43×10^{-3}
氨蒸发器氨侧	0.60×10^{-3}
氟利昂（铜管）	0.05×10^{-3}
冷却水（钢管）	0.10×10^{-3}
冷却水（铜管）	0.07×10^{-3}
盐水、海水	0.17×10^{-3}
冷媒水、水蒸气	0.05×10^{-3}

在按式（6-50）或式（6-51）计算传热系数时，传热介质的放热系数有时是与管子表面温度 t_w 或单位面积热流量 q 有关，此时 α 及 k 都不能直接算出，因而传热方程式（6-48）也就不能直接求解。在这种情况下就得用试凑法或图解法进行计算。应用图解法按外表面进行计算（按外表面还是按内表面进行计算，以计算的方便性而定）时，是将管壁外表面温度 t_{wo} 作为参变数而将传热方程分解成如下的两个计算式：

$$q_o = \frac{Q}{F_o} = \alpha_o \theta_o \tag{6-52}$$

$$q_o = \frac{\theta_m - \theta_o}{\left(\dfrac{1}{\alpha_i} + r_i\right)\dfrac{f_o}{f_i} + \dfrac{\delta}{\lambda}\dfrac{f_o}{f_m} + r_o} \tag{6-53}$$

θ_o 是管外放热过程的传热温差，即管外介质的平均温度与管壁外表面温度之差。用图解法解这一方程组时，是以 q_o 为纵坐标、以温度 t 为横坐标、以 t_{wo} 为参变数画出两个方程曲线，曲线交点即给出所要求的 q_o 及 t_{wo}，这样的图称为 q-t 图，换热器的 q-t 图如图 6-39 所示。

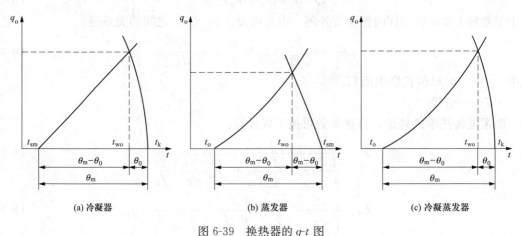

(a) 冷凝器　　　　　　　　(b) 蒸发器　　　　　　　　(c) 冷凝蒸发器

图 6-39　换热器的 q-t 图

（2）翅片管。对于外翅片管，可以将其简化成直径为 d_b 的光管后仍然应用式（6-48）～式（6-51）进行计算，不过此时 f_o 应是去掉翅片后的光管外表面积（F_o 也一样）。

$$f_o = \pi d_b \tag{6-54}$$

$$\alpha_o = \alpha_{of}\frac{f_b + f_f \eta_f}{f_o} = \alpha_{of}\eta_s\frac{f_t}{f_o} \tag{6-55}$$

$$\frac{1}{r_o} = \frac{1}{r_{of}}\frac{f_b + f_f \eta_f}{f_o} = \frac{1}{r_{of}}\eta_s\frac{f_t}{f_o} \tag{6-56}$$

式中　α_o、r_o——管外的折合放热系数及折合污垢系数；

　　　　f——翅片管相关参数；

　α_{of}、r_{of}——翅片管外表面的放热系数及污垢系数；

　　　　f_b——单位长度翅片管一次传热面积；

　　　　f_f——单位长度翅片管二次传热面积；

　　　　η_f——翅片效率；

　　　　η_s——翅片表面效率（可参见 6.3.1 节翅片管表面传热过程的分析）。

但通常总是按翅片管的总外表面积 $F_t = F_b + F_f$ 来计算其传热系数 k_{of}，亦即

$$Q = k_{of} F_t \theta_m \tag{6-57}$$

比较式（6-48）及式（6-57）不难看出

$$k_{of} = k_o \times \frac{F_o}{F_t} = k_o \frac{f_o}{f_t} \tag{6-58}$$

将式（6-51）～式（6-53）代入上式即可得到

$$k_{of} = \frac{1}{\left(\dfrac{1}{\alpha_i} + r_i\right)\dfrac{f_t}{f_i} + \dfrac{\delta}{\lambda}\dfrac{f_t}{f_m} + \dfrac{1}{\eta_s}\left(r_{of} + \dfrac{1}{\alpha_{of}}\right)} \tag{6-59}$$

式（6-59）是计算外翅片管传热系数的常用公式。需要注意的是：式（6-59）中的 f_m 是去掉翅片后管内外表面的平均表面积，它与翅片的型式及尺寸无关。比较式（6-59）及式（6-51）可知，外翅片管的传热系数计算公式与光管是相似的，只是对于翅片管应用其总外表面积 f_t，并将管外的放热热阻和污垢热阻增大到 $1/\eta_s$ 倍。

对于内翅片管，当按外表面进行传热计算时，用同样的方法可以推导出传热系数的计算式为

$$k_{of} = \frac{1}{\dfrac{1}{n_s}\left(\dfrac{1}{\alpha_{if}} + r_{if}\right)\dfrac{f_o}{f_t} + \dfrac{\delta}{\lambda}\dfrac{f_o}{f_m} + r_o + \dfrac{1}{\alpha_o}} \tag{6-60}$$

式中　f_t——管内带翅表面的总面积；

α_{if}、r_{if}——管内带翅表面的放热系数及污垢系数。

对于翅片管式换热器，当介质的放热系数不能直接算出时，也需用试凑法或图解法求解。所使用的方法与光管换热器一样，只是为了计算翅片参数及表面效率需预先假定放热系数，故用试凑法比较方便。

2. 按效率-传热单元数法计算

换热器的传热量也可按两种流体的温度变化计算

$$Q = q_{m_1} c_{p1}(t_{i1} - t_{o1}) = C_1(t_{i1} - t_{o1}) \tag{6-61}$$

$$Q = q_{m_2} c_{p2}(t_{o2} - t_{i2}) = C_2(t_{o2} - t_{i2}) \tag{6-62}$$

式中　t_{i1}、t_{o1}、t_{i2}、t_{o2}——热流体及冷流体的进、出口温度；

q_m、c_p——流体的质量流量和比定压热容；

C_1、C_2——热、冷流体的热容量，通常称之为水当量。

在 C_1、C_2 中，将较小者记作 C_{min}，将较大者记作 C_{max}（例如当 $C_1 > C_2$ 时，$C_1 = C_{max}$，$C_2 = C_{min}$）。在最理想的情况下，换热器能使水当量较小的流体从 t_{i1} 冷却到 t_{i2}（当 $C_1 = C_{min}$ 时），或从 t_{i2} 加热到 t_{i2}（当 $C_2 = C_{min}$ 时）。此时换热器的传热量达最大值

$$Q_{max} = C_{min}(t_{i1} - t_{i2}) \tag{6-63}$$

由上述两式可得出换热器的效率的定义如下

$$\eta_{he} = \frac{Q}{Q_{max}} = \frac{c_1(t_{i1} - t_{o1})}{C_{min}(t_{i1} - t_{i2})} = \frac{C_2(t_{o2} - t_{i2})}{C_{min}(t_{i1} - t_2)} \tag{6-64}$$

由换热器的传热方程及效率的概念可知

$$Q = kF\theta_m = C_{min}(t_{i1} - t_{i2})\eta_{he} \tag{6-65}$$

由此式可导出一个无因次量

$$N_{tu} = \frac{kF}{C_{min}} = \frac{t_{i1} - t_{i2}}{\theta_m} \eta_{he} \tag{6-66}$$

N_{tu} 称为传热单元数，它是换热器的另一个性能指标。在一般情况下总希望换热器的 N_{tu} 具有比较大的数值。

换热器的效率与传热单元数之间存在有确定的关系，这一关系随换热器的型式及水当量比 $\zeta_t = C_{min}/C_{max}$ 而变化，可用数学方法推导出来。下面对逆流式换热器来推导这一关系。在图 6-40 中示出沿换热器长度（$F = AL$）两种流体的温度变化情况，对于其中传热面积为 dF 的一个小段，可以写出如下的热量计算式：

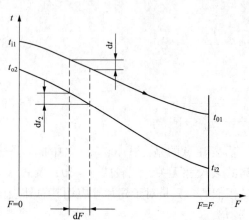

图 6-40　沿换热器长度（$F = AL$）两种流体的温度变化情况

$$dQ = -C_1 dt_1 = -C_2 dt_2 \tag{6-67}$$

及

$$dQ = k(t_1 - t_2) dF \tag{6-68}$$

由式（6-67）得

$$\frac{dQ}{C_1} = -dt_1 \tag{6-69}$$

$$\frac{dQ}{C_2} = -dt_2 \tag{6-70}$$

故

$$d(t_1 - t_2) = \left(\frac{1}{C_2} - \frac{1}{C_1} \right) dQ = \left(\frac{1}{C_2} - \frac{1}{C_2} \right) k(t_1 - t_2) dF \tag{6-71}$$

$$\frac{d(t_1 - t_2)}{t_1 - t_2} = \left(\frac{1}{C_2} - \frac{1}{C_1} \right) k \, dF \tag{6-72}$$

由图 6-40 可知：

当 $F = 0$ 时 $t_1 - t_2 = t_{i1} - t_{o2}$ （热端）

当 $F = F$ 时 $t_1 - t_2 = t_{o1} - t_{i2}$ （冷端）

并假定 k 为定值，按上述界限对上式积分可得

$$\ln \frac{t_{o1} - t_{i2}}{t_{i2} - t_{o2}} = \left(\frac{1}{C_2} - \frac{1}{C_1} \right) kF \tag{6-73}$$

为了用式（6-73）求 η_{he} 与 N_{tu} 之间的关系，等号左边的温差比可改写成如下的形式：

$$\frac{t_{o1} - t_{i2}}{t_{i1} - t_{o2}} = \frac{(t_{i1} - t_{i2}) - (t_{i1} - t_{o1})}{(t_{i1} - t_{i2}) - (t_{o2} - t_{i2})} = \frac{1 - (t_{i1} - t_{o1})/(t_{i1} - t_{i2})}{1 - (t_{o2} - t_{i2})/(t_{i1} - t_{i2})} \tag{6-74}$$

下面分为两种情况来进行分析。第一种情况，若 $C_2 > C_1$，$C_1 = C_{min}$，$\zeta_c = C_1/C_2$，同时取 $\eta_{he} = (t_{i1} - t_{o1})/(t_{i1} - t_{i2})$，则

$$\frac{t_{o1} - t_{i2}}{t_{i1} - t_{o2}} = \frac{1 - \eta_{he}}{1 - \dfrac{t_{i1} - t_{o1}}{t_{i1} - t_{i2}} \times \dfrac{t_{o2} - t_{i2}}{t_{i1} - t_{o1}}} = \frac{1 - \eta_{he}}{1 - \eta_{he} \times \dfrac{C_1}{C_2}} = \frac{1 - \eta_{he}}{1 - \zeta_c \eta_{he}} \tag{6-75}$$

$$\left(\frac{1}{C_2} - \frac{1}{C_1} \right) kF = \frac{kF}{C_1} \left(\frac{C_1}{C_2} - 1 \right) = -N_{tu}(1 - \zeta_c) \tag{6-76}$$

将所得结果代入式（6-73）得

$$\frac{1-\eta_{he}}{1-\zeta_c\eta_{he}}=e^{-N_{tu}(1-\zeta_c)} \tag{6-77}$$

经整理后，可将换热器的效率表示为

$$\eta_{he}=\frac{1-e^{-N_{tu}(1-\zeta_c)}}{1-\zeta_c e^{-N_{tu}(1-\zeta_c)}} \tag{6-78}$$

第二种情况，若 $C_1>C_2$，$C_2=C_{min}$，$\zeta_c=C_2/C_1$，同时取 $\eta_{he}=(t_{o2}-t_{i2})/(t_{i1}-t_{i2})$，则

$$\frac{t_{o1}-t_{i2}}{t_{i1}-t_{o2}}=\frac{1-\zeta_c\eta_{he}}{1-\eta_{he}} \tag{6-79}$$

$$\left(\frac{1}{C_2}-\frac{1}{C_1}\right)kF=N_{tu}(1-\zeta_c) \tag{6-80}$$

代入式（6-73）经整理后结果与式（6-78）完全相同。因而，式（6-78）对于两种情况都是适用的。

对于其他形式的换热器，也可用数学方法推导出与式（6-78）类似的关系式。

用效率-传热单元数法进行换热器的计算时，一般有两种情况：①流体的流量及温度以及传热系数已给定，要求传热面积 F，此时可根据给定条件先算出 ζ_c 及 η_{he}，再由曲线图查得 N_{tu}，即可计算 $F=C_{min}N_{tu}/k$；②流体的流量和进口温度以及 k、F 均已给定，要求出口温度，此时可根据给定条件先计算出 ζ_c 及 N_{tu}，再由曲线图查得 η_{he}，即可进一步确定 t_{o1} 及 t_{o2}。

3. 按最大温差计算

按换热器的最大温差 $\Delta=t_{i1}-t_{i2}$ 进行计算，计算公式如下：

$$Q=\frac{\Delta}{\dfrac{a}{C_{max}}+\dfrac{b}{C_{min}}+\dfrac{c}{kF}} \tag{6-81}$$

或

$$F=\frac{Q}{k(\Delta-a\Delta t_a-b\Delta t_b)} \tag{6-82}$$

其中

$$\Delta t_a=Q/C_{max},\Delta t_b=Q/C_{min} \tag{6-83}$$

这两个公式是按算术平均温差推导出来的，为了减小采用算术平均温差所引起的误差，式中引入了 a、b 两个校正常数。对于不同型式的换热器，常数 a、b 的数值见表 6-4。

表 6-4　　　　　　　　　　　　　常数 a、b 的数值

换热器中流体流动方式	a	b
逆流	0.35	0.65
不混合的交叉流，单侧混合的两次交叉逆流	0.45	0.65
单侧混合的交叉流	0.50	0.65
两侧混合的交叉流，单侧混合的两次交叉流	0.55	0.65
顺流	0.65	0.65

式（6-22）及式（6-23）的优点是比较简单，使用方便。其缺点是误差较大，达 6%～7%，故不宜用于要求较高的计算中。

当换热器的一侧为相变过程时，则 $a=0$，于是可得

$$\theta = \frac{\Delta}{\dfrac{b}{c} + \dfrac{1}{kF}} = \frac{\Delta}{\dfrac{0.65}{C} + \dfrac{1}{RF}} \tag{6-84}$$

式中　C——非相变侧的水当量。

当两侧均为相变过程（在冷凝蒸发器中）时，$a=0$，$b=0$，故

$$\theta = kF\Delta \tag{6-85}$$

4. 三种计算方法的比较

上面共介绍了三种计算方法。按传热方程计算和按效率-传热单元计算其基础是一致的，只是对平均传热温差采用不同的修正方法。例如当采用对数平均温差时，前一种方法是用下述两个无因次量进行修正：

$$P = \frac{t_{o2} - t_{i2}}{t_{i1} - t_{i2}} \tag{6-86}$$

$$R = \frac{t_{i1} - t_{o1}}{t_{o2} - t_{i2}} \tag{6-87}$$

而效率-传热单元数法是用 η_{he} 和 N_{tu} 两个无因次量修正。因此按这两种方法计算结果的精确度是一样的，但用后一种方法计算比较简单一些。而按最大温差计算最为简单，但精确度也最差。

按效率-传热单元数法计算及按最大温差计算要有一个条件，就是其传热系数需能直接算出，或者经与同类换热器相比较可以预先确定。对于放热系数与传热温差有关或与单位热流量有关的换热器，传热系数不能直接算出，这种情况下只能按传热方程进行计算。

6.6.2　管式换热器的流体动力计算

1. 计算流动阻力的一般方法

液体以及气体介质（对于气体，当 $\mathrm{Ma} \leqslant 0.2$ 时）流经换热器时的流动阻力（即所需要的压头）可以表示为（在以下的计算中流动阻力的单位均用 Pa）：

$$\Delta p = \sum \Delta p_{m} + \sum \Delta p_{e} + \sum \Delta p_{a} + \sum \Delta p_{s} \tag{6-88}$$

其中等号右边的各项分别表示沿程摩擦阻力、局部阻力、流体加速阻力及流体静液柱阻力。

沿程摩擦阻力是指流体沿管道或其他槽道的轴线流动时的摩擦阻力。沿程摩擦阻力与通道的长度成正比，即

$$\Delta p_{m} = \xi \frac{1}{d_{e}} \frac{\rho_{m} w^{2}}{2} = \frac{1}{2} G^{2} v_{m} \xi \frac{l}{d_{e}} \tag{6-89}$$

式中　l、d_{e}——通道的长度和当量直径；

　　　G——流量密度；

　　　v_{m}——平均比体积；

　　　ξ——沿程阻力系数，ξ 的计算公式可在一般的流体力学书中找到。

局部阻力是指流体流经管接头、端盖、管板、隔板、喷嘴、扩散器、阀门及其他管件时的压力损失，通常是用下式计算：

$$\Delta p_{e} = \xi \frac{\rho w^{2}}{2} = \frac{1}{2} \xi G^{2} v \tag{6-90}$$

式中　ξ——局部阻力系数，其数值可在有关的资料手册中找到。

流体横向流过管束（光管束或翅片管束）时的流动阻力也按式（6-90）计算，其局部阻力系数可在专门文献中找到。

在换热器中最常碰到的情况是流体流入管束和由管束流出，即图 6-41 中截面 1—1 和截面 2—2 上的流动情况。在这种情况下不仅局部摩擦阻力会引起压力的损失，而且流速的改变（因通道面积改变）也会使压力改变。后一种压力变化的情形是：流速增大时压力降低，流速减小时压力回升，这种变化完全是可逆的。

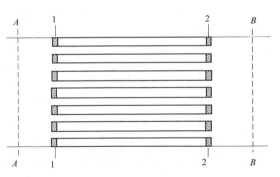

图 6-41　换热器中流体流动过程示意

流体流入管束和从管束流出时的流动阻力，可分别按下式计算：

$$\Delta p_{1,i} = (1-\sigma^2)\frac{\rho_1 w_1^2}{2} + \xi_i \frac{\rho_1 w_1^2}{2} = \frac{1}{2}G^2 v_1(1-\sigma^2+\xi_i) \tag{6-91}$$

$$\Delta p_{1,o} = \frac{1}{2}G^2 v_2(\sigma^2-1+\xi_o) \tag{6-92}$$

式中　v_1、v_2——管道进口及出口处流体的比体积；

　　　σ——管束流通截面积与管外流通截面积之比；

　　ξ_i、ξ_o——因通道截面缩小及扩大而引起的阻力系数。ξ_i 及 ξ_o 数值的大小与管内流动的情况有关，其值如图 6-42 所示。

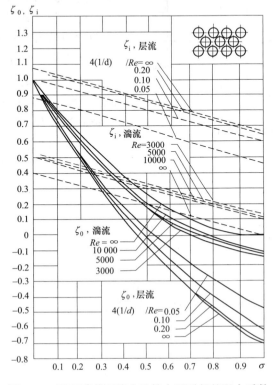

图 6-42　因通道截面缩小及扩大而引起的阻力系数

　　流体加速阻力是指在等截面通道内流体因受热（或被冷却）引起加速（或减速）而动量变化所造成的压力差

$$\Delta p_a = \rho_2 w_2^2 - \rho_1 w_1^2 = G^2(v_2 - v_1) \tag{6-93}$$

当流体被冷却时，$v_2 < v_1$，Δp_a 为负值，压力升高。对于液体，可认为 $v_2 = v_1$，故 $\Delta p_a = 0$。

　　液体静液柱阻力可按下式计算：

$$\Delta p_s = \pm \rho g h \tag{6-94}$$

式中　h——进出口之间的高度差，对于气体介质，因密度较小，这一阻力可以略去不计。

　　在进行换热器的阻力计算时，须分别将各部分的阻力计算出来，然后取其总和。例如，对于图 6-41 所示的换热器，略去两个端盖中的阻力（其值较小）后，总阻力为

$$\Delta p = \frac{1}{2}G^2 \left[(1 - \sigma^2 + \xi_i)v_1 + \frac{\xi l}{d_e}v_m + 2(v_2 - v_1) + (\sigma^2 - 1 + \xi_o)v_2 \right] \tag{6-95}$$

其中流体在管内的平均比体积可近似地取为

$$v_m = \frac{1}{2}(v_1 + v_2) \tag{6-96}$$

当为液体时，$v_m = v_1 = v_2$，于是式（6-95）可简化为

$$\Delta p = \frac{1}{2}G^2 v \left[\xi_i + \xi \frac{l}{d_e} + \xi_o \right] \tag{6-97}$$

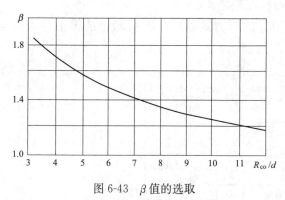

图 6-43　β 值的选取

2. 计算流动阻力的经验公式

　　这里介绍几个由实验建立的计算换热器中流体流动阻力的经验公式。

　　（1）绕管式换热器。气体在螺旋管内流动时的阻力比在相同长度的直管内流动时的阻力大，且阻力与螺旋半径的大小有关。螺旋管内的流动阻力通常是按直管的式（6-89）计算再乘以修正系数 β。β 的值与螺旋半径 R_{co} 及管径 d 的比值有关，β 值的选取如图 6-43 所示。

　　绕管式换热器外侧气体横向掠过时的阻力作为局部阻力处理，可按式（6-98）计算：

$$\Delta p = \xi n_{co} \times \frac{1}{2}\rho w^2 \tag{6-98}$$

其中 n_{co} 是螺旋管的圈数。阻力系数 ξ 随管型而变，对于光管

$$\xi = 0.53 Re^{-0.122} \tag{6-99}$$

对于滚轧翅片管

$$\xi = 10 Re^{-0.27} \tag{6-100}$$

其中，雷诺准则数对于光管及滚轧翅片管分别为

$$Re = \frac{w\rho d_o}{\mu}, \quad Re = \frac{w\rho d_b}{\mu} \tag{6-101}$$

　　在式（6-98）及式（6-101）中，对于光管 w 是指最窄截面处的流速，对于翅片管 w 是按有效流通截面 A_e 计算的流速，而有效流通截面是取为换热器的管隙容积（即换热器的空

腔容积减去翅片管所占的容积）与管层的轴向长度 l_∞ 的比值。

（2）壳管式冷凝器及蒸发器。对于卧式冷凝器及蒸发器，冷却水或液体载冷剂管内流动的总流动阻力可用下述经验公式来计算：

$$\Delta p = \frac{1}{2}\rho w^2 \left[\xi N \times \frac{l}{d_i} + 1.5(N+1) \right] \tag{6-102}$$

式中　w——冷却水或液体载冷剂在管内的流速；

　　　l——单根传热管的长度；

　　　N——流程数。

在管子外侧，无论冷凝或蒸发过程，都没有明确概念的流动，其阻力一般不作计算。

（3）干式蒸发器。在干式蒸发器中，管内是气液混合物的两项流动。当用光管时，流体在管内蒸发时的总阻力可用下式计算：

$$\Delta p = (2 \sim 5)\psi_R \Delta p''_m \tag{6-103}$$

其中 $\Delta p''_m$ 是管内全为饱和蒸汽单相流动时的沿程摩擦阻力，根据式（6-89）它可按下式计算：

$$\Delta p''_m = \frac{1}{2}G^2 v'' \times N\xi \frac{l}{d_i} \tag{6-104}$$

式中　l——每个流程中管子的长度；

　　　ψ_R——两相流动的阻力换算系数，其值与工质的种类及流量密度有关，对于 R22 其值在表 6-5 中给出。

式（6-104）中的摩擦阻力系数是按式（6-105）计算：

$$\xi = 0.316\,4/\sqrt[4]{Re''} \tag{6-105}$$

其中 Re'' 为饱和蒸汽单相流动时的雷诺准则数。

表 6-5　　　　　　　　　　R22 两相流动的阻力换算系数

$G\,[\text{kg}/(\text{m}^2 \cdot \text{s})]$	40	60	80	100	150	200	300	400
ψ_R	0.53	0.587	0.632	0.67	0.75	0.82	0.98	1.2

当用内翅片管（$\phi22\times1.5\text{mm}$，内装 10 翅铝芯）时，对 R22 所得出的计算流动阻力的经验公式如下（系单流程）：

$$\Delta p = \xi \frac{l}{d_e} \times \frac{1}{2}\rho'' w_m^2 \tag{6-106}$$

其中 w_m 是 R22 的平均流速，可用下式计算：

$$w_m = \frac{q_m v'' x_m}{Za_f} \tag{6-107}$$

式中　q_m——质量流量，kg/s；

　　　Z——每流程的管子数；

　　　x_m——管内流动过程中的平均干度，可取为进出口干度的算术平均值。

摩擦阻力系数按下述试验公式计算：

$$\xi = 50/(Re'')^{0.6} \tag{6-108}$$

Re'' 是按 w_m 计算的饱和蒸汽的雷诺准则数。

对于干式蒸发器，当用圆缺形折流板时，管外流动阻力由四部分组成：流经进出口管接头时的阻力，流过折流板缺口时的阻力，与管子平行流动时的阻力，及横掠束时的阻力。流经每块折流板缺口的阻力为

$$\Delta p_b = 0.103\rho w_b^2 \tag{6-109}$$

而流体每横掠管束一次的阻力为

$$\Delta p_c = 2N_c \xi w_c^2 \tag{6-110}$$

式中　N_c——横掠流经的管子排数；

　　　ξ——阻力系数，其值与管子的中心距 S 及流体流动情况有关。流体的流动情况可以用按管子外径及 w_c 计算的雷诺准则数来判断。

$$Re = \frac{d_c w_c \rho}{\mu} = \frac{d_c w_c}{v} \tag{6-111}$$

层流约相当于 $Re < 100$，此时

$$\xi = 15 / Re\left(\frac{s - d_o}{d_o}\right) \tag{6-112}$$

湍流时

$$\xi = \frac{0.75}{\left(Re \times \dfrac{s - d_o}{d_o}\right)^{0.2}} \tag{6-113}$$

其余两项阻力可按一般的公式计算兹不复述。

（4）蛇管式翅片管换热器。这种换热器当用作冷凝器时管内流动阻力一般不需计算，当用作蒸发器时管内流动阻力可按前面介绍过的两相流的公式去计算，故这里只介绍气体在管外流动阻力的经验公式。

气体在管外的流动阻力与管束排列方式、翅片型式及气体流动情况有关，可用下式计算：

$$\Delta p = CN_c\rho w^2\left(\frac{h_f}{d_o}\right)^{n_1}\left(\frac{s_f}{d_o}\right)^{n_2}Re^{n_3} \tag{6-114}$$

式中 Re 按翅片根部直径 d_b 及管束最窄面上的流速 w 计算，N_c 为流动方向管子的排数，系数 C 及指数 n_1、n_2、n_3 按表 6-6 选取。其中 s_2 是纵向管子中心距。

表 6-6　　　　　　　　　　　　　系数 C 及指数 n_1、n_2、n_3 的选取

项目	顺排管束				错排管束				
	C	n_1	n_2	n_3	C	n_1	n_2	n_3	Re 数值范围
$\dfrac{s_2}{d_b} = 2$	0.074	0.5	-0.58	0	1.35	0.45	-0.72	-0.24	$10^4 \leqslant Re \leqslant 6 \times 10^4$
					0.098	0.45	-0.72	0	$6 \times 10^4 \leqslant Re \leqslant 6 \times 10^5$
管子密排翅片相接	0.085	0.3	-0.58	0	0.99	0	-0.72	-0.24	$10^4 \leqslant Re \leqslant 6 \times 10^4$
					0.085	0.2	-0.72	0	$6 \times 10^4 \leqslant Re \leqslant 10^5$

6.6.3　翅片管表面的传热过程计算

在管子表面上加翅片是强化换热过程的一种方法。低温装置中最常用的翅片管有绕片管和滚轧翅片管两种。滚轧翅片管（也称低翅片管或螺纹管）广泛用于气液换热器及氢、氨液化器中。滚轧翅片管用铜管在常温下滚轧而成，其特点是翅高较小 [(1.0～2)mm]，翅片排列较密 [翅距(1.0～1.6)mm]。其外形尺寸与同直径的光管相当，但表面积增大到 3 倍

左右。用这种翅片管构成换热器比光管换热器体积小，传热效果好。

1. 翅片表面的传热过程及翅片效率

翅片管的换热表面包括两个部分：一部分是翅片根部之间的管壁表面 F_b，称为一次表面，另一部分是翅片的表面 F_f，称为二次表面。这两部分表面的传热情况是不相同的。翅片表面与流体的对流换热量可用下式计算：

$$Q_f = F_f \theta_f = F_f \eta_f \theta_0 \tag{6-115}$$

式中 $\eta_f = \theta_f / \theta_0$，称为翅片效率，它是二次表面的传热温差 θ_f 与一次表面传热温差 θ_0 之比，θ_f 是翅片表面的平均温度与流体温度之差。

翅片效率随基础传热面的种类及翅片的形状和尺寸而变，可通过翅片的传热过程计算。对于形状简单的翅片，η_f 可用公式计算。例如对于平壁上的等厚度平直翅片，η_f 可表示为

$$\eta_f = \frac{\text{th}(ml)}{ml} \tag{6-116}$$

式中　l ——传导距离；

　　　m ——翅片参数。

翅片参数取决于翅片的厚度 δ_f、翅片材料的导热系数 λ 及表面传热系数 α。

$$m = \sqrt{\frac{2\alpha}{\lambda \delta_f}} \tag{6-117}$$

对于圆管外的等厚度圆形翅片，η_f 可表为

$$\eta_f = \frac{\text{th}(mr_b \zeta)}{mr_b \zeta} \tag{6-118}$$

式中　r_b ——翅片的根圆半径；

　　　ζ ——校正系数。

ζ 它可表示为

$$\xi = (\rho - 1)(1 + 0.35 \ln \rho) \tag{6-119}$$

式中　ρ ——翅片的顶部直径 d_t 同根直径 d_b 之比。

对于其他形状的翅片，也可得到类似的表达式，只是表达式更为复杂一些。图 6-44 及 6-45 所示分别为矩形截面及梯形截面圆翅片的翅片效率，它表示随 $h_f \sqrt{2\alpha / \lambda \delta_f}$ 而变的函数关系（其中 h_f 为翅片高度），并以 r_a / r_b 为参数。图 6-45 所示效率也适用于滚轧翅片管。不过滚轧翅片管翅高很小，根部厚度 δ_{fb} 相对较大，当表面传热系数不大时翅片效率接近于 1。

2. 带翅表面的表面效率

如果用 F_g 表示去掉翅片后的管壁表面积（例如对于外翅片管即为光管的外表面积），则带翅片表面的对流换热量也可以用下式表示：

$$Q = \alpha_0 F_g (t_w - t_f) \tag{6-120}$$

式中　α_0 ——折合表面传热系数。

比较式（6-15）及式（6-120）可知

$$\alpha_0 = \alpha \frac{F_0}{F_g} \eta_0 \tag{6-121}$$

式中，比值 F_0 / F_g 表示加翅片后的总表面积增大的倍数，通常称为翅化系数。由式（6-121）可知，折合表面传热系数与实际表面传热系数的比值要小于翅化系数。

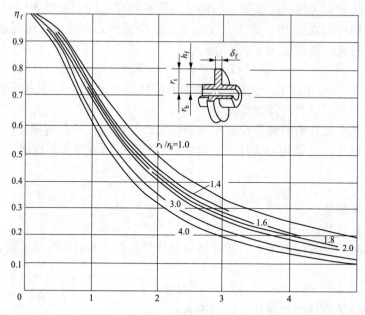

图 6-44 矩形截面圆翅片的翅片效率

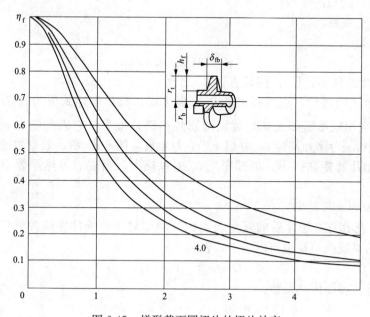

图 6-45 梯形截面圆翅片的翅片效率

第7章 低温绝热技术

在低温装置中，但凡需要保持低温的空间或在低温下工作的设备及管道，都需要进行绝热。低温绝热就是将通过传导、对流和辐射等各种传热方式传递给低温装置的热量减少到尽可能低的程度，以维持系统低温。

与普通的绝热（或称保温）相比，低温绝热在低温领域具有特别重要的意义。首先，低温液体的沸点低，汽化潜热小，任何微小的漏热，都可能影响以致破坏低温系统的正常工作；其次，液化气体的沸点越低，生产单位体积低温液体的能耗就越大，对换热设备的高效率和绝热结构的低热漏的要求就越高。不仅如此，在一些低温试验中，如材料低温下的热物理性能测量等，必须做到基本上消除周围环境的热影响，因而低温测量用的某些恒温容器对绝热技术也有特定的要求。

7.1 低温绝热概述

低温绝热分为非真空绝热与真空绝热两大类。非真空绝热，即普通绝热或堆积绝热，指在低温设备的外表面堆积或包扎一定厚度绝热材料的绝热方式。真空绝热是指将绝热空间抽至不同真空度的绝热方式。真空绝热又分为高真空绝热、真空粉末绝热、真空多层绝热和高真空多屏绝热等。图7-1所示为低温绝热的基本形式，图7-2所示为各种绝热方式的表观平均热导率的比较。

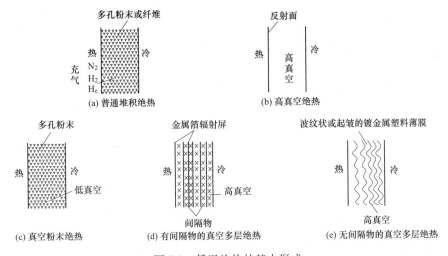

图 7-1　低温绝热的基本形式

低温储运设备在设计中选用何种绝热形式主要取决于成本、可操作性、质量及刚度等综合因素。

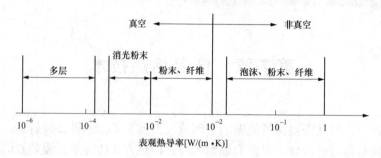

图 7-2　各种绝热方式的表观热导率的比较

7.2　绝 热 材 料

用于低温设备中的绝热材料有如下几种类型：①膨胀闭孔泡沫绝热材料；②充气粉末和纤维材料；③真空粉末和纤维材料；④阻光粉末绝热材料；⑤微球；⑥多层绝热材料。下面详细介绍每种绝热材料的特征。

7.2.1　膨胀闭孔泡沫绝热材料

膨胀闭孔泡沫绝热材料具有泡沫形成过程中进入的气体产生的微孔结构。一些用于低温绝热系统中的泡沫包括聚氨酯泡沫、聚苯乙烯泡沫以及玻璃泡沫。泡沫的热导率与泡沫生产过程中使用的气体、泡沫的密度及其平均温度相关。泡沫中的热传导也同时受孔隙内的对流和辐射以及通过固体结构导热的影响。典型泡沫材料的热导率值见表 7-1。

表 7-1		典型泡沫材料的热导率值	
材　料		密度（kg/m³）	热导率〔mW/(m·K)〕
泡沫绝热材料	聚氨酯	11	53
	聚苯乙烯	39	33
	聚苯乙烯	46	26
	硅	160	55
	玻璃	140	35
粉末	珍珠岩	50	26
	珍珠岩	210	44
	气凝胶	80	19
	蛭石	120	52
纤维材料	玻璃纤维	110	25
	岩棉	160	35

　　注　泡沫的边界温度为 77K～300K。对于粉末和纤维材料，边界温度为 90K～300K。

Bootes 和 Hoogendoorn 于 1987 年建立了闭孔泡沫热导率的理论模型：

$$k_t = 0.4(1 - \Phi)k_s + k_g + 4F_e d\sigma T_m^3 \tag{7-1}$$

式中　Φ——泡沫的孔隙率（每单位体积中空隙的总量）；

　　　k_s——固体泡沫材料的热导率；

k_g——孔隙中气体的热导率；

d——泡沫的厚度；

σ——斯蒂芬-玻尔兹曼常数，$\sigma = 5.669 \times 10^{-8} W/(m^2 \cdot K^4)$；

T_m——平均绝热温度，$T_m = (T_H + T_C)/2$；

F_e——发射系数。

$$\frac{1}{F_e} = \frac{d}{d_c}\left(\frac{1+r-t}{1-r+t}\right) + 1 \tag{7-2}$$

式中　r——泡沫材料的反射率；

t——泡沫材料的透射率；

d_c——泡沫孔隙的大小。

聚氨酯泡沫的反射率和透射率分别为 0.034 和 0.493。泡沫的平均表观密度与孔隙率相关，见下式：

$$\rho_m = \rho_s(1-\Phi) + \rho_g\Phi \tag{7-3}$$

在式（7-1）中，第一项为通过泡沫固体结构传递的能量，第二项为通过泡沫空洞中气体传递的能量，最后一项代表通过泡沫孔隙空间辐射的能量。由于泡沫结构中孔隙尺寸小，气体对流被抑制，因此只有气体导热是有效的。

由于许多泡沫材料的孔隙率近乎相同，因此热传导的主要形式就是生产泡沫的气体的导热，见式（7-1）。在过去，制冷剂气体（R-11 和 R-12）由于其低热导率和低扩散率被用作发泡剂。然而这些氯氟烃化合物（CFCS）造成了大气臭氧层的破坏，因此遵照蒙特利尔协议，在 1996 年终止了氯氟烃的使用。由于 CO_2 在低温下具有较低的蒸发压力，它也被用作发泡剂。当一种泡沫被冷却到低于 CO_2 的升华点 $-78.6℃$ 时，气体便会冻结凝固。当孔隙中产生微真空时，泡沫的热导率便会降低。CO_2 在孔隙中的扩散速率要比 R-11 和 R-12 都快，因此，用空气取代部分 CO_2 作为发泡剂时，泡沫的热导率增加了 40%。如果泡沫暴露在 H_2 气或 He 气当中相当长一段时间，其热导率将提高 3～4 倍，这是因为 H_2 和 He 的热导率远远高于 CO_2 的热导率。

泡沫绝热一般要比其他低温绝热便宜。此外，泡沫绝热对价格较便宜的低温液体，如液化天然气，也是一种可选择的绝热方式。

硬质泡沫绝热材料的一个主要缺点是其热收缩性大，这是一个热机械性缺点。在 $-30℃$ 到 30℃ 温度范围内，聚苯乙烯泡沫的膨胀系数是 $7.2 \times 10^{-5}℃^{-1}$；然而，在相同的温度范围内，碳素钢的热膨胀系数仅为 $1.15 \times 10^{-5}℃^{-1}$。当温度相差 100℃，总长相差 6.0m 时，泡沫和钢的热膨胀相差 36mm；因此，热收缩性是不可忽略的。

泡沫绝热材料需要一个蒸汽隔离保护屏来防止水蒸气和空气扩散进入泡沫。由于暴露在氢气和氦气中会导致泡沫材料的热导率增大，蒸汽隔离保护屏也必须保证发泡剂不被其他气体置换。

例 7-1　估计孔隙率为 0.96 的聚苯乙烯泡沫绝热材料在 300K 到 80K 温度范围内的热导率。固体材料的热导率为 0.288W/(m·K)，泡沫中 CO_2 气体的热导率为 0.016 6W/(m·K)。泡沫层的厚度为 150mm，绝热材料中的空洞尺寸为 0.50mm。

解：假设其反射率和透射率跟聚氨酯材料相同。

采用式（7-2）计算发射因子：

$$\frac{1}{F_e} = \frac{d}{d_c}\left(\frac{1+r-t}{1-r+t}\right)+1$$

$$\frac{1}{F_e} = \frac{150}{0.50}\times\left(\frac{1+0.034-0.493}{1-0.034+0.493}\right)+1 = 112.2$$

$$F_e = 0.008\ 91$$

绝热材料的平均温度为

$$T_m = (300+80)/2 = 190\text{K}$$

泡沫绝热材料的热导率可由式（7-1）来估算：

$$
\begin{aligned}
k_t &= 0.4(1-\Phi)k_s + k_g + 4F_e d\sigma T_m^3\\
&= 0.4\times(1-0.96)\times0.288+0.016\ 6+4\times0.008\ 91\times5.669\times10^{-8}\times190^3\\
&= 0.004\ 61+0.016\ 6+0.002\ 08\\
&= 0.023\ 29\text{W}/(\text{m}\cdot\text{K})
\end{aligned}
$$

可以看到，固体导热（第一项）占整个热传导的 20%，气体导热（第二项）占 71%，辐射（第三项）占 9%。

7.2.2 充气粉末和纤维材料

多孔绝热材料包括玻璃纤维，珍珠岩（一种硅粉），硅胶（硅酸盐，硅石粉），岩棉（矿毛绝缘纤维）和蛭石，表 7-1 给出了这些材料的热导率。

充气粉末和纤维材料绝热的主要机理是由于材料内孔隙尺寸小，气体对流被抑制。努赛尔（1913）建立了如下充气粉末绝热材料表观热导率的表达式：

$$\frac{1}{k_t} = \frac{1-\Phi}{k_s}+\left(\frac{k_g}{\Phi}+\frac{4\sigma d_s T_m^3}{1-\Phi}\right)^{-1} \tag{7-4}$$

式中　d_s——颗粒或者纤维的大小；

　　　Φ——孔隙率。

对于低温下的充气粉末，辐射所占部分（含 T^3 的这项）一般都远小于气体导热部分，表观热导率可近似表达如下：

$$k_t = \frac{k_g}{1-(1-\Phi)(1-k_g/k_s)} \tag{7-5}$$

固体材料的热导率往往要远大于粉末绝热材料中气体的热导率。例如，石英玻璃的热导率是 0.95W/(m·K)，而氮气的热导率约为 0.017W/(m·K)。k_g/k_s 与 1 相比可以忽略不计，则式（7-5）整理如下：

$$k_t = \frac{k_g}{\Phi} \tag{7-6}$$

充气粉末和纤维的热导率接近于绝热材料中气体的热导率。但不适用于非常细小的粉末，其内部气体的平均自由程大于粉末颗粒的平均间距，气体的热导率与分子运动的平均距离成比例。在绝热材料为细粉末的情况下，其有效热导率降低，这是因为气体的热导率降低了。对于一个固定的绝热密度，热导率一般会随着颗粒尺寸的减小而降低。热导率降低还受整体接触热阻增大的影响，这是因为存在于小颗粒粉末中的串联接触要比大颗粒粉末中的多。

7.2.3 真空粉末和纤维材料

在上节中，可看到低温下粉末和纤维材料的表观热导率接近于绝热材料内部气体的热导率。降低这些绝热材料内部传热速率的一个简单方法是抽空绝热材料里面的气体。表 7-2 给出了一些典型的真空粉末绝热材料的热导率值。

表 7-2　　　　　　　　　　一些典型的真空粉末绝热材料的热导率值

粉末和纤维材料		密度（kg/m³）	热导率［mW/(m·K)］
	细珍珠岩	180	0.95
	粗珍珠岩	64	1.90
	气凝胶	80	1.60
	硅酸盐	96	1.78
	玻璃纤维	50	1.70
不透明粉末	铜-硅酸盐 50/50	180	0.33
	铝-硅酸盐 50/50	160	0.35
	硅-碳	80	0.48
微球体 （直径 15～135μm）	不加涂层的	230	0.72
	半球涂层的	130	0.39
	镀铝层的	280	0.60
	混合物：涂层与不加涂层各重 50%	205	0.43

　　注　边界温度为 77K～300K。残余气体压力低于 130mPa。

　　典型真空绝热材料的表观热导率随残余气体压力的变化如图 7-3 所示。当绝热材料内部残余气体压力从大气压力 10^5Pa 降低到接近于某压力时，绝热材料的热导率几乎没有变化。在此压力范围下，除了极细粉末，气体的热导率实际上是不受压力影响的。同样，根据式（7-5），绝热材料的热导率也不应随气体压力变化。

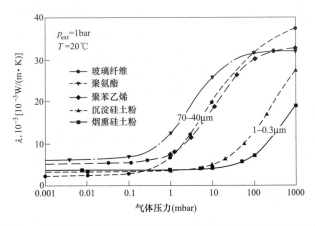

图 7-3　典型真空绝热材料的表现热导率随残余气体压力的变化

　　当残余气体压力降低到低于 $1.3×10^3$Pa 时，便出现了一个绝热热导率与气体压力近似成正比的区域。对于自由分子传热，气体平均自由程小于气体分子运动的空间尺寸，在此压力下，气体导热的传热速率与气体的压力成正比。在环境温度和 $1.3×10^3$Pa 压力下，氮气平均自由程近似于 5μm，在这个条件下，如果粉末颗粒的间距在 15μm 数量级上，那么自由分子导热便会发生。典型粉末颗粒的尺寸为（80 ~ 100)μm，因此颗粒间距应该正好在这个数量级上。

当绝热材料的堆积密度固定不变时，减少颗粒尺寸，就会增加颗粒之间的接触热阻，因为此时接触面积减小，接触数目增大。对于密度为 $192kg/m^3$ 的真空粉末，这个效果相当于把颗粒尺寸从 $1.0mm$ 降低到 $0.1mm$，进而将平均表观热导率降低大约 60%。

当残余气体的压力降低到大约 $130mPa$ 时，粉末材料的表观热导率便不再受气体压力进一步降低的影响。此时，热传递仅由辐射传热和固体导热产生。

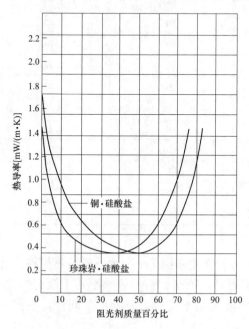

图 7-4　不透明粉末绝热材料表现热导率
随阻光剂质量百分比的变化

7.2.4　阻光粉末绝热材料

粉末中的辐射传热是真空粉末传热的一个重要部分。Stoy（1960）测量出了通过 $0.4mm$ 厚的珍珠岩和气凝胶样本的红外线辐射。气凝胶（硅酸盐）的平均透射率为 0.288，而珍珠岩在 $7.5\mu m$ 波长条件下的透射率为 0.26。

减少真空粉末绝热中辐射传热的一种方法是增加不透明的具有高度反射性的金属箔片。两种不透明粉末抽真空到 $130mPa$ 压力以下时，其表观热导率随阻光剂质量百分比的变化如图 7-4 所示。通过使用最适量的阻光剂，气凝胶（硅酸盐）的热导率可以从 $1.7mW/(m\cdot K)$ 降低到约 $0.35mW/(m\cdot K)$。对于珍珠岩和铜片粉末，最适宜的阻光剂质量百分比约为 40%，通过添加适量阻光剂可以将热导率从 $1.9mW/(m\cdot K)$ 降低到 $1.2mW/(m\cdot K)$。

7.2.5　微球绝热材料

不透明粉末绝热材料中当金属箔片阻光剂集中于绝热材料的某一区域时反而会引起热导率增加，使用微球体作为低温绝热材料能解决这一问题。微球绝热是由空心玻璃球堆积而成，球体直径为 $15\sim150\mu m$，且球体外表面涂有高反射膜。在压力小于 $130mPa$ 的真空中，微球绝热的传热性能取决于因球体间挤压产生的接触导热和被金属镀层、微球间的散射而衰减的辐射换热。微球绝热材料的堆积密度为 $70\sim80kg/m^3$。其有效热导率为 $0.2\sim0.4mW/(m\cdot K)$。镀铝膜厚度为 $20\sim80nm$。

虽然已有微球体热导率的一般表达式，因其较复杂，通常使用下面的简明表达式：

$$k_t = k_s + (4/3b)\sigma(T_H^2 + T_C^2)(T_H + T_C) \tag{7-7}$$

式中　k_s——固体材料的热导率；

　　b——绝热材料辐射传热消光系数；

　　σ——斯蒂芬-玻尔兹曼常数 $[5.67\times10^{-8}W/(m^2\cdot K^4)]$；

T_H、T_C——热边界绝对温度和冷边界绝对温度。

对于不加涂层的微球体（Cunning 和 Tien 1973），其参数值如下：

$$k_t = C_s(T_H + T_C)/2 = C_s T_m \tag{7-8}$$
$$C_s = 1.168\times10^{-7}W/(m\cdot K^2)$$
$$b = 3990m^{-1}$$

T_m 为平均温度。

对于涂层厚度为（20～80）nm 的半球镀铝微球

$$k_t = 1.84 \times 10^{-4} \, \text{W/(m·K)}, \, b = 13\,750\text{m}^{-1}$$

对于全球镀铝微球

$$k_t = 5.17 \times 10^{-4} \, \text{W/(m·K)}, \, b = 34\,000\text{m}^{-1}$$

在低于 300K 的温度下，半球镀膜微球或者全球镀膜微球与未镀膜微球的混合使用比全部使用全球镀膜微球具有更低的热导率。

Reinker，Timmerhaus 和 Kropschot（1975）发现半球镀铝微球绝热材料在经历了几个介于环境温度和液氮温度间的冷热循环后，循环前后拍的显微照片显示，玻璃球体或者镀铝层并未有明显的机械损伤或脱胶。

例 7-2　确定在 300K 到 80K 温度范围内不加镀层的微球绝热材料的热导率。

解：绝热材料的平均温度为

$$T_m = (T_H + T_C)/2 = (300 + 80)/2 = 190\text{K}$$

固体导热部分可从式（7-8）得出

$$k_s = C_s T_m = 1.168 \times 10^{-7} \times 190 = 0.022\,2 \times 10^{-3} \, \text{W/(m·K)}$$

微球绝热材料的热导率可以由式（7-7）得出：

$$\begin{aligned} k_t &= 0.022\,2 \times 10^{-3} + 4/3 \times 3990 \times 5.669 \times 10^{-8} \times (300^2 + 80^2) \times (300 + 80) \\ &= (0.022\,2 + 0.694\,0) \times 10^{-3} \\ &= 7.162 \times 10^{-4} \, \text{W/(m·K)} \end{aligned}$$

7.2.6　多层绝热材料

最初（大约在 1960 年）的多层绝热材料是由具有高反射率的金属箔（如铝箔和铜箔）和具有低热导率的间隔物（如玻璃纤维纸、涤纶织物和丝网）交互组成的。由于箔片材料十分脆弱且起皱时会出现小孔，因此大部分的箔片被镀铝聚酯薄膜取代。厚度为（30～40）nm 的铝反射层通过真空镀膜，镀在（6～10）μm 厚的聚酯薄膜上。在某些多层绝热中，反射层被起皱的或者上面有凸起图案的镀铝聚酯薄膜隔开，从而取代了易碎的玻璃纤维纸间隔物。

多层绝热材料的概念首次由瑞典人 P. Peterson 于 1951 年提出。从那时开始，热导率比制冷和空调行业中的绝热材料小三个数量级以上的多层绝热材料得到了快速发展。

多层绝热材料必须抽真空到 10mPa 以下的压力才有效。一种典型的多层绝热材料的平均表观热导率随残余气体压力的函数关系如图 7-5 所示。表 7-3 给出了某些多层绝热材料的热导率值。

表 7-3　　　　　　　　　　　**某些多层绝热材料的热导率值**

多层绝热材料	层密度（层/cm）	热导率［μW/(m·K)］
0.006mm 厚铝箔＋0.015mm 厚玻璃纤维纸	20	37
0.006mm 厚铝箔＋2mm 网眼人造纤维网	10	78
0.006mm 厚铝箔＋2mm 网眼尼龙网	11	34
0.006mm 厚 NRC-2 褶皱镀铝聚酯薄膜	35	42
波纹状的＋光滑的聚酯薄膜	8	42
0.0087mm 厚铝箔＋含碳玻璃纤维纸	30	14

注　边界温度 77～300K，残余气体压力为 1.3mPa。

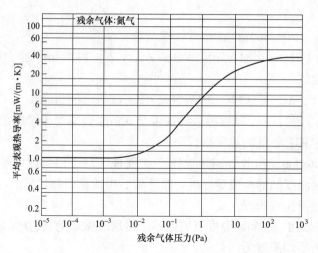

图 7-5　典型的多层绝热材料的平均表观热导率随残余气体压力的函数关系

（绝热层密度 24 层/厘米，边界温度 90.5～300K）

　　多层绝热材料的热导率极低是因为各种形式的传热（固体、气体导热，对流和辐射）都降低到了非常低的值。使用无黏结剂且热导率低的纤维材料或者起皱的塑料时，因接触仅在一些点上，此时间隔材料的固体导热最小。实际上残余气体压力降低到约 1.3mPa 时就没有了气体导热。气体在这个压力下的流态是自由分子，因而对流也消失。辐射传热因使用具有高反射率的金属箔或镀金属塑料膜而降低到最小值。

　　多层绝热材料的堆积密度取决于反射屏的厚度和密度，使用的间隔材料，层密度或者每单位厚度层数，关系如下：

$$\rho_m = (S_s + \rho_r t_r)(N/\Delta x) \tag{7-9}$$

式中　S_s——单位面积间隔材料的质量；

　　　ρ_r——屏材料的密度；

　　　t_r——辐射屏的厚度；

　$N/\Delta x$——层密度（这里的一层定义为一层金属箔加一层间隔材料），层密度为 8～40 层/cm 时，典型多层绝热材料密度为 32kg/m³。

　　对于充分抽真空的多层绝热材料，传热主要是通过辐射和间隔材料导热进行的。表观热导率可以由下式得到

$$k_t = (N/\Delta x)^{-1}[h_c + \sigma \cdot e(T_H^2 + T_C^2)/(2-e)] \tag{7-10}$$

式中　h_c——间隔材料的对流换热表面传热系数；

　　　σ——斯蒂芬-玻尔兹曼常数 $[5.67 \times 10^{-8} W/(m^2 \cdot K^2)]$；

　　　e——辐射屏的发射率；

T_H、T_C——热边界绝对温度和冷边界绝对温度。

　　各种多层绝热材料的表面传热系数的表达式已由 MaIntosh（1994），Spradly，Nast 和 Frank（1990）建立。对于 Dacron 间隔材料，其表面传热系数为

$$h_c = \frac{Cfk_s}{t_s} \tag{7-11}$$

式中　C——经验常数（对于 Dacron，$C = 0.008$）；

f ——间隔物密度与间隔物固体材料密度的比值（对于 Dacron，$f = 0.072$）；

k_s ——间隔材料的热导率；

t_s ——一层间隔纸的厚度。

Dacron 的热导率由下式求出：

$$k_s = k_o [1 + C_1 (T_o - T)/T_o + C_2 \ln(T/T_o)] \tag{7-12}$$

其中，$k_o = 0.150\ 5\text{W}/(\text{m} \cdot \text{K})$，$T_0 = 300K$，$C_1 = 0.013\ 95$，$C_2 = 0.151\ 45$。

Cunningham（1984）得出了一个由双面镀铝聚酯薄膜辐射屏和屏间双层厚度的丝网构成的多层绝热材料的固体热导率的经验关联式：

$$h_c = C_s (N/\Delta x)^{2.56} (T_H + T_C) \tag{7-13}$$

其中，$C_s = 2.24 \times 10^{-8}\,\text{W} \cdot \text{cm}^{2.56}/(\text{m}^2 \cdot \text{K}^2) = 3.40 \times 10^{-13}\,\text{W} \cdot \text{m}^{0.56}/\text{K}^2$。

如果每单位厚度内层数增加，一般辐射传热会减弱，多层绝热材料的表观热导率也随之降低到某一点。如果绝热材料被压缩得太紧，固体导热便开始增加，直到大于辐射传热减少的量，则表观热导率会随着层密度的进一步增大而增大。多层绝热材料的热导率随层密度的变化如图 7-6 所示。

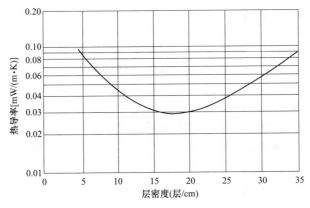

图 7-6　多层绝热材料的热导率随层密度的变化（边界温度 294～78K）

在与屏平行方向上的多层绝热材料的热导率比垂直于辐射屏方向上的热导率大三个数量级。平行于屏方向的热导率可由下式估算：

$$k_{\parallel} = (N/\Delta x)\{k_r t_r + (2t_p \Delta x/N)[2\ln(L_p/2t_p) - 1]\sigma(T_H^2 + T_C^2)(T_H + T_C)\} \tag{7-14}$$

式中　k_r ——辐射屏的热导率；

t_r ——屏厚度；

L_p ——平行于辐射屏的屏长度；

t_p ——间隔空间。

$$t_p = (\Delta x/N)[1 - (N/\Delta x)t_r] \tag{7-15}$$

由于平行于辐射屏的热导率很大，因此在穿透绝热层结构的周围安装绝热层时要谨慎。如果辐射屏的边缘接触到其他的表面，绝热性能将会大大降低。

但是绝热层中残余气体的有效抽真空较为困难。在某些情况下，绝热材料内部的压力要比其外部的压力高两个数量级。在金属箔上打上通气小孔可以使气体有效的排出。Scurlock 和 Saull（1976）指出屏的放气也能从绝热层内部引入大量的气体。他们开发了一种多层绝热材料，在玻璃纤维纸中填充碳作为间隔材料。当绝热层的一侧冷却到低温时，碳作为一种吸附剂或者捕获剂来吸附放气负荷。这种多层绝热材料的表观热导率为 $14\mu W/(m\cdot K)$。

例 7-3　确定多层绝热材料在 80K～300K 的热导率，其中辐射屏的发射率是 0.04。间隔材料是 0.06mm 厚的 Dacron 布。绝热材料的层密度是 30 层/cm。

解：在平均温度为 (300+80)/2=190K 下，Dacron 热导率由方程（7-12）得出：

$$k_s = 0.150\ 5\times[1+0.013\ 95\times(300-190)/300+0.151\ 45\times\ln(190/300)]$$
$$k_s = 0.150\ 5\times0.935\ 9 = 0.140\ 9 W/(m\cdot K)$$

可由公式（7-11）求得对流换热表面传热系数：

$$h_c = \frac{0.008\times0.072\times0.140\ 9}{0.06\times10^{-3}} = 1.352\ 6 W/(m^2\cdot K)$$

由公式（7-10）计算多层绝热材料的热导率：

$$k_t = [1.352\ 6+5.669\times10^{-8}\times0.04\times(300^2+80^2)\times(300+80)/(2-0.04)]/3000$$
$$= (1.352\ 6+0.042\ 4)/3000$$
$$= 4.65\times10^{-4}\ W/(m\cdot K)$$
$$= 0.465 m W/(m\cdot K)$$

从这个例子可以看出间隔物导热贡献最大。

7.3　绝热方式及结构

7.3.1　普通堆积绝热

普通堆积绝热是在低温装置围护结构的内侧或低温设备、管道的外侧敷设固体的多孔性绝热材料，绝热材料的空隙中充满大气压力的空气或其他低温气体（N_2、H_2、He 等）。这种绝热形式结构简单、造价低廉，但绝热性能较差，故在绝热要求不高的情况下采用。现在，普冷装置、天然气液化装置、空气分离装置及液氧温度以上的各种设备和管道都广泛采用这种绝热方法。

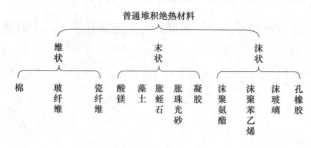

图 7-7　普通堆积绝热材料及分类

普通绝热材料是由不同材质构成的质轻、热导率小的材料，含有大量气体。绝热材料可分为纤维状、多孔状和粉末状三种。图 7-7 所示为普通堆积绝热材料的分类。

低温绝热材料的热物理性质主要有热导率、比热容、吸湿性能和热膨胀等，下面分别讨论。

1. 绝热材料的热导率

热导率是选取绝热材料的基本物理量。多孔材料的热导率一般介于构成该绝热材料的固体骨架材料的热导率和孔隙中气体的热导率之间，取决于材料的结构、气孔率和组成材料的固、气相材料本身的性质。通常在低温下采用的最有效的堆积绝热材料，其平均有效热导率应小于 $0.05W/(m\cdot K)$。分散介质绝热材料的热导率可按式（7-16）进行计算。对于固体材料连续而气孔不连续的材料，平均有效热导率 K 与固相热导率 λ_m、气相热导率 λ_g 以及气

孔率 ϕ 之间有下列关系：

$$\frac{K}{\lambda_m}=(1-\phi)^{1.3}+\frac{1-(1-\phi)^{1.3}}{0.56(1-\phi)^{1.3}+\frac{\lambda_m}{\lambda_g}[1-0.56(1-\phi)^{1.3}]} \tag{7-16}$$

对于固体之间不连续而气孔连续的材料有

$$\frac{K}{\lambda_g}=\phi+\frac{1-\phi}{v+\frac{2}{3}\frac{\lambda_g}{\lambda_m}} \tag{7-17}$$

式中：v 为相邻两固体颗粒之间气孔的有效传热长度与固体的平均颗粒直径之比。

当气孔率 $\phi=0.260\sim0.476$ 时，可按式（7-18）计算：

$$v=\frac{v_1+(v_1+v_2)(\phi-0.26)}{0.215} \tag{7-18}$$

若固体颗粒的形状接近球形，v_1 和 v_2 可根据图 7-8 求出。

对于纤维状绝热材料，和纤维方向平行的热导率大于与纤维方向垂直的热导率。当热流方向和纤维方向平行时

$$K=\lambda_m(1-\phi)+\lambda_g\phi \tag{7-19}$$

当热流方向和纤维方向垂直时

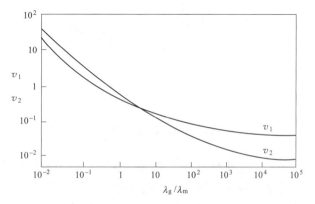

图 7-8　求 v_1 和 v_2 的图

$$K=\frac{1}{\dfrac{1-(1-\phi)^{0.5}}{\lambda_g}+\dfrac{1}{\lambda_g[(1-\phi)^{0.5}-1]+\lambda_m}} \tag{7-20}$$

分析对比上列各式，有助于了解影响绝热材料热导率的因素。

2. 影响热导率的主要因素

绝热材料的热导率与很多因素有关，其中影响最大的因素有温度、材料结构、湿度、填充孔隙的气体种类等。

（1）绝热材料的结构类型对热导率的影响。绝热材料的热导率通常介于构成材料的固体的热导率 λ_m 和气体的热导率 λ_g 之间，它取决于材料的结构。材料中的热流从高温面沿着固体骨架流向低温面，未碰到气孔之前，传热过程纯粹是固体的热传导过程，传热量正比于材料的热导率。在碰到气孔之后，可能的传热路线有两条：

1）一条路线仍然是通过固相传递，但由于热流沿着气孔边缘的固体传递，传热方向发生变化，总传热路线增长。单位体积中包含的气孔数越多，固体导热的途径就越曲折。

2）另一条路线是通过气孔内的气体传热，其中包括热的固体表面对气体和冷表面的辐射换热、气体和固体表面及本身的热传导和热对流。当气孔直径小于气体分子的平均自由程时，绝热材料的热导率就会大为减小。例如，充气硅胶是一种含有 400 μm 左右微气孔的氧化硅粉末，其热导率为 3.5～4.7mW/(m·K)，比空气的热导率还要小。

纤维材料的传热过程基本上和多孔材料相似。一般说来，纤维材料的纤维直径越细，其热导率也越小。显然，传热方向和纤维方向垂直时的绝热性能优于和纤维方向平行时的性能。

（2）绝热材料的固相和气相材质对热导率的影响。由式（7-16）～式（7-20）可知，绝热材料的热导率是随着固体热导率的减小而降低的，因而通常总是选择非金属有机材料或无机材料做绝热材料。图 7-9 所示为颗粒层的热导率 K 与固体材料热导率 λ_m 和气体热导率 λ_g 的关系，图中曲线是按式（7-10）计算的结果，曲线 2 则是按文献引用的公式计算的。由图 7-9 可见，当气体的热导率为定值时，颗粒层的热导率随着固体材料热导率的增加而增大。

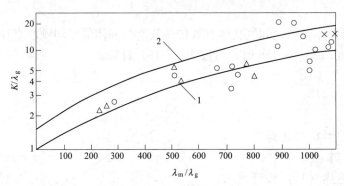

图 7-9　颗粒层的热导率 K 与固体材料热导率 λ_m 和气体热导率 λ_g 的关系

但是，绝热材料所传递的大部分热量是由孔隙中气体传导的，因而绝热材料的热导率在很大程度上取决于气体的种类。通常，绝热材料的气孔中所包含的气体为空气，但某些有机泡沫塑料，如硬质泡沫聚氨酯，由于采用热导率很小的氟利昂为发泡剂，例如 $CClF_3$（R11），$\lambda_g = 8.4\,mW/(m \cdot K)$，故这些材料的热导率比 $0\,°C$ 时空气的热导率 $\lambda_g = 4.2\,mW/(m \cdot K)$ 还要小。

绝热材料孔隙中气体的热导率越大，它的平均有效热导率与气相的热导率越接近。在低温装置中，为了防潮而采用氦气和氢气作为填充气氛，绝热材料的热导率可近似认为等于填充气体的热导率（详见充气粉末和纤维绝热）。表 7-4 列出了在各种气体环境中绝热材料的热导率。

表 7-4　　　　　　　　　　在各种气体环境中绝热材料的热导率

绝热材料	密度（kg/m³）	平均温度（K）	在填充气氛中的 $K[W/(m \cdot K)]$					
			Kr	CO_2	空气	N_2	He	H_2
珠光砂	130	188	—	—	—	0.032 5	0.126	0.145
气凝胶	100	188	—	—	—	0.019 6	0.062	0.080
硅凝胶	93	190	—	—	0.029 9	—	0.116	—
微孔橡胶	56	190	0.010 2	—	0.021 5	—	0.122	—
矿棉	150	190	0.014 2	—	0.031 3	—	0.136	—
玻璃棉（$d = 2.58\,\mu m$）	74	338	—	0.025 5	0.036 6	—	0.181	—
玻璃棉（$d = 0.69\,\mu m$）	174	338	—	0.025 9	0.035 6	—	0.126	0.198

（3）温度对绝热材料热导率的影响。几乎所有绝热材料的热导率都随温度的升高而增大。大多材料在 190K 时的热导率与在 293K 时的热导率的比值处于 $0.65\sim0.75$，平均值接近 0.70。当材料在室温下的热导率已知时，可以用它来估计低温下的热导率。许多绝热材料在低温下的 dK/dT 值与空气的值相接近，当温度升高时，空气的 dK/dT 值减小，而对于绝热材料来说，其值或者不变，或者增大。这是由于温度升高时，辐射传热的影响增大。同样，对于密度小的材料，由于辐射传热增大（其值近似与密度成反比），dK/dT 值将增大。

（4）密度对绝热材料热导率的影响。绝热材料的热导率取决于该材料的空隙率，密度小、气孔率大的材料热导率小。图 7-10 所示为几种绝热材料的热导率与密度的关系，由图可以看出，绝热材料的热导率随密度的增加而增大。

纤维材料密度较小时，其热导率随密度的增加而降低，然后再随密度的增加而升高，其中存在一个最低热导率的密度值（见图 7-11）。某些泡沫材料，如聚氨酯泡沫的热导率和密度的关系也同纤维材料类似（见图 7-12）。出现这种现象的原因可用不同密度下的传热机理来解释。图 7-11 给出了纤维材料中不同传热方式的热导率。由图 7-11 可见，在总热导率中，气相传热所占的比例很大，但它受密度的影响小；通过固相的导热在总传热中所占的比例很小。在低密度范围内，辐射换热所占的比重很大，但随着密度的增加而迅速下降。辐射热导率随密度的变化曲线和总热导率随密度的变化曲线相同，可见辐射换热对总热导率随密度变化的规律起了决定性的作用。在高密度的范围内，辐射热导率迅速下降，总热导率也下降。如果再进一步提高密度，则固相导热和其他传热过程的影响会加强，总热导率又开始上升。

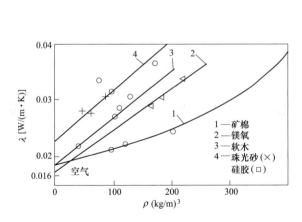

图 7-10 几种绝热材料的热导率与密度的关系

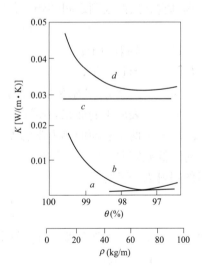

图 7-11 玻璃材料的热导率
a—固体导热；b—辐射换热；
c—气体导热；d—总导热率

（5）湿度对材料热导率的影响。材料的湿度即含湿量或含水量。图 7-13 所示为在平均温度为 233K 时绝热材料的热导率与湿度的关系。

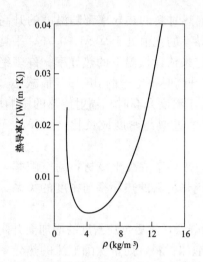

图 7-12 聚氨酯泡沫的热导率与密度的关系

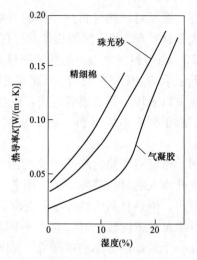

图 7-13 在平均温度为 233K 时绝热材料的热导率与湿度的关系

7.3.2 高真空绝热

高真空绝热目前主要应用于小型低温储存容器以及低温液体的输送管道,将要求绝热的空间抽成 $10^{-4} \sim 10^{-3}$ Pa 的真空度,从而消除传热的两个主要因素即固体导热和气体对流换热。采用真空绝热时,能量通过辐射形式从热的外壳传入冷的内胆中,此外内外壳真空间隔中的残余气体热导也会导热。早在 19 世纪末期,英国科学家杜瓦(Sir James Dewar)首先采用高真空绝热技术,因此应用高真空绝热的低温容器也称杜瓦瓶。

高真空夹层两表面之间的辐射传热可由斯蒂芬-玻耳兹曼定律描述:

$$Q_r = F_e F_{1-2} \sigma A_1 (T_2^4 - T_1^4) \tag{7-21}$$

式中　F_e——辐射因子;

F_{1-2}——形状因子;

　σ——斯蒂芬-玻尔兹曼常数;

　A_1——表面 1 的面积,m^2;

T_1、T_2——两个表面的热力学温度,K。

对于低温容器,内胆 1 被外壳 2 包围,因而 $F_{1-2}=1$。此外对于同心球体或圆柱体,漫辐射的辐射因子可写成

$$\frac{1}{F_e} = \frac{1}{\varepsilon_1} + \frac{A_1}{A_2}\left(\frac{1}{\varepsilon_2} - 1\right) \tag{7-22}$$

式中　ε_1、ε_2——分别为两表面辐射率;

　A——表面积。

通过在冷热两表面之间设置辐射屏(一般为高反射率的材料)可大大减少热辐射。若设冷热表面间设置 N 个辐射率为 ε_s 的平行辐射屏,且面积均相等,则

$$\frac{1}{F_e} = \left(\frac{1}{\varepsilon_1} + \frac{1}{\varepsilon_s} - 1\right) + (N-1)\left(\frac{2}{\varepsilon_s} - 1\right) + \left(\frac{1}{\varepsilon_2} + \frac{1}{\varepsilon_s} - 1\right) \tag{7-23}$$

在高真空绝热中,内外容器壳体之间存在残余气体,由于分子热运动不断撞击冷热表面,因而产生导热。残余气体导热量与气体分子平均自由程 1 和内外壳壁面之间的距离 δ 紧

密相关。高真空绝热的低温容器或恒温器，$1 \geqslant \delta$，因而传热量 Q_c 可表示为

$$Q_c = a_0 \frac{\kappa+1}{\kappa-1} \left(\frac{R}{8\pi T} \right)^{1/2} p(T_2 - T_1) A_1 \tag{7-24}$$

式中 A_1——冷表面积，m^2；

κ——等熵指数，$\kappa = c_p / c_V$；

R——比气体常数，$kJ/(kg \cdot K)$；

T——真空计处的热力学温度，K；

T_1、T_2——冷壁、热壁温度，K；

p——残余气体压力，Pa；

a_0——气体分子在 T_1、T_2 表面的总适用系数。

$$a_0 = \frac{a_1 a_2}{a_2 + \left(\dfrac{A_1}{A_2} \right)(1 - a_2) a_1} \tag{7-25}$$

若冷表面积 A_1 近似等于热表面积 A_2，则

$$a_0 = \frac{a_1 a_2}{a_1 + a_2 - a_1 a_2} \tag{7-26}$$

式（7-25）和式（7-26）中的 a_1、a_2 分别为气体分子在表面 T_1、T_2 的温度适用系数（表 7-5）。

系统处于平衡状态时，假设 $T = 300K$，则式（7-24）可简化为

$$Q_c = 1.05 \frac{\kappa+1}{\kappa-1} \cdot a_0 \frac{T_2 - T_1}{\sqrt{M}} pA \tag{7-27}$$

或

$$Q_c = K a_0 p(T_2 - T_1) A \tag{7-28}$$

式中，$K = \dfrac{\kappa+1}{\kappa-1} \sqrt{\dfrac{R}{8\pi T}}$，其值按表 7-6 选取。

表 7-5 不同温度下几种气体的 a 值

温度（K）	氦气（He）	氢气（H$_2$）	氖气（Ne）	空气
300	0.29	0.29	0.66	0.8~0.9
77	0.42	0.53	0.83	1.00
20	0.59	0.97	1.00	1.00
4	1.00	—	—	—

表 7-6 计算系数 K 的取值

气体种类	N$_2$	O$_2$	H$_2$	Ne	He	空气
T_1 与 T_2 的范围	<400K	<360K	300 ~ 77K	77 ~ 20K	任意	<360K
$K \times 10^4$	1.193	1.118	3.961	2.986	2.101	1.114

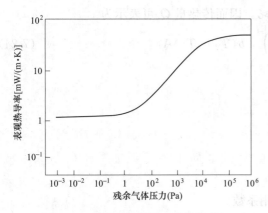

图 7-14　典型绝热层的表现热导率与
气体压力的关系示意
（残余气体为 N_2，绝热层冷热
测温度分别为 77K 和 300K）

显然，残余气体的导热随着真空度的提高或压强的降低而减小。当真空度高于 1×10^{-3} Pa 时，高真空绝热达到最大效率，相应的残余气体导热不大于 $0.25 W/m^2$，其值小于辐射热流的 3%。可见，在高真空绝热的低温容器中，辐射传热是造成漏热的主要原因。

7.3.3　真空粉末（或纤维）绝热

由于粉末（或纤维）绝热中气体导热起了很大作用，显然绝热层被抽成真空可显著地降低表观热导率。典型绝热层的表观热导率与气体压力的关系示意如图 7-14 所示。

从图 7-14 可以看出，残余气体压力从大气压力降到 10kPa 时，表观热导率保持为常数，即该压力范围内表观热导率与绝热层中气体压力无关。当压力进一步降低即进入第二区域，表观热导率几乎随压力线性变化，该区域 $1 \sim 1 \times 10^4$ Pa 为绝热层中气体分子导热区。在压力低于 1Pa 时，由于气体分子导热和固体导热小，则表观热导率完全取决于辐射传热和固体导热，因而趋于常数。

对于高度抽真空的粉末（或纤维）绝热，室温下辐射传热份额较固体导热份额大，而在液氮与液氢或液氦温度之间，辐射传热份额小于固体导热份额。因此在室温和液氮温区内真空粉末绝热性能优于单纯的高真空绝热。由于低温下固体导热变得更显著，因而在 LN_2 和 LH_2（或 LHe）之间采用单独的高真空绝热更为有利。表 7-7 示出了几种真空粉末（或纤维）绝热的表观热导率。

由于真空粉末绝热中从热表面传递到冷表面的大部分热量为辐射传热，因此应尽量减少辐射传热。真空粉末中渗入钢或铝片（包括颗粒）可有效地抑制辐射传热，该类绝热被称为真空阻光剂粉末绝热。采用该种绝热形式必须考虑合适的配比，一般阻光剂含量质量比在 40% ～ 50% 时效果最佳。实际设计中应考虑经济性因素及振动对阻光剂分布的影响，此外由于铝与氧混合具有较大的燃烧热，因而液氧容器阻光剂粉末绝热往往不允许采用铝阻光剂，以选用铜片或铜粉为宜。

表 7-7　　　　　　　　　　真空粉末（或纤维）绝热的表观热导率
（冷热两侧温度分别为 7K 和 300K，残余气体压力小于 0.1Pa）

绝热材料	密度（kg/m^3）	热导率 [$W/(m \cdot K)$]
细珠光砂	180	0.95×10^{-3}
粗珠光砂	64	1.90×10^{-3}
气凝胶	80	1.60×10^{-3}
硅酸钙	210	0.59×10^{-3}
锅黑灰	200	1.20×10^{-3}
玻璃纤维	50	1.70×10^{-3}

7.3.4　高真空多层绝热

高真空多层绝热是于 1951 年由瑞典的彼得逊提出的，它由许多高反射能力的辐射屏与低热导率的间隔物交替层组成，绝热空间被抽到 0.01Pa 以上的真空度，由于其绝热性能卓越，因而也被称为"超级绝热"。辐射屏材料常有铝箔、铜箔或喷铝涤纶薄膜等；间隔物材料常用玻璃纤维纸或植物纤维纸、尼龙布、涤纶膜等。也有采用填炭纸的，其不仅能起到间隔物的作用，而且在绝热真空环境中起吸附作用。高真空多层绝热的典型性能数据见表 7-8。

表 7-8　　　　　　　　　　高真空多层绝热的典型性能数据
（冷热两侧温度分别为 77K 和 300K，残余气体压力小于 1.3mPa）

绝热层	层密度（kg/m³）	热导率［W/(m·K)］
6μm 铝箔＋0.15mm 玻璃纤维	20	$3.7×10^{-3}$
6μm 铝箔＋2mm 人造纤维布	10	$7.8×10^{-3}$
6μm 铝箔＋2mm 尼龙布	11	$3.4×10^{-3}$
8.7μm 铝箔＋填炭玻璃纤维纸	30	$1.4×10^{-3}$
50μm 单面喷铝植物纤维纸	40	$1.4×10^{-3}$
20μm 双面喷铝涤纶薄膜	75	$1.5×10^{-3}$
8μm 单面喷铝进口涤纶薄膜	121	$0.92×10^{-3}$

高真空多层绝热与残余气体压力的关系如图 7-15 所示，从图 7-15 中可以看到，为保证其高效的绝热性能，真空度应达 0.1Pa 以上。高真空多层绝热卓越的绝热性能可由所有传热方式来分析，辐射、固体热导及残余气体热导都减少到了最低程度。多层高反射性辐射屏大大减小了热辐射；间隔物材料热导率低且以点接触形式与辐射屏相接触，因而接触面积小，若辐射屏上涂上 SiO_2 粉末则可进一步减小间隔物与辐射屏的接触面积，因此通过多层的固体导热也得到了有效的抑制。由于高真空下气体分子的平均自由程远大于多层间距，对流传热基本消除，仅存在

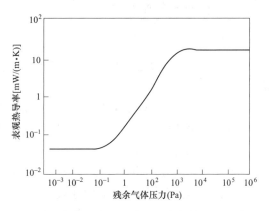

图 7-15　高真空多层绝热与残余气体压力的关系
（绝热层密度 24 层/cm，冷热边界
分别为 77K 和 300K）

与压力成正比的自由分子导热，由于残余气体压力很低，因而残余气体导热已降至很低程度。多层绝热体密度取决于辐射屏的厚度和密度、所采用的间隔物材料及层密度，可用下式表示：

$$\rho_a = (S_\delta + \rho_r \delta_r)(N/\Delta X) \tag{7-29}$$

式中　S_δ——单位面积间隔物的质量；

ρ_r——辐射屏材料的密度；

δ_r——辐射屏的厚度；

$N/\Delta X$——层密度（这里一层表示一个辐射屏和一个间隔物的组合）。

典型多层绝热体密度为 $\rho_a = 32 \sim 320\text{kg}/\text{m}^3$，层密度一般为 $N/\Delta X = 8 \sim 40$ 层/cm。高真空多层绝热的热量传递主要由热辐射和绝热层内固体导热组成，表观热导率可表示为

$$\lambda_{eff} = (N/\Delta X)^{-1}[\lambda_c + \sigma\varepsilon(T_h^2 + T_c^2)(T_h + T_c)/(2 - \varepsilon)] \tag{7-30}$$

式中 λ_c——间隔物材料的固体导热；

σ——斯蒂芬-玻尔兹曼常数；

ε——辐射屏材料有效辐射率；

T_h、T_c——绝热层两侧的边界温度。

由式（7-30）可知，将每层密度增加到一定值可减小多层绝热的表观热导率 λ_{eff}，但若绝热层压得太紧则固体导热 λ_c 增长快于 $N/\Delta X$ 的增长，λ_{eff} 增加。

有效地将残余气体从绝热层中抽出是多层绝热的重要问题，因而在实际多层包扎工艺中可在绝热层间扎许多小孔以使多层层间压力平衡，保证里层的残余气体能被充分地抽走。采用填炭纸作为间隔物材料可有效地利用活性炭在低温下的高吸附性能，吸附真空夹套中的放气，能使容器长时间保证高真空。

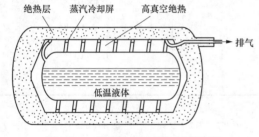

图 7-16 蒸汽冷却屏低温储存容器

7.3.5 高真空多屏绝热

采用由挥发蒸汽冷却的气冷屏作为绝热层的中间层可有效地抑制热量从环境向低温液体的传入，蒸汽冷却屏低温储存容器如图 7-16 所示，挥发的蒸汽可以带走一部分传入的热量，其效果取决于气体的显热与潜热之比。

从室温传给蒸气冷却屏的热量

$$Q_{2-\delta} = U_2(T_2 - T_\delta) = U_2[(T_2 - T_1) - (T_\delta - T_1)] \tag{7-31}$$

其中

$$U_2 = (\lambda \cdot A/\Delta X)_{ins} + (\lambda \cdot A/\Delta X)_{sup} + (\lambda \cdot A/\Delta X)_{piping} \tag{7-32}$$

式中 λ——绝热层（ins）、支撑结构（sup）和管道（piping）的热导率；

A——相应传热面积；

ΔX——对应导热路径长度。

屏与内胆之间的传热可类似地表达成

$$Q_{\delta-1} = U_1(T_\delta - T_1) = m_g h_{fg} \tag{7-33}$$

式中 m_g——蒸发气体质量流量；

h_{fg}——低温液体的汽化潜热。

若设蒸发排气在沿屏途径上被加热至屏温 T_δ，则排气吸收的显热为

$$Q_g = m_g c_p(T_\delta - T_1) \tag{7-34}$$

由能量平衡方程

$$Q_{2-\delta} = Q_{\delta-1} + Q_\delta \tag{7-35}$$

并由式（7-31）、式（7-32）和式（7-34），得

$$U_2[(T_2 - T_1) - (T_\delta - T_1)] = U_1(T_\delta - T_1) + U_1 c_p(T_\delta - T_1)^2/h_{fg} \tag{7-36}$$

设

$$\pi_1 = c_p(T_\delta - T_1)/h_{fg} \ , \ \pi_2 = U_1/U_2 \ , \ \theta = (T_\delta - T_1)/(T_2 - T_1)$$

则

$$\pi_1 \cdot \pi_2 \cdot \theta^2 + (\pi_2 + 1)\theta - 1 = 0$$

即

$$\theta = \frac{\pi_2 + 1}{2\pi_1 \cdot \pi_2}\left\{\left[1 + \frac{4\pi_1 \cdot \pi_2}{(\pi_2 + 1)^2}\right]^{1/2} - 1\right\} \tag{7-37}$$

对于不同 π_1 值（即显热与潜热之比）气冷屏温度随 π_2 的变化关系如图 7-17 所示。由此可以看出 π_1 值越大，气冷屏温降越大。对于环境温度为 21°C，不同气体的 π_1 值见表 7-9。由此可以看到液氦容器采用蒸汽冷却屏效果最为显著，而对其他液体的容器，效果不太明显。

表 7-9 不同气体的 π_1

介质	He	H₂	Ne	N₂	O₂
$\pi_1 = c_p(T_2 - T_1)/h_{fg}$	72.9	6.37	6.40	1.14	0.87

若通过气冷屏的蒸汽质量流量 $m_g = 0$，则气冷屏温比为

$$\theta_0 = 1/(\pi_2 + 1) \tag{7-38}$$

具有气冷屏的漏热与无气冷屏的漏热之比为

$$Q/Q_0 = \theta/\theta_0 \tag{7-39}$$

该表达式可画成图 7-18 的形式。由此可见对于液氢储存采用气冷屏可将漏热减少 4 ～ 5 倍，由于液氢昂贵，设置气冷屏多耗的费用就不足一提。对于液氮储存，采用气冷屏只能将容器的绝热性能提高到 1.2 倍，由于液氮价廉，就没必要采用结构复杂的气冷屏结构。

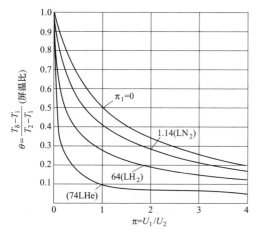

图 7-17 对于不同 π_1 值气冷屏温度随
π_2 的变化关系

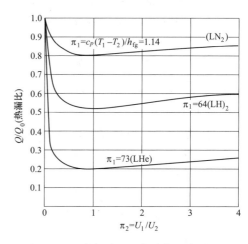

图 7-18 具有气冷屏的漏热与无气冷屏的
漏热之比随热导比的关系图

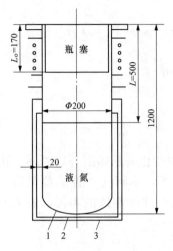

图 7-19　大口径多屏绝热液氮杜瓦图

1—不锈钢内胆，壁厚 0.5mm；

2—铜壁，厚 0.5mm；3—铝屏

（厚 20μm），由 120μm 厚的填炭纸隔开

气冷屏的设置除了如上所述的蒸汽冷却屏外，使用较多的还有传热屏。传热屏结构简单，制作成本低且具有较好的效果，图 7-19 为大口径多屏绝热液氮杜瓦图，在容器颈管外侧沿颈管长度方向设置若干个翅片，分别与各层辐射屏相连，以将蒸发气体的显热尽量充分地引入屏中以降低屏温，或者说将外部颈向传入该屏的热量中的一部分通过热传导引入颈管由蒸气带走，屏与屏之间仍设置多屏绝热，传热屏的材料通常为（20～25）μm 的铝箔，为提高绝热性能，近内胆处的第一个屏往往采用紫铜屏。此类绝热结构往往被称为高真空多屏绝热。屏数越多，绝热性能越好，但屏数过多，绝热性能提高不明显，且结构复杂，工艺困难。为了防止第一屏与内胆直接接触而失去意义，往往在内胆和第一屏之间设置鼠笼架。多屏绝热由于复合了多层绝热，因而绝热性能十分优越，在液氮或液氢容器中广泛应用。

7.3.6　各类绝热方法比较

表 7-10 给出了各种低温绝热的热流比较。

各种绝热的优缺点可以归结如下。

表 7-10　　　各种低温绝热的热流比较（热流按 150mm 绝热厚度计算）

绝热形式	热流密度 h（W/m²）	
	300K～77.8K	77.8K～20K
聚苯乙烯泡沫（32kg/m³）	48.3	5.62
在大气压下的氮气传导	168.4	167.2
充气粉末（珠光砂，80kg/m³～96kg/m³，充 He）	184.2	21.77
真空粉末（珠光砂，80kg/m³～96kg/m³）	1.577	0.070
高真空（10^{-4}Pa，$\varepsilon=0.02$）	8.96	0.041 1
不透明真空粉末（硅胶＋铜粉）	0.315	—
多层绝热［$K=1.7\times10^{-5}$W/(m·K)］	0.025 2	0.007 26

1. 膨胀泡沫

优点：成本低，机械强度较高，不需要刚性的真空夹套。

缺点：热收缩率大，热导率会随时间而变，并且较其他绝热材料的热导率大。

2. 充气粉末和纤维材料

优点：成本低廉，容易应用于不规则形状的表面，不会燃烧。

缺点：须在绝热腔内充入干燥气体防潮，使用中粉末会沉淀压紧，导致热导率增大。

3. 单纯高真空

优点：热流损失较之其他小厚度绝热材料小，预冷损失少，易于实现对形状复杂表面的绝热。

缺点：需要长期保持高真空，边界表面的辐射率要小。

4. 真空粉末与纤维绝热

优点：厚度大于 100mm 时，热流比单纯高真空小；真空度比多层绝热要求低，真空获得较容易，易于对复杂形状进行绝热。

缺点：在震动负荷下和反复热循环中粉末会沉降压实。抽空时须用真空过滤器，外露大气时应防潮。

5. 不透明粉末

优点：比真空粉末的绝热性能好，真空要求比高真空绝热和多层绝热低，容易实现对形状复杂表面的绝热。

缺点：铝粉在氧气中有爆炸危险，比真空粉末成本高，存在金属粉末沉淀分层问题。

6. 多层绝热

优点：在所有绝热中性能最好，低质量，预冷损失比真空粉末小，稳定性也比真空粉末好，无沉降压实问题。

缺点：单位容积的成本高（但性能相同时成本较低，因需要的材料少），难于对复杂形状绝热，真空度要求高，存在平行方向的导热问题。

7. 高真空多屏绝热

优点：绝热性能最优。

缺点：仅对于液氦或液氢容器有较显著的效果，结构复杂，成本较高。

7.4　低温储运与储槽设计

低温流体被液化并纯化到一定程度后就必须设法储存和运输。由于低温液体在许多领域广泛应用，相应地推动了低温储运技术的迅速发展。目前低温储存容器的规格繁多，小至 1L，大至 $3600m^3$ 以上，液化天然气储槽容积甚至已达到 $1 \times 10^5 m^3$。低温液体的运输一般有两种方法：①用低温槽车或低温容器运送，该方法机动灵活，适用于各种场合，但运输费用较大，且运输过程中伴有气化损失，目前国内外已广泛应用如由汽车拖挂的几百升的移动式储槽或如 $1.2m^3$、$5m^3$、$10m^3$、$20m^3$ 的低温槽车；②管道输送，适用于短距离大流量的场合，如液化天然气的输送，航天地面站对运载火箭进行液氢和液氧的加注等。

低温储运设备的关键在于其绝热形式和特定的结构设计。往往根据储存或运输容器的特点来确定其结构设计，选用绝热形式则根据储存介质和容器体积及所需绝热性能来确定。

低温储运设备的总体结构一般包括：①容器本体（即储液内容器）、绝热结构、外壳体和连接内外壳体的构件等；②低温液体的注入、排出及蒸发气体回收系统；③压力、温度、液位、真空等检查仪表及管道阀门配件；④安全设施，如内外壳体的防爆装置、安全阀、紧急排液阀等；⑤附件，如底盘、把手、抽气口，对自增压储运设备还有增压器等。

低温储运设备的有效容积是指工作状态下该容器的最大盛液量。为了储存和运输的安全，它的几何容积应大于有效容积，以保留 5%～10% 的气相空间，GB/T 50938—2013《石油化工钢制低温储罐技术规范》、GB 150—2011《压力容器》、JB 4732—1995《钢制压力容器—分析设计标准》、JB/T 4735—1997《钢制焊接常压容器》，对此均有具体规定。JB/T 3356—1992《低温液体容器基本参数》专门规定了低温液体容器的参数。

球状容器单位体积的表面积最小，受力性能也最好，既节约原料又减少了冷损耗，缩短预冷时间。在条件具备的情况下应优先采用。

圆柱形容器成形、加工方便，有较好的结合尺寸，若采用标准椭圆封头或蝶形封头，国家已制定了一系列标准封头规格（标准椭圆封头 TB 1154—73，蝶形封头 TB 576—64）供设计时选择。与球形容器相比，圆柱形容器适用于车辆运输及操作压力不太高的场合。

7.4.1 绝热形式

绝热形式的选择应以绝热性能、经济性、坚固性、容器尺寸、质量、可靠性及施工方便等多种因素综合考虑，一般可按下列原则决定。

(1) 低沸点的液体储存采用高效绝热形式。

(2) 大型容器选用成本低的绝热形式，不必过多考虑质量和所占空间的大小。

(3) 运输式及轻便型容器应采用质量轻、体积小的绝热形式。

(4) 形状复杂的容器一般不宜选用高真空多层绝热。

(5) 短期使用的容器宜采用高真空绝热，对于 LH$_e$ 或 LH$_2$ 可考虑采用液氮屏绝热方式。

(6) 中、小容量的液氦容器尽可能采用高真空多屏绝热结构。

7.4.2 结构材料

低温容器内胆的结构材料必须保证在低温下具有足够的机械性能，即必须强度高，抗冲击性能好。因而往往选用奥氏体不锈钢（如 OCr$_{18}$Ni$_9$Ti）、铝合金（如防锈铝）和铜合金（如紫铜）等；液化天然气的内胆还可用 9% 镍钢；液氟容器的内胆则用蒙乃尔合金或不锈钢。由于内胆材料价格较贵，因而在内胆设计时应在强度及安全性允许的条件下尽可能采用薄的壳体，以减少容器成本及降低预冷损耗。

低温容器的外壳一般可选用价廉的碳钢（如 16MnR 等）。连接内外壳体的管道等构件常用热导率低的不锈钢、蒙乃尔合金等。

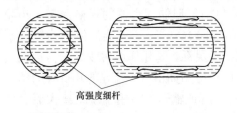

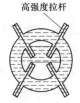

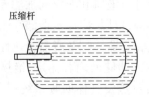

高强度细杆

高强度拉杆

压缩杆

图 7-20　低温储运设备内外壳
支撑构件的典型例子

7.4.3 支撑构件

低温容器设计中内外筒体的支撑固定是一个关键问题，既要保证支撑强度（拉伸、剪切应力等）要求，还必须是低漏热。因而支撑构件常选用热导率低且强度高的材料如玻璃钢、不锈钢等，也可采用接触热阻大的结构型式，如吊索、叠片支撑等。低温储运设备内外壳支撑构件的典型例子如图 7-20 所示。受拉伸的构件两固定端应留有一定的活动余隙，否则由于内胆的冷收缩拉杆受力太大，会在两固定端产生很大应力。

7.4.4 管道

低温储槽设计中常遇到管道问题。管道用于连接内胆与外界环境，用于储槽的液体充注，排液或排气等。因而设计的管道应采用薄壁且尽量长些，以减少沿管道从外界导入内胆的热量。此外，管道从内胆穿过绝热夹套从外壳引出，由于使用中内胆的冷收缩，因而管道内必须设置挠性连接。

图 7-21 所示为低温储运设备的管道设置图，图中表示出了四种管道连接方法，方法①：常用于多层绝热容器，使用将冷热端的真空空间延伸至内容器和外壳外侧中的办法，使管子

的冷热端之间有一个较大的长度，管子相应具备一定的收缩余量；方法②：设计不合理，内胆液体中管线水平部分将有蒸汽冷凝，冷凝的液体可沿水平管流向热端，在热端蒸发，从而导致管线冷热端之间的蒸发-冷凝对流传热过程，产生很大的热流；方法③：采用了垂直上升弯头可避免②中的对流问题，采用波纹管用以冷热收缩补偿，由于波纹管设在绝热层中，因而难以维修，可靠性较差，不到万不得已，一般不采用；方法④：为最佳设置，与③相比，将波纹管设置在容器壳体外侧，因而维修方便。

此外若管子在真空夹套中设置成盘管，既能增加管道长度，又可起到伸缩补偿作用。

7.4.5　低温容器的排液

低温容器的液体排放一般有三种方法，即内胆的自增压；外部气体对容器内胆的加压；液泵输送。图 7-22 所示为低温容器的三种输液方式。

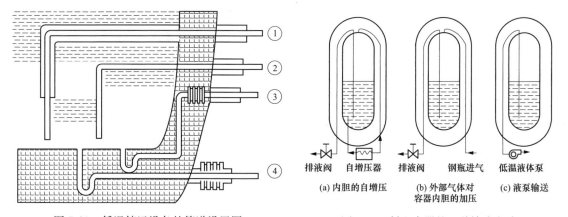

图 7-21　低温储运设备的管道设置图　　　　　图 7-22　低温容器的三种输液方式

7.4.6　安全装置

大型低温储运设备的安全装置主要有：①内胆安全阀；②内胆防爆膜装置；③绝热夹套防爆膜装置，如图 7-23 所示。

内胆安全阀通常为弹性安全阀，它保证内容器的压力不超过设计压力的 110%，内容器中的过高压力在达到危险之前就能释出。安全阀的容量根据绝热层真空破坏时所造成的最大蒸发速率决定，安全阀的尺寸由下式决定：

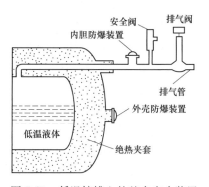

图 7-23　低温储槽上的基本安全装置

$$A_v = \frac{m_g (RTM)^{1/2}}{CK_D p_{max}} \qquad (7\text{-}40)$$

式中　A_v——安全阀的排气面积；

　　　m_g——通过安全阀的最大泄放量；

　　　R——摩尔气体常量；

　　　T——阀门进口气体的绝对温度；

　　　M——气体相对分子质量；

　　　K_D——$K_D = 0.9K$，K 为额定泄放系数和泄放系数（K＝实际泄放量/理论泄放量，通常由安全阀生产厂提供）；

$p_{\max}$——安全阀泄放压力（绝对压力）；

C——气体特性系数，且 $C = \{\kappa[2/(\kappa+1)]^{(\kappa+1)/(\kappa-1)}\}$，$\kappa = c_p/c_v$ 为气体等熵指数。

安全阀有全启式和微启式两种，根据所计算的排气面积 A_v 来确定安全阀通径时必须予以考虑。若记 d_t 为阀座喉部直径，d_v 为阀座口径，h 为阀瓣开启高度，则对全启式安全阀，$h \geqslant d_1^2/4$，对微启式安全阀，$h \geqslant (1/40 \sim 1/20)d_1$，平面型密封面 $A_v = \pi d_v h \sin\phi$，ϕ 为锥形密封面的半锥角。

内胆防爆膜装置与安全阀并列布置，当安全阀失灵或容量不够造成内胆过压时起第二道安全保护作用，其爆破压力一般为内胆设计表压的 120%。爆破膜一旦爆破，就必须更换。

绝热夹套防爆膜装置用于防止外壳受破坏或内胆因外部受压而变形。若内胆上出现漏孔，则低温液体进入夹套后蒸发，造成夹套绝热层真空破坏，并导致压力过高；若外壳上有裂缝，则内胆冷却时导致大量气体凝聚在夹套中，若容器需修复，内胆回温可导致夹套气体膨胀升压。一般来说，夹套防爆装置的爆破压力设计为表压 0.05MPa。

7.5　低温绝热容器的设计方法

低温绝热容器设计中主要应考虑两个方面：热设计和结构设计，使其既能保证良好的绝热性能，又能保证能长期安全可靠地使用。

7.5.1　热设计

低温容器的热设计包括绝热结构设计的各类热流计算。绝热形式的选择与储存介质及容积相关，主要考虑在满足绝热性能指标的条件下选用成本低廉，工艺简单及生产周期短的形式。如对于小型储存容器，高真空绝热或高真空多层绝热在液氮杜瓦中广泛应用，而液氢、液氦容器则采用液氮屏或气冷屏的绝热形式；对于大型储槽，储存液氮、液氧、液氩等介质一般采用真空粉末绝热，特殊情况下也采用高真空多层绝热形式（一般是容积在 $5m^3$ 以下的容器）。

热量通过传导、对流和辐射途径传入低温液体。对于不同绝热结构的容器，热量传入的途径也不同，但一般都包括下列几个方面的热流量：

（1）残余气体分子的热导 Q_1。

（2）绝热空间及管口的辐射传热 Q_2。

对于单纯高真空绝热容器或大口径的低温容器，辐射传热量是相当大的。低温容器由于内胆被外壳所包围，因而辐射角系数 $F_{1-2} = 1$。F_e 为辐射因子，在 $F_{1-2} = 1$ 时，不同情况下的 F_e 见表 7-11。

表 7-11　　　　　　　　　在 $F_{1-2} = 1$ 时，不同情况下的 F_e

序号	两表面的形状	F_e
1	无限长同心圆筒，半径为 r_1、r_2，内圆筒计为 1	$\left[\dfrac{1}{\varepsilon_1} + \dfrac{r_1}{r_2}\left(\dfrac{1}{\varepsilon_2} - 1\right)\right]^{-1}$
2	半径为 r_1、r_2 的同心球面，内球面计为 1	$\left[\dfrac{1}{\varepsilon_1} + \left(\dfrac{r_1}{r_2}\right)^2\left(\dfrac{1}{\varepsilon_2} - 1\right)\right]^{-1}$

续表

序号	两表面的形状	F_e
3	无限长两平行表面	$\left(\dfrac{1}{\varepsilon_1}+\dfrac{1}{\varepsilon_2}-1\right)^{-1}$
4	面 1 被比它大得多的面 2 包围， 1、2 表面形状不定	ε_1

低温容器常用材料的辐射率见表 7-12。各类材料的平均热导率见表 7-13。

表 7-12　　　　　　　　　低温容器常用材料的辐射率$[\varepsilon(T)=CT^n]$

材料名称	表面与加工情况	4K	20K	77K	300K	备注
铝	抛光的光洁表面	0.011	—	0.018	0.03	$C=7.39\times10^{-4}$，$n=0.667$
	粗糙表面	—	—	—	0.055	—
	铝箔	—	—	0.018	—	—
	涤纶薄膜双面喷铝	—	—	0.04	—	—
紫铜	抛光的干净表面	0.01	0.016	—	0.030	$C=6.67\times10^{-3}$，$n=0.292$
	铜箔	—	—	0.011	—	—
不锈钢	—	—	0.02	0.05	0.08	$C=1.135\times10^{-2}$，$n=0.342$
黄铜	抛光的干净表面	0.018	—	0.029	0.03	$C=1.55\times10^{-2}$，$n=0.125$

表 7-13　　　　　　　　　各类材料的平均热导率$\{\bar{\lambda},[\mathrm{W/(m\cdot K)}]\}$

材料	77～300K	4～300K	4～77K	1～4K	0.1～1K
尼龙	0.31	0.27	0.17	0.006	0.001
派力克斯玻璃	0.82	0.68	0.25	0.06	0.006
不锈钢	12.3	10.3	4.5	0.2	0.06
康铜	20	18	14	0.4	0.05
黄铜	81	67	26	1.7	0.35
无氧铜	190	160	80	5	(1)
电解铜	410	570	980	200	(40)
德银管	—	—	12	—	—

（3）机械构件的热导 Q_3。

低温容器机械构件的漏热分为两种情况：一种是没有冷气冷却的构件，即机械构件设置在绝热体；第二种是有冷气冷却的构件，如容器的颈管等。

对于没有冷气冷却的构件，Q_3 可写成

$$Q_3=\frac{A}{L}\left[\int_4^{T_2}\lambda(T)\mathrm{d}T-\int_4^{T_1}\lambda(T)\mathrm{d}T\right] \tag{7-41}$$

式中　$\displaystyle\int_{T_1}^{T_2}\lambda(T)\mathrm{d}T$——积分热导；

　　　A、L——构件的横截面积和长度；

　　　T_1、T_2——低温和高温端温度。

或写成

$$Q_3 = \bar{\lambda} \frac{A}{L}(T_2 - T_1) \qquad (7\text{-}42)$$

对于冷气冷却的构件如颈管导热，则需引入冷量回收因子 ϕ 进行计算，更为精确地可采用有限差分法对微元体立方积求解。

（4）通过绝热体的综合漏热 Q_4。

在真空型的绝热体中热量通过绝热体是以辐射、固体传导和气体传导等几种方式进行传递的。要精确计算这部分热值是很困难的。为此，工程中用总的表观热导率来处理。表观热导率实际上可以看成上述几种传热现象的综合效应，表 7-4、表 7-5 列出了真空粉末绝热和真空多层绝热的表观热导率 λ_{eft}。因而通过绝热体的综合漏热为

$$Q_4 = \lambda_{eff} \cdot A_m \cdot \frac{\Delta T}{\delta} \qquad (7\text{-}43)$$

式中　A_m——计算传热面积；

　　　δ——绝热层厚度。

对于真空粉末或高真空多层绝热，采用综合漏热计算后，就不必再考虑通过绝热层的辐射传热、残余气体导热及绝热体导热了，因为综合漏热已包括了这几个因素，但机械构件热导则必须考虑。

总之，低温容器的热设计应根据性能要求及结构设计进行，有关热计算需根据具体结构类型进行。

7.5.2　结构设计

图 7-24 所示为低温容器的典型构造图，低温容器的结构设计一般包括内外壳体设计、支撑构件设计、管道设计、输排液设计和安全装置设计。

低温容器结构设计的关键是强度和刚度设计及安全装置设计，低温容器（对于圆柱形容器）设计计算书的基本参数表为：①压力参数（MPa）（外壳/内胆设计压力、内胆工作压力、

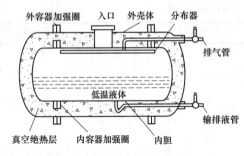

图 7-24　低温容器的典型构造图

内胆气密性试验压力、内胆强度试验压力）；②容器（Ⅰ类、Ⅱ类或Ⅲ类压力容器）；③有效容积 V_0（m³）；④夹层几何容积；⑤储存介质；⑥充满率≤95%；⑦焊缝系数（外壳/内胆）；⑧设计湿度（外壳/内胆）；⑨材质（外壳/内胆）；⑩腐蚀裕度（外壳/内胆）；⑪绝热形式；⑫夹层真空度。

根据低温容器的结构配置，通过 GB 150—2011《压力容器》规范即可确定内外筒体及封头厚度，并进行开孔补强计算、支撑构件应力分析，以及内外壳体安全防爆设计。小型低温容器（杜瓦瓶）内胆通过颈管与外壳及外部相连，输排液通过颈管进行。对于小型储存杜瓦，颈管还兼作内胆稳定支撑构件，结构设计中往往只需考虑内胆强度及外壳刚度。

第 8 章 真空与低温技术

8.1 真空与低温技术的关系

真空技术和低温技术都诞生于 17 世纪，完善于 19 世纪，应用发展于 20 世纪。到目前为止，真空技术已发展成为一门通用性很强的学科，在空间科学、原子能工业、电子科学、半导体、计算机、光学、食品、医药、冶金、化工、农业和轻工业等国民经济的各个领域都有相当程度的应用。按传统的说法，真空科学包括四个方面的内容：真空物理、真空获得、真空测量和真空应用。

以气体与固体或液体表面之间的相互作用为基础，低温技术与真空技术之间存在着密不可分的关系。在极低温下，几乎所有的气体都凝结成固体，其蒸气压非常低，这样就可以获得高真空。为了获得清洁的真空需要低温，例如：分子筛吸附泵作为粗抽泵，需要液氮温度（77K）；扩散泵入口的挡油阱也需要液氮温度；用途极广、很有发展前途的低温泵，需要液氢或液氦温度（20K~4.2K）。真空测量和检漏与低温技术也有着极其重要的关系。同时，为获得和保持低温，又必须应用真空技术，例如：真空绝热、液体抽气冷却等。没有真空技术就不可能获得超低温，没有低温技术就不能产生清洁的极高真空。低温技术的发展促进了真空科学，同时真空技术的前进又带动了低温技术，从而形成了低温技术和真空技术密不可分的局面。

8.2 真 空 及 其 测 量

8.2.1 压强单位与真空区域的划分

真空是指低于一个标准大气压的气体状态，其单位为 Pa。真空可分为人造真空和自然真空。人造真空是指由于生产和科研的需要，用各种真空获得设备对容器进行抽气而获得的低压空间。自然真空和自然低温都是天然造成的，例如在高原地区，人们感到寒冷、呼吸困难，海拔越高则这种感觉越明显，这就是天然真空所致。真空度表示处于真空状态下气体稀薄程度的量度，其单位为 Pa。

国际计量标准规定海拔高度为零时，空间温度为 $27℃$ 的特定大气压为标准大气压，其压力等于 $1.013\ 25 \times 10^5\ Pa$，此时单位体积中的气体分子数为 2.5×10^{19} 个/cm^3。常用的压强单位与标准（SI 制）单位的换算关系见表 8-1。

表 8-1　　　　　　　　常用压强单位与标准（SI 制）单位的换算关系

单位	帕（Pa）	毫巴（mbar）	托（Torr）	标准大气压（atm）
1Pa	1	10^{-2}	$7.500\ 62 \times 10^{-3}$	$9.869\ 23 \times 10^{-6}$
1mbar	10^2	1	$0.750\ 62$	$9.869\ 23 \times 10^{-4}$
1Torr	133.322	1.333 22	1	$1.315\ 79 \times 10^{-3}$
1atm	101 325	1013.25	760	1

我国按国标 GB/T 3163—2007《真空技术术语》将真空区域分成低真空（$10^5 \sim 10^2$）Pa、中真空（$10^2 \sim 10^{-1}$）Pa、高真空（$10^{-1} \sim 10^{-5}$）Pa、超高真空 $<10^{-5}$ Pa。当前，人造真空最高可获得 10^{-13} Pa，绝对真空（即 0Pa）是永远无法实现的。

8.2.2　真空测量

真空测量是真空技术中的一个重要内容，根据测量原理不同，可以直接测量其真空度；或测量与真空相关的物理量，再换算到对应的真空度。由于实际真空度要比大气压小好几个数量级，普通的压力表不能用于真空测量。根据不同的测量原理，就有不同的真空测量仪，俗称真空计。以下介绍常用的真空计。

1. 真空计种类

真空计可测量的压力范围为大气压力至 250Pa，其测量精度为 ± 100Pa。

可用于低压测量的真空计有许多种，包括：①麦氏（McLeod）真空计；②热导真空计：皮拉尼型（Pirani）及热偶型真空计；③黏度型真空计：朗缪尔型（Langmuir）以及 GE 分子型真空计；④辐射真空计：克努森型（Knudsen）真空计；⑤离子型真空计：如热电离型、菲利浦型等。表 8-2 列出了各类真空计的真空测量范围。

表 8-2　　　　　　　　　　　　　各类真空计的真空测量范围

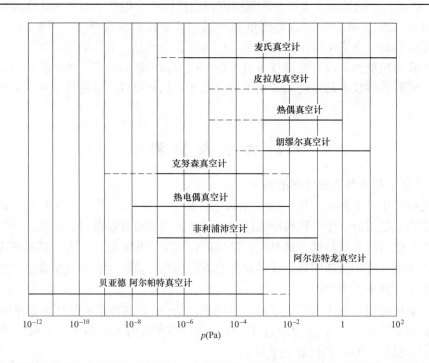

2. 真空计原理

麦氏（McLeod）真空计，其工作原理是对采样气体进行等温压缩，把压力提高到可以用水银柱压力计测量的水平，通过理想气体状态方程，即可以计算出采样气体的低压值。

皮拉尼（Pirani）真空计，其工作原理是在划定真空范围内，忽略辐射传热的影响，自由分子热传导与气体绝对压力成正比。

热偶真空计的工作原理与皮拉尼真空计相同。在热偶计中，通过固定的电流来加热灯丝，由于漏热主要与自由分子导热相关，灯丝的温度平衡值即与真空规管中气体绝对压力相关。该温度值可通过热电偶测量；热电偶输出的热电势即反映了热偶规管中气体的真空度。

朗缪尔（Langmuir）真空计由两个同轴圆柱体组成，其中一个以 3600r/min 旋转，旋转将通过周围气体的旋转转矩传到另一个圆柱体，若在该圆柱体上拉一根弹簧，即可显示所作用的转矩值。该值的大小在自由分子流区域内，与气体的绝对压力成正比。

美国通用电器公司（GE）的真空分子计，采用叶片柱体代替实心柱体，其工作原理与朗缪尔真空计相同。在 40Pa 以下，GE 真空计完全以黏度计原理工作，在 40～2.5kPa 的压力范围内，其工作起来就像"风力"计。

当高速移动的电子从气体中通过时，它们能使一些气体分子离子化。对于给定速度的某固定电子流，气体中形成离子的速度与单位体积内气体的分子数成正比，也就是与气体的压力成正比。离子计或热阴极电离计，即采用这种原理测量气体的真空度。对于热阴极电离计，为了保障热阴极不被氧化，所测气体压力一般规定在约 100mPa 以下。

由于 X 射线效应，离子真空计的压力测量范围一般局限在 1μPa 以上，Bay-ard 和 Alpert 将常规离子计的结构进行了改进，使得离子接收器只能接收到结构架上所产生 X 射线的很小一部分。由此，离子计的真空测量范围可延伸到大约 10nPa。

8.3　真　空　的　检　漏

8.3.1　真空检漏技术基础

1. 漏气速度

要使真空系统或装置能达到或保持某一较高的真空度，必须对它进行检漏。要做到绝对不漏是不可能的，但必须使漏率小于某一允许值，以满足所要求的真空度。

漏气量的大小常用漏气速度 Q 来表示：

$$Q = \frac{V\Delta p}{\Delta t} \tag{8-1}$$

式中　Q——漏气速度，Pa·L/s；

　　　V——真空系统的容积，L；

　　Δp——Δt 时间内的压力上升值，Pa；

　　Δt——时间，s。

2. 检漏方法

检漏的方法很多，一般有以下几种：

（1）压力检漏法。被检容器内充入一定压力的示漏物质，用一定的方法和仪器，在容器外部检测出从漏孔中泄漏出的示漏物质量，从而判断出漏孔的位置及漏率的大小。这类方法有：水压法、压降法、听声法、超声法、气泡法、卤素检漏仪吸嘴法、放射性同位素气体法、氦质谱仪吸嘴法。

（2）真空检漏法。将容器和检漏仪的传感元件处于真空中，示漏物质在容器外面。若有漏孔存在，示漏物质便经漏孔进入容器，并到达检漏仪的敏感元件。通过敏感元件和仪器确定漏孔的位置与大小。这类方法有：静态升压法、放电管法、高频火花检漏法、真空检漏法、卤素检漏内探头法、离子泵检漏法、氢-钯法、氦质谱仪检漏法。

（3）其他方法。如荧光法、放射性同位素法等。

8.3.2　常用的真空检漏方法

1. 气压法

将高压气体充入被检装置，观察气体是否逸出。主要有以下几种方法：

（1）把被检物放入水中或涂上检漏液（如肥皂液），观察是否有气泡。

（2）以高压 CO_2 充入被检容器，用氨气试探，若有漏，则在漏孔处会出现雾状物 $(NH_4)_2CO_3$。

（3）用卤素物质（氟利昂 CF_2Cl_2、四氯化碳 CCl_4、三氯乙烯 C_2HCl_3 等）充入被检容器，然后用带吸嘴的特制铂二极管探测漏孔，检测卤素物质。这是一种高灵敏度的探测器，其灵敏度为 $(10^{-6} \sim 10^{-4})Pa \cdot L/s$。其原理是铂在高温下会产生正离子发射（主要是碱金属离子），这种发射遇到卤素气体时发射加速。当有漏气时，不仅可以从电表上看出离子流的大小（即漏率的大小），而且声响器还发出"嘎、嘎"的声音。这种方法适合于大型容器的检漏。

2. 高频火花检漏仪检漏法

高频火花检漏是一种较为简便的检漏方法。高频火花检漏仪由玻璃制的真空系统组成，它利用一个高频火花发生器，在探头的端部产生强烈的电磁辐射，使周围的气体部分被激发或电离，与气体分子碰撞后，又产生新的离子与电子，如此产生"连锁反应"，形成电火花。

玻璃是电的绝缘体。检漏时，探头移近玻璃系统，若无漏孔，则电火花保持原来杂乱无章的散射；有漏孔时，由于玻璃的内外有压力差，外面的气体经漏孔高速流入，电离的气体分子也高速流入。由于其具有较高的电导率，所以在漏孔处能使杂乱的火花形成一股线条，并在漏孔处出现亮点，这样便检出泄漏处。

使用时不宜在某一处停留过久，以免击穿玻璃。

3. 氦质谱检漏法

氦质谱检漏是所有真空检漏方式中灵敏度最高的一种。通常氦质谱检漏仪采用磁偏转原理，图 8-1 所示为磁偏转型氦质谱检漏原理。

图 8-1　磁偏转型氦质谱检漏原理

N—质谱室阴极；S_1—磁偏转气体入口；S_2—磁偏转气体出口；K—离子接收靶；

M_1、M_2、M_3—气体离子 1、2、3；H—磁场强度；×—进入方向

质谱室中的阴极发射出电子，打击气体分子，使其电离。离子以一定的速度进入磁场中，在磁场力的作用下作圆周运动，其半径 R 为

$$R = \frac{144}{H}\sqrt{MU} \tag{8-2}$$

式中　H——磁场强度；

　　　M——质荷比，即离子质量与电荷数之比；

　　　U——加速电压。

当 H 和 U 一定时，对于不同的 M 值有不同的 R 值。在实际氦质谱检漏仪中，往往固定 R 值和 H 值，通过调节加速电压值，使氦离子恰好通过离子流收集器的缝隙，到达收集极上。收集到的离子流经过放大，在电流表中输出。漏量越大，则离子流越大，相应电表输出值越大。

根据检漏布置方式的不同，氦质谱检漏可分以下几种方法。

（1）氦罩法。适合于总漏率检测，对结构复杂、漏率要求小的容器特别合适；在建立了一套质保体系的批量化生产的产品中，也可用这种方法。

（2）压力检漏法。适合于不能抽真空的设备检漏。

（3）喷氦法。这是一种最常用的方法。用一小喷枪对可疑之处喷氦气，若有漏孔，则氦气就被真空容器吸入，氦质谱仪上的电表输出值即明显增大，指示出漏率的大小。

（4）吸嘴法。与压力法相同，方法简单，但灵敏度低。适合于不能抽真空的容器检漏。

（5）其他方法。另外还有检漏盒法和背压法等。

质谱仪在检漏前，先调好相关工作参数，使它到达工作状态，并与被检系统（或设备）连接。如检测设备较大，可预先抽真空，再打开节流阀检测可疑之处，观察输出表中离子流的变化，以判断是否漏气。若配有标准漏孔，还可按式（8-3）计算出漏率的大小：

$$Q_L = \frac{A}{A_0} Q_0 \tag{8-3}$$

式中　Q_L——被检设备的漏率；

　　　A——检漏仪输出表上的响应值；

　　　Q_0——标准漏孔的漏率；

　　　A_0——标准漏孔的响应值。

8.3.3　真空检漏中的注意事项

在真空检漏中，除选择合适的仪器外，还要采用合理的方法与工艺。结合多年的实践，下面介绍几项注意事项。

1. 漏孔的清洁

在实际操作中，漏孔经常被污物堵塞。因此在检漏前，应对被检处严格进行清洁处理，除去油脂、焊液、焊砂等堵塞污物，确保漏孔不被堵塞。

2. 冷漏

许多被检物在低温下使用，在常温下检漏，由于材料的热胀冷缩，会使漏孔发生改变，在低温下产生泄漏，而在常温下又检不出，这种情况称为冷漏。冷漏的检查是真空检漏最为头疼的事。针对这种情况，可以采用下列措施，检出冷漏的位置：

（1）采用多次冷热冲击法，使漏口加大，确保常温下也能检出漏孔。

（2）使漏孔处在低温环境下，再进行检漏。

3. 采用累积法提高灵敏度

特别是检查多层绝热空间的漏率时，由于多层缠绕后，气体扩散阻力增大，开始在内胆中充氦气，从外壳抽真空并与质谱检漏仪相连，30min 内未发现漏孔；关闭抽空泵，使内胆中的氦气慢慢扩散到绝热空间并累积，过 120min 后再次检漏，发现内胆有漏孔。

4. 采用逆扩散检漏法

对于一些容积大、内部清洁度差、放气量大的空间，实施真空质谱检漏时，很难抽到氦质谱检漏仪打开必须达到的真空度。为此，可采用逆扩散法，将质谱检漏仪连接到辅助抽空机组管道上，这时只要质谱检漏仪节流阀开启真空度小于 50Pa，即可进行检漏。这种方法避免了将整个被检系统抽到高真空的困难。

8.4 真 空 泵

8.4.1 真空泵的分类

真空泵是用以产生、改善和维持真空的装置。按其工作原理分类，可分为气体输送泵和气体捕集泵两大类。

1. 气体输送泵

气体输送泵是一种能使气体不断吸入和排出泵外，以达到抽气目的的真空泵。这种气体输送泵可分为动量传输式和变容式两类。

（1）动量传输式真空泵。动量传输式真空泵是利用高速旋转的叶片或高速射流，把动量传输给被抽气体或气体分子，使之吸入、压缩、排气的一种真空泵。这种泵可分为以下几种类型。

1）分子真空泵。它是利用高速旋转的转子，把动量传输给气体分子，使之压缩、排气的一种真空泵。分子真空泵有如下几种形式：

a. 牵引分子泵。高速旋转的转子表面与气体分子相碰，把动量传给气体分子，将气体分子拖动到泵的出口排出。

b. 涡轮分子泵。泵内装有多级带槽的圆盘或叶片的转子，在定子圆盘（或定片）间旋转，辖子的圆周线速度很高。这种泵通常在分子流状态下工作。

c. 复合式分子泵。它是由涡轮分子泵和牵引式分子泵优化组合串联起来工作的一种真空泵。可在分子流或过渡流状态下工作。

2）喷射真空泵。它是利用文丘里效应的压力降产生高速射流，把气体输送到泵出口的一种动量传输泵。适用于在黏滞流和过渡流状态下工作的真空泵。这种泵又可细分为以下几种类型：

a. 水喷射泵。以水为工作介质的喷射真空泵。

b. 气体喷射泵。以不凝性气体（如空气）作为工作介质的喷射泵。

c. 蒸气喷射泵。以蒸气（水、油或汞等蒸气）作为工作介质的喷射泵。

其中水蒸气喷射泵应用较多，油蒸气喷射泵也称油增压泵，或称油扩散喷射泵。

3）扩散泵。该类泵以油或汞蒸气作为工作介质。扩散泵多采用分馏式结构，以提高泵的性能，汞扩散泵不带分馏结构。

（2）变容式真空泵。变容式真空泵是利用泵腔容积的周期变化来完成吸气、压缩和排气的装置。这种泵分为旋转式和往复式两种。

1）旋转式真空泵。它是利用泵腔内活塞的旋转运动，将气体吸入、压缩并排出的真空泵。这类泵的种类很多，具体如下：

　　a. 油封式机械泵。它是利用油类密封各运动部件的间隙，减少有害空间的一种旋转式变容真空泵。这种泵通常带有气镇装置，用来抽除饱和蒸气压较大的介质，故称气镇式真空泵，按其结构特点分为：旋片泵、定片泵、滑阀泵、余摆线泵，以及多室旋片泵等。

　　b. 干式真空泵。干式真空泵是指能在大气压到 $10^{-2}\mathrm{Pa}$ 的压力范围内工作的真空泵；在泵的抽气流道（如泵腔）中，不能使用任何油类和密封液体，排气口与大气相通，能连续向大气中排气的泵。按其工作原理又可分为容积式干式泵，如多级罗茨泵、多级活塞泵、爪形泵、螺杆泵、涡旋泵等；动量传输式干式泵，如涡轮干式泵、离心干式泵等。这种泵的抽气没有油的污染，是近期开发研制较多的泵种。

　　c. 液环真空泵。带有多叶片的转子偏心装在泵壳内，当转子旋转时，把液体（水或油类）抛向泵壳，形成与泵壳同心的液环，液环同转子上的叶片形成容积周期性变化的几个小容积，实现吸气、压缩和排气。由于液环起到压缩气体的作用，故又称它为液体活塞真空泵。

　　d. 罗茨真空泵。泵内装有两个相反方向同步旋转的双叶或多叶形的转子，转子间、转子与泵壳内壁之间均保持有一定的间隙。它属于无内压缩式的真空泵：按用途又分为湿式罗茨泵、直排大气式罗茨泵及机械增压泵等类型。

　　2）往复式真空泵。它是利用泵腔内活塞的往复运动，将气体吸入、压缩并排出。因此，又称它为活塞式真空泵。

　　2. 气体捕集泵

　　气体捕集泵是一种将被抽气体吸附或凝结在泵内表面上的真空泵。它分为吸附泵和低温泵两种。

　　（1）吸附泵。吸附泵是依靠大表面积吸附剂的物理吸附作用来抽气的一种捕集式真空泵，如吸附阱、吸气剂。此外，还有连续不断形成新鲜吸气剂膜的捕集式真空泵，如溅射离子泵、热蒸发的升华泵等。

　　（2）低温泵。低温泵是利用低温表面来冷凝捕集气体的真空泵，如冷凝泵和小型制冷机低温泵等。

8.4.2　真空泵的主要性能参数

　　对各种真空泵的性能，都有规定的测试方法来检验其性能的优劣。真空泵的主要性能由以下参数来表示。

　　1. 极限压力

　　将真空泵与检测容器相连，放入待测的气体后，进行长时间连续地抽气，当容器内的气体压力不再下降，而维持某一定值时，此压力即为泵的极限压力，单位为 Pa。

　　2. 流量

　　在真空泵的吸气口处，单位时间内流过的气体量称为泵的流量。在真空技术中，流量的单位用压力×体积/时间来表示，即用 $\mathrm{Pa \cdot m^3/s}$ 或 $\mathrm{Pa \cdot m^3/h}$ 表示。通常会给出流量与入口压力的关系曲线。

　　3. 抽气速度

　　在真空泵的吸气口处，单位时间内流过的气体的体积，称为泵的抽气速度。气体 A 的抽气速度 $S_A(\mathrm{m^3/s})$，是流量 $Q_A(\mathrm{Pa \cdot m^3/s})$ 与测试罩内这种气体 A 的分压力 p_A 的比值，即

$$S_A = \frac{Q_A}{p_A} \qquad\qquad (8\text{-}4)$$

一般真空泵的抽气速度与气体种类有关。给定的抽气速度是表示对某种气体的抽气速度。如无特殊标明，多指空气。

8.4.3　真空泵的技术术语、功能及使用范围

1. 真空泵的技术术语

真空泵除极限压力、流量和抽气速度等主要性能参数外，还有一些名词术语专门用来表达泵的有关性能和参数。

（1）起动压力。泵无损坏起动并有抽气作用时的压力。

（2）前级压力。排气压力低于 101 325Pa 的真空泵的出口压力。

（3）最大前级压力。超过该压力会使泵损坏的前级压力。

（4）最大工作压力。对应最大流量入口压力。在此压力下，泵能连续工作且性能不恶化或损坏。

（5）压缩比。泵对给定气体的出口压力与入口压力之比。

（6）何氏系数。泵抽气通道面积上的实际抽气速度与该处按分子泻流计算的理论抽气速度之比。

（7）抽气系数。泵的实际抽气速度与泵入口处按分子泻流计算的理论抽气速度之比。

（8）返流率。泵按规定条件工作时，单位时间内通过泵入口单位面积并与抽气方向相反的泵液质量流量，单位为 $g/(cm^2 \cdot s)$。

（9）水蒸气允许量。在正常环境条件下，气镇泵在连续工作时能抽除的水蒸气的质量流率，单位为 kg/h。

（10）最大允许水蒸气入口压力。在正常环境条件下，气镇泵在连续工作时所能抽除的水蒸气的最高入口压力。

2. 真空泵的功能

根据真空泵的性能，各类泵可承担的工作如下：

（1）主泵。在真空系统中，用来获得所要求的真空度的真空泵。

（2）粗抽泵。从大气压开始，降低系统的压力，达到另一抽气系统开始工作条件的真空泵。

（3）前级泵。用以使另一个泵的前级压力维持在其最高许可的前级压力以下的真空泵。前级泵也可以做粗抽泵使用。

（4）维持泵。在真空系统中，当抽气量很小时，不能有效地利用主要前级。为此，在真空系统中配置一种容量较小的辅助前级泵，维持主泵正常工作，或维持已抽空的容器所需低压的真空泵。

（5）粗（低）真空泵。从大气压开始，降低容器压力且工作在低真空范围的真空泵。

（6）高真空泵。在高真空范围内工作的真空泵。

（7）超高真空泵。在超高真空范围内工作的真空泵。

（8）增压泵。置于高真空泵和低真空泵之间，用来提高抽气系统在中间压力范围内的抽气量，或降低前级泵容量要求的真空泵，如机械增压泵和油增压泵等。

3. 各种真空泵的使用范围

各种真空泵的工作压力范围见表 8-3。

表 8-3　　　　　　　　　　　　　　各种真空泵的工作压力范围

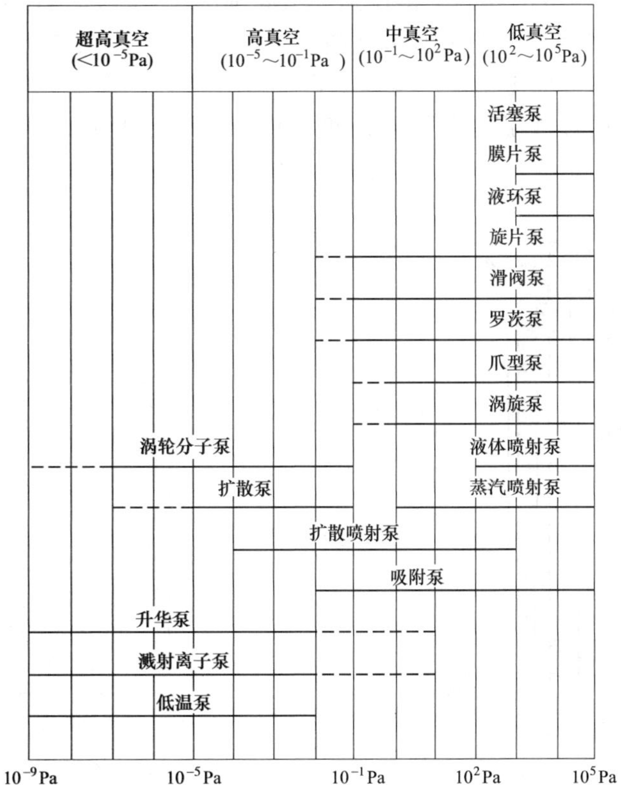

超高真空 (<10^{-5}Pa)	高真空 ($10^{-5}\sim10^{-1}$Pa)	中真空 ($10^{-1}\sim10^{2}$Pa)	低真空 ($10^{2}\sim10^{5}$Pa)
			活塞泵
			膜片泵
			液环泵
			旋片泵
		滑阀泵	
		罗茨泵	
		爪型泵	
		涡旋泵	
涡轮分子泵		液体喷射泵	
扩散泵		蒸汽喷射泵	
	扩散喷射泵		
	吸附泵		
升华泵			
溅射离子泵			
低温泵			

10^{-9}Pa　　　　　10^{-5}Pa　　　　　10^{-1}Pa　　　　　10^{2}Pa　　　　　10^{5}Pa

8.5　低　温　真　空　泵

低温泵是利用低温（低于100K）表面冷凝和吸附气体来获得和保持真空的装置。

8.5.1　储液式低温泵

储液式低温泵又称为储槽式低温泵，或冷阱式低温泵。低温介质直接注入泵内液池，液池的外壁作为低温板，使气体冷凝从而达到抽气目的。为了减少常温部分的热辐射，一般需要安装液氮屏以减少液体的消耗。其优点是泵的体积小、无振动、无噪声、操作简便，适用于高能加速器等大型真空工程。缺点是运转费用高，每次加注的低温介质使用时间短，需长期连续运转的真空系统要定期补充工作介质，并且受到低温介质供应条件的限制。

1. 简单储液式低温泵

图 8-2 所示为简单储液式低温泵。液氦装在一个不锈钢容器中，其外壁构成冷凝面。外面挡板用液氮冷却。液氦容器悬挂在一个薄壁合金铜管上，上面装有液氦输送管、液面传感器和排气管。泵深入真空室内做"冷头"。它对氮的抽速为 $1m^3/s$，对氢的抽速为 $3m^3/s$。

2. 典型储液式低温泵

图 8-3 示出储液式低温泵的典型结构。其基本结构是不锈钢液氦容器，底部作为抽气面，周围被液氮容器包围。挡板的热辐射的投射极小，显著降低了低温表面的热负荷，因而

使氢的平衡压强大为降低。冷凝面镀银，当冷凝面面对容器壁时，2.3K 的低温表面可以获得 (9.33±2.66)×10⁻⁸ Pa 的氢的平衡压强；当周围以液氮冷却挡板屏蔽时（光学密闭），氢平衡压强趋近于 1.33×10⁻¹⁰ Pa；如果把挡板温度降至 64K，则可获得 1.33×10⁻¹¹ Pa。另一种方法是在镀银表面上预先冷凝一层 Ne、Ar、O₂ 等气体，则可获得 1.33×10⁻¹⁰ Pa 的氢压强；如果再把周围的挡板温度降至 78K 和 64K，则可分别测得 10⁻¹¹ Pa 和 10⁻¹² Pa 的氢压强。

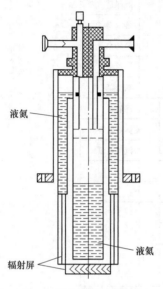

图 8-2　简单储液式低温泵

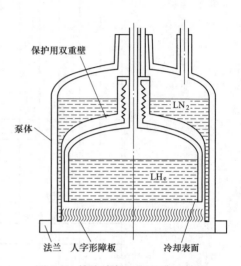

图 8-3　储液式低温泵的典型结构

　　冷凝面下边的挡板可以减少室温对冷凝面的热辐射，以及使气体分子通过它被冷却后再打到冷凝面上。可凝性气体被冷凝，不可凝性气体被预冷，从而减少了低温冷量的消耗。研究表明，挡板表面的热辐射吸收系数愈高，则热辐射通过它的传输概率（透射系数）就越低。因此可以采用阳极氧化铝（或黑铜）作辐射屏蔽片，用辐射（吸收）系数很小的金作排气面，以反射外来的辐射。该泵的液氮量比较大，其中 80% 以上因 77K 的液氮保护壁表面的辐射而消耗。

　　3. 带吸附级的储液式低温泵

　　带吸附级的储液式低温泵可以解决一些难凝混合气体（氘、氖、氦）抽除的问题。图 8-4 所示为带分子筛吸附级的储液式低温泵的结构。有 80、20K 和 5K 三级。在 T=5K 级有一个粘有 5A 分子筛的低温吸附板，在稳定工况下，仅氘、氢、氖和氦能达到吸附板。20K 挡板用氦蒸气冷却。这种泵可做成插入式和附装式结构，抽速为 (1~20)m³/s 以上。抽氦和氢的速度大约与抽氮和氩的速度相同，对氦和氢直到 10⁻² Pa 量级的抽速仍保持稳定。

8.5.2　连续流动式低温泵

　　连续流动式低温泵是根据蒸发器原理来提供冷量的。泵中低温板是一换热器，低温液体在换热器中汽化，其蒸发潜热和显热即可用来冷却。低温泵的低温面利用蒸发氦来冷却，氦由储存容器供给，可连续工作在 (2.5~293)K 之间的任意温度下。这种低温泵体积庞大、管路复杂，且管路冷损较大；优点是制冷功率大，最适宜于抽除大气量或大型真空室。它被广泛应用于空间环境模拟设备、受控热核反应装置、火箭发动机高空点火实验，以及低压空气动力学实验等。

图 8-5 所示为连续流动式低温泵。通过液氦入口 6 供给的液氦，冷却铜制内侧低温板 5，然后冷却圆筒形外侧低温板 3，氦气放出。内侧低温板冷却到 2.5K 时使氢冷凝，而外侧低温板冷却到（18～20）K 时，沸点高的气体被冷凝。调节液氦的供给量可以控制温度。这种低温泵的液氦消耗量为 1L/h，对于氢抽速为 2000L/h，对于氮抽速为 500L/h。这种低温泵的安装方向较自由，低温板可制成任意形状，且辐射屏蔽不需用液氦，所以具有很多优点。

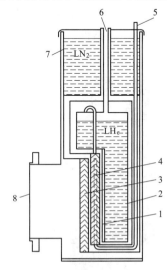

图 8-4　带分子筛吸附级的储液式低温泵的结构

1—低温吸附板；2—液氦容器；3—80K 挡板；

4—20K 挡板；5—气氦出口；6—液氦注入套管；

7—液氦容器；8—连接法兰

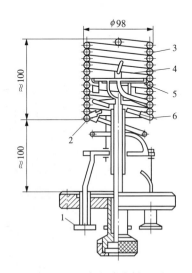

图 8-5　连续流动式低温泵

1—氦气出口；2、4—蒸气压温度计的接口；

3—外侧低温板；5—内侧低温板；6—液氦入口

8.5.3　制冷机低温泵

制冷机低温泵将低温面、挡板组装在封闭循环的低温制冷机系统中，与制冷机组合为一体。近年来，随着可靠性高的小型制冷机商品化，使用带小型制冷机的低温泵越来越多。随着研究趋势向抽速大、抽气时间短和压强低的方向发展，制冷机低温泵技术具有重要意义：①可以实现抽气系统完全自动化，便于在真空工艺过程中集中控制；②结构适用于抽气速度 $S \geqslant 10 \mathrm{m}^3/\mathrm{s}$ 的系统；③可实现较高的抽速，$S \geqslant 100 \mathrm{m}^3/\mathrm{s}$，满足大型真空设备的需要。

封闭循环小型制冷机低温泵由低温泵体、抽气低温板、辐射屏蔽板、制冷机和压缩机等部分组成。所选用的制冷机是两级制冷，其制冷能力为：第一级为 80K，（50～80）W；第二级为 20K，（1.5～10）W。在无负荷时，最低温度达到 10K。制冷机的一、二级冷头分别与辐射屏和低温板相连，低温板温度如达到（15～20）K，大部分气体都能冷凝，可达到抽气目的。

制冷机低温泵的制冷机一、二级冷头直接和辐射屏、冷板相连，在制冷机与压缩机连接管路中流动的是常温、高压（或低压）气体介质，不存在低温介质的输送问题，是目前比较理想的清洁超高真空泵。这种低温泵广泛用于薄膜制备、微电子学技术、高能物理、小型环境模拟设备以及其他各个工业领域。为得到超高真空，必须抽除氮、氖、氢等气体，在低温板上涂吸附剂加活性炭等即可达到目的。

1. G-M 制冷机低温泵

图 8-6 所示为日本 ULNAC 公司生产的 CRYO-U12H 型低温泵。该泵通过泵壳上部的法兰与被抽容器相连。当泵工作时，由于制冷机的一、二级冷头产生低温并提供冷量，使辐射屏与 80K 冷凝板达到（77～80）K，15K 冷板及 15K 活性炭吸附面达到（15～20）K，并不断提供冷量，于是容器中的可凝性气体经过 80K 冷凝板预冷后冻结在 15K 冷凝板上，而不凝性气体经预冷后吸附在活性炭床上，便得到所需要的真空。这种结构的特点是单独设有活性炭床，而不是将活性炭涂在低温板的内表面。因此，可以提高对惰性气体的抽速。

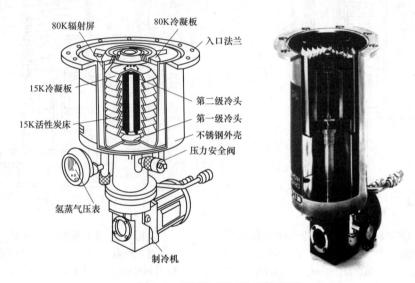

图 8-6　CRYO-U12H 型低温泵

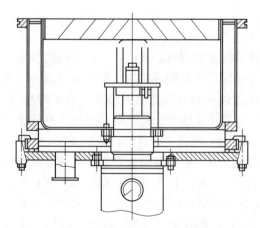

图 8-7　小型斯特林制冷机低温泵
（抽速：N$_2$ 为 5000L/s；H$_2$ 为 8000L/s）

活性炭的黏结是低温泵制造中的关键技术之一。通常用低温胶黏结，也有用膨胀系数小且与金属黏结力强的环氧树脂黏结。黏结前在金属基板上打好小孔，浇上环氧树脂，并使环氧树脂在基板背面形成铆钉式结构，再撒上活性炭粉。在此过程中不要加压，以免堵塞活性炭孔腔。然后进行固化处理，在环氧树脂被冷却后，按一定间隔把黏结层断开，以免因膨胀系数不同而造成黏结层脱落。

2. 斯特林制冷机低温泵

斯特林（Stirling）制冷循环最低温度为 12K，20K 时制冷量为（10～400）W。图 8-7 所示是小型斯特林制冷机低温泵。斯特林制冷机两部分在轴上直接连接在一起，因此斯特林制冷机在安装方向上要受一定限制。虽然安装不方便，但斯特林制冷机在理论上和在实际应用上都有较高的效率。但由于斯特林制冷机的振动较大，很少选用。

8.6　真　空　系　统

由被抽空间、真空泵、阀门、管道等组成，并能获得真空的系统，称为真空系统。在真空系统中，应了解真空系统基本方程、系统的流导计算、泵的选择与匹配、抽气时间的确定等。

设计真空系统的重点之一，是确定抽气速度，也就是将系统从环境压力抽到所需操作压力的时间。

1. 真空泵和系统抽气速度计算

真空泵的抽气能力由抽气速度 S_p 表征：

$$S_p = Q/p_i \tag{8-5}$$

式中　Q——泵的排气量；

　　　p_i——泵进口处的压力值。

与之相类似，系统抽气速度 S_s 定义为

$$S_s = Q/p \tag{8-6}$$

式中　p——真空空间的压力。

2. 管路系统总流导计算

介于真空腔室与真空泵之间的管路系统的总流导 C_0 与排气量 Q 之间的关系如下

$$C_0 = Q/(p - p_i) \tag{8-7}$$

由式（8-5）～式（8-7），可得到泵抽气速度 S_p、系统抽气速度 S_s 及管路总流导 C_0 之间的关系，即

$$\frac{1}{S_s} = \frac{1}{S_p} + \frac{1}{C_0} \tag{8-8}$$

3. 抽气速度对抽气时间的影响

从下面的分析中将能看到，系统抽气速度对于真空系统的抽气时间有很大的影响。对于普通真空系统，从系统中流出的质量流量为

$$q_{m,\text{out}} = \rho s_s = p s_s/RT \tag{8-9}$$

式中　p——被抽空间的压力；

　　　R——被抽气体的气体常数；

　　　T——系统中气体的热力学温度（假设温度保持不变）。

泄漏而进入系统的质量流量以符号 $q_{m,\text{in}}$ 表示。这些气体的流入可能是由以下几个因素造成：①通过容器壁面的实际漏孔；②系统中的捕集气体，以及其他放气源的气体释放所表现出的虚假漏孔；③金属壁面或密封原料的放气——任何材料当被暴露于真空时，其表面和内部都可能释放气体，这一过程称为放气。对于一个干净的、精心设计的，并且经过仔细检验的真空系统来说，放气是进入系统气体的主要部分。

对真空系统用质量守恒方程，并假设气体遵循理想气体方程，得

$$q_{m,\text{in}} - q_{m,\text{out}} = \frac{\text{d}q}{\text{d}t} = V\frac{\text{d}\rho}{\text{d}t} = \frac{V}{RT}\frac{\text{d}p}{\text{d}t} \tag{8-10}$$

式中 V——系统容积；

$\quad$ t——时间。

把放气率或漏率定义为 $Q_i = q_{m,\,i}RT$，系统抽气速度 $S_s = \dfrac{Q}{p} = \dfrac{q_{m,\,out}RT}{p}$，则方程式（8-10）可变为

$$\frac{\mathrm{d}p}{\mathrm{d}t} = \frac{Q_i}{V} = \frac{S_s p}{V} \tag{8-11}$$

通常来说，这就是对于普通抽气真空系统抽气时间的方程。如果知道系统漏率 Q_i 与时间及与系统压力的关系，以及系统抽气速度与系统压力的关系，就能求出该方程的分析解或数值解。

当抽气达到一定时间后，系统中压力变化很小（$\mathrm{d}p/\mathrm{d}t = 0$），同时系统压力达到了该系统的极限压力 p_u，将式（8-11）的左项置 0，可得到极限压力 p_u 与漏率 Q_i；及系统抽气速度 S_s 之间的关系

$$p_u = \frac{Q_i}{S_s} \tag{8-12}$$

在大多数真空泵的操作压力范围内，压力变化时，泵的抽速是不变的；并且处于自由分子流状态下时，管路系统的总流导与压力无关。有了这两个条件（S_P、C_0 都是常数），从式（8-8）能发现系统抽速 S_s 与压力也是无关的。鉴于不变的系统抽速，将式（8-11）从初始压力 $p_1(t=0)$ 积分到最终压力 $p_2(t=t_p)$ 即得抽气时间

$$t_p = \frac{V}{S_s} \ln\left(\frac{p_1 - p_u}{p_2 - p_u}\right) \tag{8-13}$$

在系统处于设计阶段时，系统漏率 Q_i 是很难预计的。所以在这些情况下，泵的选择就需要利用式（8-13）的修改形式。在式（8-13）中，将极限压力 p_u 置零，并引入系统允许因子 F_s，从而可以得到一个所需系统抽速的大致估计。

$$S_s = \frac{F_s V}{t_p} \ln\left(\frac{p_1}{p_2}\right) \tag{8-14}$$

系统允许因子 F_s 考虑了真空容器中的放气，在小于 30mPa 的压力下，放气率常常决定着抽气时间，所以在这段压力范围内式（8-14）不适用。系统允许因子 F_s 值见表 8-4。

表 8-4 系统允许因子 F_s 值

真空系统设计终压（Pa）	系统允许因子 F_s
100 000～13 000	1.0
13 000～1300	1.25
1300～70	1.50
70～7	2.0
7～0.03	4.0

在高真空区域，放气作用处于支配地位，相应地抽空关系式也将因漏率及系统抽速公式的变化而变化，而从式（8-11）基础上进一步发展。

$$Q_i = Q_0 \exp(-t/t_1) \tag{8-15}$$

$$S_s = S_0(1 - p_u/p) \tag{8-16}$$

式中　Q_0——$t = 0$ 时的放气率；

　　　　t_1——系统的特定常数；

　　　　S_0——系统处于远远高于极限压力时的抽气速度。

将式（8-15）与式（8-16）的 Q_i 和 S_s 两个参数代入式（8-13），得

$$\frac{p - p_u}{p_1 - p_u} = \exp\left(-\frac{S_0 t}{V}\right) + \frac{Q_0 \left[\exp(-t/t_1) - \exp(-S_0 t/V)\right]}{S_0(p_1 - p_u)\left[1 - V/(S_0 t_1)\right]} \tag{8-17}$$

式中　p_1——系统初始压力。

放气率可以表示为比表面放气率 q_1（单位表面积上经过一定时间 t' 时的放气速度）和表面积 A 的乘积：

$$Q_i = q_1 A = Q_0 \exp(-t'/t_1) \tag{8-18}$$

或

$$Q_0 = q_1 A \exp(t'/t_1) \tag{8-19}$$

有关各类材料在真空中的表面放气率可在各类真空设计手册中查到。图 8-8 所示为常见低温材料的比表面真空放气率。一般，材料经过真空烘烤后，放气率将大幅度下降，对真空容器的除气处理有利于提高极限真空度。

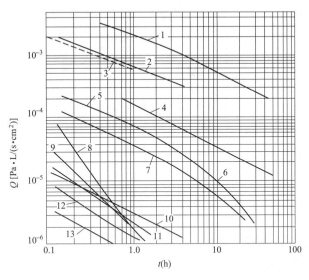

图 8-8　常见低温材料的比表面真空放气率

1—聚酰亚胺；2—环氧树脂；3—聚酰亚胺（研磨过）；4—环氧玻璃钢；5—聚乙烯；6—聚氯乙烯；
7—特氟隆；8—喷铝涤纶薄膜（未作处理）；9—喷铝涤纶薄膜（用丙酮清洗过）；10—聚酯酸乙烯酯；
11—玻璃纤维布（未处理）；12—玻璃布（用丙酮清洗 3 小时后）；13—玻璃纤维

典型真空系统的基本部件如图 8-9 所示。机械泵作为预抽泵或前级泵，通过旁通阀门将系统抽空至大约 1.0Pa 的压力。当系统压力达到 1.0Pa，接通扩散泵，旁通阀关闭。扩散泵的工况不允许其出口压力高于 10Pa 太多，所以前级泵的设置对于扩散泵的工作是至关重要

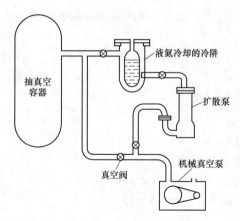

图 8-9 典型真空系统的基本部件

的。此外，还必须用管路中的阀件将扩散泵与真空系统的其他部分隔开。因为如果扩散泵中的热油与大气相接触，将会使泵油变质，从而导致真空系统破坏。在扩散泵的入口，设置了冷阱或障板，以防止扩散泵中油蒸气的回流，并把输往扩散泵中的可凝性气体（如水蒸气）去除。

对于一个冷阱良好的洁净真空系统，采用扩散泵可获得（0.10～0.01）mPa 的真空度。如果需要更低的压力，则在机械泵/扩散泵机组的基础上，还需设置离子泵或低温泵。在通常的低温系统中，例如真空粉末绝热和真空绝热，机械泵或机械泵/扩散泵机组即可满足所需的真空要求。表 8-5 为各类真空泵的真空操作范围。

表 8-5　　　　　　　　　　各类真空泵的真空操作范围

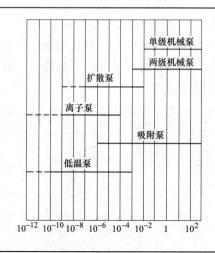

8.7　低温真空技术的应用

8.7.1　环境试验设备用低温技术

1. 热沉系统中的低温技术

热沉是大型环境试验设备的核心装置。其主要功能是模拟实际空间的冷黑和分子沉环境。如严格按空间环境温度低于 4.2K，吸收系数和发射系数大于 0.99 设计，在工程上非常困难，造价和运转费用高昂。经计算，只要环境温度低于 100K，吸收系数和发射系数大于 0.9，则热沉模拟误差对航天器热试验的影响是可以接受的。图 8-10 所示为大型空间环境试验设备的热沉布置图。主容器热沉由顶部热沉、上部热沉、中部热沉、下部热沉及底部热沉等几部分固定和活动热沉组成。热沉研制的技术难点是解决大型热沉在非均匀传热条件下的温度均匀性、液氮流动均匀性、由工作温差较大引起的热胀冷缩，以及加工过程中的焊接密封等问题。为了模拟空间环境的分子沉效应，在上部热沉中，还布置有大型内装式氦制冷低温真空系统。该真空系统对氮气的抽速大于 $1.5×10^6\,\text{L/s}$，还可用作空间环境试验设备的主要高真空设备。内装式氦制冷低温真空系统的工作温度为 20K，所需要的冷源由氦系统提供，设计正常降温时间为 6h，低温抽气前沿面积为 80m^2。

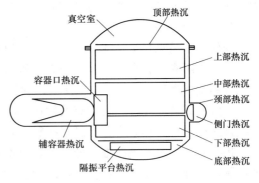

图 8-10　大型空间环境试验设备的热沉布置图

2. KM6 的真空低温系统

KM6 为用于神舟飞船试验的特大型空间环境模拟器。KM6 的主容器顶盖为全开式大门，重 65t，封头直径 12m，椭圆形，壁厚 32mm；侧面开有直径为 6.5m 的大门，壁厚为 22mm，法兰厚为 140mm。容器上开有 ϕ311 的引线孔、观察孔共 36 个，ϕ160 规管孔 8 个。人出入口孔 4 个，宽 0.9m、高 1.85m，其中 2 个用于航天员出入的气闸入孔。液氮、气氮进出口孔 48 个，氦系统进出口孔 1 个，真空系统抽气孔 5 个，低温泵 8 个。KM6 的真空系统由以下几部分组成：

（1）预真空系统。有 4 台 H150 机械泵，每台抽速 150L/s；4 台 ZJL600 直排大气罗茨泵，每台抽速 600L/s；4 台 EJB1200 罗茨泵，每台抽速 1200L/s；4 台 ZJ5000 罗茨泵，每台抽速 5000L/s。对主、辅容器抽真空，在 3.5h 内达到 0.7Pa。

（2）超高真空系统。有 8 台制冷机低温泵，每台抽速 50 000L/s；2 台大型内装式深冷泵，每台抽速 $1×10^6\,\text{L/s}$。对主、辅容器 3200m³ 抽真空，空载极限真空度为 $4.5×10^{-6}\,\text{Pa}$（真空测量仪采用 DC3 裸规）；在作整船真空热试验时，极限真空度为 $1.9×10^{-5}\,\text{Pa}$。

（3）真空测试系统。检漏系统有 3 台分子泵（TPH2200），1 台前级分子泵（F450），ZJ30 机组作前级和专用的氦质谱检漏仪组成。图 8-11 为 KM6 真空容器和设备模拟室的三舱组合。

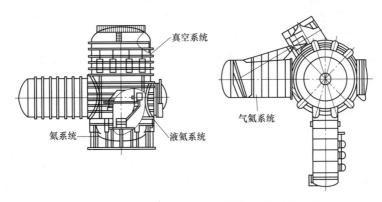

图 8-11　KM6 真空容器和设备模拟室的三舱组合

8.7.2　托卡马克中的超高真空技术

托卡马克装置的设计、运行、升级和氘氚验证实验与真空科学和技术紧密地联系在一起。聚变研究的许多新概念又使超高真空技术获得了快速发展，包括完善的高性能超高真空室的设计、耐烘烤和振动的超高真空密封、高性能面向等离子体的组件、有效壁处理规程、耐辐照的大抽速泵、真空仪器及控制等。

1. 真空室性能

现代托卡马克真空室的性能不同于常规真空容器：①必须设计一个耐烘烤且具有高环向电阻、多诊断和实验窗口，能承受大气压力、热膨胀应力、电磁力及支撑内部组件，可达到预期等离子体参数的环形室；②环形室必须能抽至超高真空，为此要求合适的超高真空材料、有效的壁处理规程、大的有效抽速及耐烘烤和振动的超高真空密封等；③面向等离子体的组件必须选择高热导率、低溅射率和良好的氢（氘氚）捕获和释放性能的低Z材料，如石墨、掺杂石墨、复合碳纤维、低Z膜，以便除去沉积的热负荷、降低等离子体污染和改善密度控制；④环形室还必须具备真空测量、质谱分析、漏率检测、程序送气、放电清洗和壁处理等真空壁条件功能控制系统。

2. 抽气系统

抽气系统的作用是为环形室内的等离子体提供清洁的高真空环境［本底真空$\leqslant 1.3 \times 10^{-6}$Pa，本底杂质含量$\leqslant (1\sim10) \times 10^{-3}$］；能有效抽出烘烤和辉光放电清洗（GDC）期间的挥发性气体杂质，尤其是水和一氧化碳，能在托卡马克放电后200s内，迅速将等离子体成分从5×10^{-1}Pa抽至1.3×10^{-5}Pa，且长期（大于6个月）无返油、无漏气、无故障。

抽气机组的数量和特性主要由环形室容积、本底压强、装置运行条件及预期的物理目标决定。对于现代托卡马克装置，单套机组通常设计成集总式三级抽气结构。对于涡轮分子泵机组，前级工作压强应小于1Pa，否则高真空侧"返流"组分分压随前级压强的增高而直线上升。GDC和壁处理期间，主泵工作压强应小于10^{-1}Pa。当压强为1Pa时，抽速将下降15%；当压强为10Pa时，抽速将下降90%。可选择的泵型主要有涡轮分子泵、低温泵；维持泵有抽氢离子溅射泵；粗真空泵有罗茨泵等。偏滤器室一般用低温泵、钛升华泵或锆铝泵。

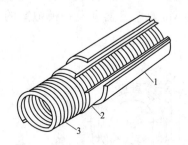

图 8-12 弹性金属螺旋体芯密封圈
1—银套；2—因可镍（600）
不锈钢套；3—因可镍（X-750）不锈铜套

3. 超高真空密封

聚变装置的空气总漏率应小于5×10^{-7}Pa·m³/s（石墨壁），烘烤温度250℃，耐10^6Gy剂量（D-T），这意味着要采用全合金密封。常采用"螺旋芯"密封圈（Helicoflex）。它是由弹性金属螺旋体芯和非封闭式软金属套组成，弹性金属螺旋体芯密封圈如图8-12所示。其特点是：①适用于圆形、矩形和跑道形等各种密封结构；②目前大尺寸非圆截面密封结构能可靠实现"无漏密封"，机理是因温度不均匀性、热膨胀不均匀性和压紧力不均匀性而产生的弹性能全部储存在密封圈内，与密封法兰和紧固螺栓的弹性变形无关，因而密封性能和密封耐久性都较好；③密封匹配法兰为平面法兰，表面粗糙度为（2.3～6.3）μm，从而从根本上克服了"台阶密封"和"刀口密封"匹配法兰机加工的高难度、费用高和密封不稳定性等缺点；④金属套可涂复铅、铜、铝、镍和银，涂层厚度约0.3mm即可，也可直接用上述基材加工成厚0.5mm软金属套。

8.7.3 红外望远镜中的真空低温技术

空间技术在国防和经济领域正发挥着越来越重要的角色。在空间探测中，有效可靠的低温制冷系统对于卫星的性能起着重要的作用。低温系统一般可分为被动式制冷系统和主动式制冷系统（低温制冷机）两大类。前者包括辐射制冷（70～100K），开式节流循环制冷（与工质有关，如 GHe 4～20K）、超流氦制冷（1.3～2K）、固体制冷（与工质有关，如 SNe 17～20K）等；后者包括斯特林制冷（液氢温区）、G-M 制冷（约 4.2K）、脉管制冷（约 35K）、绝热去磁制冷（约 65mK）、He 稀释制冷（约 15mK）等。其中超流氦制冷是一种比较成熟的制冷方式。近年来，随着探测分辨率、波段、精度要求的不断提高，超流氦浴温开始由传统的 1.8～2K 降到 1.3～1.4K，并且超流氦制冷与低温制冷机（绝热去磁制冷或稀释制冷）复叠的场所也越来越多。与此同时，相对较新的吸附式制冷、绝热去磁制冷、稀释制冷也开始走出实验室，进入实例验证阶段。

天文学家使用欧洲空间局资助的红外空间观测卫星，在 2.5～200 μm 的波长范围内，以超高灵敏度探测从太阳系到银河系以外的天体。卫星主要由一台大型液氦低温恒温器，一台主镜直径为 60cm 的望远镜和 4 台科学仪器构成。仪器部分包括：成像光偏振计（2.5～200 μm）。这些仪器将由欧洲空间局联合研究机构研制，然后交付欧洲空间局使用。红外空间观测卫星于 1995 年发射，工作寿命达 18 个月以上。作为天文观测卫星，其观测时间的三分之二将供天文研究机构使用。图 8-13 所示是红外空间观测卫星剖视图。

图 8-13　红外空间观测卫星剖视图

参 考 文 献

[1] TIMMERHAUS K D, REED R P. Cryogenic engineering fifty years of progress. New York: Springer, 2007.

[2] HESSELGREAVES J E. Compact heat exchangers: selection, design, and operation. Amsterdam: Elsevier, 2001.

[3] EKIN J W. Experimental techniques for low-temperature measurements. Oxford: Oxford University Press, 2006.

[4] MENDELSSOHN K. The quest for absolute zero: the meaning of low temperature physics. New York: Interscience Publishers, 1966.

[5] VENTURA G, RISEGARI L. The art of cryogenics (low-temperature experimental techniques). Amsterdam: Elsevier, 2008.

[6] HANDS B A. Cryogenic engineering. London: Academic Press, 1986.

[7] WALKER G. Cryocooler, Parts (I, II). New York: Plenum Press, 1983.

[8] FLYNN T M. Cryogenic engineering. 2nd ed. New York: Marcel Dekker, Inc., 2005.

[9] BARRON R F. Cryogenic heat transfer (Chapter 6). Abingdon: Taylor & Francis, 1999.

[10] BARRON R F. Cryogenic systems. 2nd ed. Oxford: Oxford University Press, 1985.

[11] FROST W. Heat transfer at low temperatures. New York: Plenum Press, 1975

[12] BAILEY C A. Advanced cryogenics. New York: Plenum Press, 1971.

[13] ACKERMANN R A. Cryogenic regenerative heat exchangers. New York: Plenum Press, 1997.

[14] HOLMAN J P. Heat transfer. 5th ed. New York: McGraw Hill, 1997.

[15] KISTER H Z. Distillation design. New York: McGraw Hill, 1992.

[16] KAYS W M, LONDON A L. Compact heat exchangers. 3rd ed. New York: McGraw Hill, 1984.

[17] 张祜佑. 低温技术原理与装置（上、中、下）. 北京：机械工业出版社，1987.

[18] 王如竹，汪荣顺. 低温系统. 上海：上海交通大学出版社，2000.

[19] 陈光明，陈国邦. 制冷与低温原理. 2版. 北京：机械工业出版社，2009.

[20] 陈国邦，等. 新型低温技术. 上海：上海交通大学出版社，2003.

[21] 顾安忠. 液化天然气技术. 北京：机械工业出版社，2004.

[22] 徐烈. 低温真空技术. 北京：机械工业出版社，2008.

[23] 边绍雄. 小型低温制冷机. 北京：机械工业出版社，1983.

[24] 陈国邦，张鹏. 低温绝热与传热技术. 北京：科学出版社，2004.

[25] 陈国邦，包锐，黄永华. 低温工程技术：数据卷. 北京：化学工业出版社，2006.

[26] 陈长青，沈裕浩. 低温换热器. 北京：机械工业出版社，1993.

[27] W·弗罗斯特（陈叔平、陈玉生译）. 低温传热学. 北京：科学出版社，1982.

[28] 徐烈，方荣生. 低温容器——设计、制造与使用. 北京：机械工业出版社，1987.

[29] 舒泉声，等. 低温技术与应用. 北京：科学出版社，1983.

[30] 蔡明忠. 低温测温和量热技术. 北京：机械工业出版，1984.

[31] 王惠龄，汪京荣. 超导应用低温技术. 北京：国防工业出版社，2008.

[32] 张鹏，黄永华. 氦-4 和氦-3 及其应用. 北京：国防工业出版社，2006.4.

[33] 潘秋生. 中国制冷史. 北京：中国科学技术出版社，2008.

［34］李楠．低温保冷材料及其应用．上海：上海科学技术出版社，1985.

［35］陈国邦．低温工程材料．杭州：浙江大学出版社，1998.

［36］陈国邦，金滔，汤珂．低温传热与设备．北京：国防工业出版社，2008.

［37］陈国邦，汤珂．小型低温制冷机原理．北京：科学出版社，2010.

［38］郭方中．低温传热学．北京：机械工业出版社，1989.

［39］李化治．制氧技术．2 版．北京：冶金工业出版社，2009.

［40］吴业正．制冷与低温技术原理．北京：高等教育出版社，2004.

［41］中国制冷学会．制冷及低温工程学科发展报告．北京：中国科学技术出版社，2011.

［42］吴钊．低温空分规整填料塔混合级模型建模研究．杭州：浙江大学，2013.

［43］王松汉，等．板翅式换热器．北京：化学工业出版社，1984.

［44］日本真空技术株式会社．真空手册．北京：原子能出版社，1986.

［45］徐成海，等．真空低温技术与设备．北京：冶金工业出版社，2007.